工程地质

主编　刘新荣　杨忠平
参编　李　鹏　钟祖良
主审　叶为民

机械工业出版社

本书主要针对土木工程专业的特点编写，在系统阐述工程地质的基本理论与基本原理的基础上，注重培养学生理论联系实际的能力。全书共分 8 章，主要内容包括矿物与岩石的基本特征和物理力学性质，岩石的类型，地质构造及其对工程的影响，土的分类及其工程地质性质，岩石与岩体的工程地质性质，地下水及其工程地质问题，地震、滑坡、崩塌、泥石流等不良地质现象的工程地质问题和工程地质勘察等，涵盖了专业规范全部知识点和注册土木工程师基础考试大纲要求。

本书可作为土木工程专业工程地质课程的教材，也可作为城市地下空间工程、道路桥梁与渡河工程、铁道工程、土木水利与海洋工程、土木水利与交通工程等土木工程特设专业的工程地质课程的教学用书，还可作为地质工程、岩土工程、隧道与地下工程、水利工程、采矿工程、工程管理等相关专业的本（专）科生、研究生和工程技术人员的参考书。

本书配有授课 PPT、思考题参考答案、矿物岩石标本图片集、地质构造动画库、工程地质灾害视频等教学资源，免费提供给选用本书的授课教师，需要者请登录机械工业出版社教育服务网（www.cmpedu.com）注册下载。

图书在版编目（CIP）数据

工程地质/刘新荣，杨忠平主编. —北京：机械工业出版社，2021.1（2023.6 重印）
（面向可持续发展的土建类工程教育丛书）
"十三五"国家重点出版物出版规划项目
ISBN 978-7-111-67121-3

Ⅰ.①工… Ⅱ.①刘… ②杨… Ⅲ.①工程地质-高等学校-教材 Ⅳ.①P642

中国版本图书馆 CIP 数据核字（2020）第 249237 号

机械工业出版社（北京市百万庄大街 22 号　邮政编码 100037）
策划编辑：李　帅　责任编辑：李　帅　臧程程
责任校对：刘雅娜　封面设计：张　静
责任印制：刘　媛
涿州市般润文化传播有限公司印刷
2023 年 6 月第 1 版第 3 次印刷
184mm×260mm · 15.75 印张 · 388 千字
标准书号：ISBN 978-7-111-67121-3
定价：48.00 元

电话服务　　　　　　　　　网络服务
客服电话：010-88361066　　机 工 官 网：www.cmpbook.com
　　　　　010-88379833　　机 工 官 博：weibo.com/cmp1952
　　　　　010-68326294　　金 书 网：www.golden-book.com
封底无防伪标均为盗版　机工教育服务网：www.cmpedu.com

前　言

工程地质是高等学校土木工程专业和地质工程专业必修的一门专业基础课程。随着我国工程建设规模的不断扩大，土木工程和地质工程实践活动中面临的工程地质条件越来越复杂，工程地质问题也越来越多，挑战越来越大。党的二十大报告指出："大自然是人类赖以生存发展的基本条件。尊重自然、顺应自然、保护自然，是全面建设社会主义现代国家的内在要求。""人与自然是生命共同体，无止境地向自然索取甚至破坏自然必然会遭到大自然的报复。"因此，正确认识工程活动场地的工程地质条件，全面分析存在的工程地质问题，合理利用工程地质条件便显得尤为重要。工程地质将地质学和土木工程、地质工程有机结合起来，起到了承接与应用并重的作用。

本书的特点体现在：

（1）主要针对土木工程专业学生，考虑到土木工程专业学生未先修地质学基础等基础课程，本书将地质学、土力学和岩石力学的基本理论和基本原理引入课堂，并将其与工程相结合，注重培养学生分析工程问题的能力，并为后续土力学、岩石力学、边坡工程、隧道工程等专业课程提供基础知识。

（2）紧密结合现行标准、规范及工程手册，内容除涵盖《高等学校土木工程本科指导性专业规范》的全部知识点外，还结合了注册土木工程师（岩土）基础考试大纲的要求，可以作为备考注册土木工程师的复习资料。

（3）在知识讲解过程中，注重引入工程案例，并配有翔实的图片资料和适当的视频扩展资料，以便学习者更能直观地理解知识点。

（4）配套提供矿物岩石标本图片集、地质构造动画库及大量工程地质灾害视频等教学资料资源库。

使用本书进行课堂理论教学时，建议修读学期为第四学期，建议学时为 40 学时，外加室内实验 8 学时，野外实习不少于 1 周。

本书由重庆大学刘新荣教授、杨忠平教授任主编。刘新荣编写第 1、5、7 章，杨忠平教授编写第 2、3、6 章，钟祖良副教授编写第 4 章，李鹏博士编写第 8 章，最后由刘新荣和杨忠平共同统稿。此外，研究生冉乔、常佳卓、蒋源文、田鑫、李诗琪、李绪勇、李进、赵亚龙等也参与了部分文字校对和整理工作，在此表示感谢。

本书由同济大学叶为民教授主审。在本书的编写过程中叶为民提出了许多宝贵意见和建议，在此表示衷心感谢。

本书参考了国内外许多前辈和同行的著作，特此对这些作者致以崇高的敬意并表示感谢。由于时间仓促，部分成果标注不全，还请见谅。如涉及版权作品，请联系出版社和本书编著者。

限于编者水平，书中难免有不当之处，恳请读者批评指正。

编　者

目　录

前言
第1章　绪论 …………………………… 1
　1.1　工程活动与地质环境的相互关系 ……… 1
　1.2　工程地质学定义、对象和任务 ……… 2
　1.3　工程地质条件和工程地质问题 ……… 3
　　1.3.1　工程地质条件 ……………… 3
　　1.3.2　工程地质问题 ……………… 5
　1.4　工程地质学的研究内容与学科地位 … 5
　1.5　工程地质学的分析方法 …………… 7
　1.6　工程地质学的发展简述 …………… 8
　1.7　工程地质学的学习方法和要求 ……… 10
　思考题 …………………………… 11

第2章　矿物与岩石 …………………… 12
　2.1　矿物 …………………………… 12
　　2.1.1　矿物的分类 ………………… 12
　　2.1.2　矿物的形态 ………………… 13
　　2.1.3　矿物的物理力学性质 ……… 14
　　2.1.4　常见矿物及其主要特征 …… 17
　　2.1.5　矿物的肉眼鉴定 …………… 17
　2.2　岩石 …………………………… 17
　　2.2.1　岩浆岩 ……………………… 17
　　2.2.2　沉积岩 ……………………… 24
　　2.2.3　变质岩 ……………………… 29
　　2.2.4　三大类岩石的地质特征对比 … 33
　思考题 …………………………… 34

第3章　地质构造及其对工程的影响 … 35
　3.1　地质作用 ……………………… 35
　3.2　地质年代 ……………………… 36
　　3.2.1　地质年代的确定 …………… 36
　　3.2.2　地质年代表 ………………… 38

　3.3　岩层产状 ……………………… 40
　　3.3.1　岩层产状要素 ……………… 40
　　3.3.2　岩层产状的测量及表示方法 … 40
　3.4　水平构造 ……………………… 41
　3.5　单斜构造 ……………………… 42
　　3.5.1　岩层倾向与地面坡向的关系 … 42
　　3.5.2　倾斜岩层在地质图上的表现 … 45
　3.6　褶皱构造及其对工程的影响 …… 45
　　3.6.1　褶皱要素 …………………… 46
　　3.6.2　褶皱的类型 ………………… 47
　　3.6.3　褶皱的野外识别 …………… 48
　　3.6.4　褶皱的工程评价 …………… 49
　3.7　断裂构造 ……………………… 51
　　3.7.1　节理 ………………………… 51
　　3.7.2　断层 ………………………… 57
　3.8　地质图的阅读 ………………… 62
　　3.8.1　地质图的分类 ……………… 62
　　3.8.2　地质图的规格和符号 ……… 63
　　3.8.3　阅读地质图 ………………… 65
　思考题 …………………………… 69

第4章　土的分类及其工程地质性质 … 70
　4.1　概述 …………………………… 70
　4.2　土的成因类型与特征 …………… 70
　4.3　土的组成与结构、构造 ………… 73
　　4.3.1　土的固相 …………………… 73
　　4.3.2　土的液相 …………………… 77
　　4.3.3　土的气相 …………………… 79
　　4.3.4　土的结构和构造 …………… 80
　4.4　土的物理力学性质 ……………… 82
　　4.4.1　土的三相比例指标 ………… 82

4.4.2 无黏性土的物理状态指标 ……… 86
4.4.3 黏性土的物理状态指标 ……… 87
4.4.4 土的力学性质 ……… 89
4.5 土的工程分类 ……… 91
4.6 一般土的工程地质性质 ……… 93
4.7 特殊土的工程地质性质 ……… 94
4.7.1 湿陷性黄土 ……… 94
4.7.2 软土 ……… 100
4.7.3 红黏土 ……… 102
4.7.4 膨胀土 ……… 103
4.7.5 盐渍土 ……… 105
4.7.6 冻土 ……… 106
4.7.7 填土 ……… 107
4.7.8 污染土 ……… 109
思考题 ……… 110

第5章 岩石与岩体的工程地质
性质 ……… 112
5.1 概述 ……… 112
5.2 岩石的物理性质及水理性质 ……… 112
5.2.1 岩石的物理性质 ……… 112
5.2.2 岩石的水理性质 ……… 113
5.3 岩石的力学性质 ……… 114
5.3.1 岩石的变形特性 ……… 114
5.3.2 岩石的强度 ……… 116
5.3.3 影响岩石力学特性的主要因素 … 117
5.4 岩体的结构类型及工程地质评价 ……… 118
5.4.1 结构面 ……… 118
5.4.2 结构体 ……… 122
5.4.3 岩体的工程地质特性 ……… 123
5.5 工程岩体的分级 ……… 126
5.5.1 岩体按坚硬程度的分类 ……… 126
5.5.2 岩体按完整程度的分类 ……… 127
5.5.3 工程岩体基本质量分级 ……… 127
5.6 结构岩体稳定性的赤平极射投影
分析法 ……… 129
5.6.1 赤平极射投影的基本原理 ……… 129
5.6.2 结构岩体稳定性的赤平极射投影
分析 ……… 131
思考题 ……… 133

第6章 地下水及其工程地质问题 ……… 134
6.1 地下水概述 ……… 134
6.1.1 水在岩土中的存在形式 ……… 134

6.1.2 岩土的水理性质 ……… 135
6.2 地下水的物理性质和化学成分及
性质 ……… 135
6.2.1 物理性质 ……… 135
6.2.2 化学成分及化学性质 ……… 136
6.3 地下水的类型及其主要特征 ……… 138
6.3.1 含水层和隔水层 ……… 138
6.3.2 地下水的类型及特征 ……… 139
6.4 地下水运动 ……… 149
6.4.1 达西定律 ……… 150
6.4.2 地下水向集水构筑物运动的
计算 ……… 150
6.5 地下水的不良工程地质作用 ……… 153
6.5.1 地基变形破坏 ……… 153
6.5.2 地下水的渗透破坏作用 ……… 154
6.5.3 地下水的浮托作用 ……… 156
6.5.4 承压水对基坑工程的作用 ……… 156
6.5.5 地下水对混凝土的腐蚀作用 …… 156
思考题 ……… 159

第7章 不良工程地质现象 ……… 161
7.1 活断层与地震 ……… 161
7.1.1 活断层 ……… 161
7.1.2 地震 ……… 163
7.2 滑坡 ……… 172
7.2.1 基本概念 ……… 172
7.2.2 滑坡分类 ……… 174
7.2.3 滑坡的形成条件 ……… 177
7.2.4 滑坡的发育过程 ……… 178
7.2.5 野外识别 ……… 180
7.2.6 边坡稳定性分析 ……… 181
7.2.7 滑坡防治 ……… 183
7.3 危岩与崩塌 ……… 185
7.3.1 基本概念 ……… 185
7.3.2 崩塌的分类 ……… 186
7.3.3 崩塌的形成条件 ……… 187
7.3.4 危岩稳定性计算 ……… 190
7.3.5 危岩和崩塌防治 ……… 192
7.4 泥石流 ……… 193
7.4.1 基本概念 ……… 193
7.4.2 泥石流的类型 ……… 194
7.4.3 泥石流的形成条件 ……… 195
7.4.4 泥石流的特征 ……… 196
7.4.5 泥石流的流量及流速计算 ……… 197

7.4.6 泥石流的防治 ·············· 198
7.5 岩溶与土洞 ·············· 199
7.5.1 岩溶 ·············· 199
7.5.2 土洞 ·············· 203
7.5.3 岩溶与土洞的工程地质问题 ··· 205
7.5.4 岩溶与土洞灾害防治 ······ 207
7.6 地面沉降与地面塌陷 ·········· 207
7.6.1 地面沉降 ·············· 207
7.6.2 地面塌陷 ·············· 209
7.6.3 地面沉降与塌陷的防治 ····· 210
思考题 ··························· 211
第8章 工程地质勘察 ··············· 212
8.1 勘察等级与阶段划分 ·········· 212
8.1.1 勘察等级 ·············· 212
8.1.2 勘察阶段 ·············· 213
8.2 工程地质勘察方法 ·········· 214
8.2.1 工程地质测绘 ·········· 214
8.2.2 勘探与取样 ·········· 217
8.2.3 原位测试技术 ·········· 221
8.2.4 室内试验概述 ·········· 228

8.2.5 现场检验与监测 ·········· 229
8.2.6 工程地质勘察资料的整理 ····· 230
8.3 工业与民用建筑工程地质勘察 ····· 230
8.3.1 岩土工程勘察的主要内容 ····· 231
8.3.2 勘察阶段的划分及各阶段的勘察
要点 ·················· 231
8.3.3 岩土工程勘察报告 ·········· 234
8.4 公路和桥梁工程地质勘察 ·········· 234
8.4.1 公路工程地质勘察 ·········· 235
8.4.2 桥梁工程地质勘察 ·········· 237
8.5 隧道和地下洞室工程地质勘察 ····· 238
8.5.1 概述 ·················· 238
8.5.2 地质勘察的主要内容 ········ 239
8.6 边坡工程勘察 ·················· 241
8.6.1 边坡工程勘察的主要内容 ····· 241
8.6.2 各阶段勘察要求 ·········· 242
8.6.3 勘探点的布置及勘察测试 ····· 242
思考题 ··························· 242
参考文献 ························· 244

第1章 绪 论

■ 1.1 工程活动与地质环境的相互关系

地质环境是人类环境中极为重要的组成部分，主要是指与人的生存发展有着紧密联系的地质背景、地质作用及其发生空间的总和，又称为地质环境系统。人类工程活动均是在一定的地质环境中进行的，两者之间势必以某种特定方式相互关联和相互制约。

人类工程活动与地质环境间的相互关系，首先表现为地质环境对工程活动的制约作用。这种制约作用既可以表现为以一定作用影响工程建筑物的稳定性和正常使用，也可以表现为以一定作用影响工程活动的安全，还可以表现为由于不良地质条件而引起工程造价的提高，视地质环境的具体特点和人类工程活动方式和规模而异。

如在活动断层和强烈地震区，如果建筑场地选择不当或建筑物类型、结构设计不合理，就会因断层活动及伴随产生的强烈地震导致建筑物损毁，如图 1-1 所示。开挖地表工程时，若无视地质条件的特点或对边坡稳定性判断失误，可能会引起大规模崩滑灾害，危及工程活动和周边建（构）筑物的安全。复杂岩体、土体中开挖地下硐室，硐室的自稳能力，支衬结构、施工方法、施工的正常工作条件，施工人员的安全，都受周围地质环境制约，如图 1-2 所示。在可溶岩区修建水工建筑物，如对溶蚀洞穴的分布规律掌握不充分，轻则造成水库漏水，重则造成水库渗水严重，影响其正常使用。由于某些不良工程地质条件而使工程造价提高，主要表现在以下两方面。其一，由于建筑场地选择不当，为保证建筑物安全，必须

图 1-1 2018 年我国台湾花莲地震震害图

图 1-2 某隧道塌方

对威胁建筑物的地质因素采取某种处理措施，或采用更为复杂的建筑物结构。如在淤泥质软弱地基上修建高层建筑，由于没有可靠的天然地基，或采用人工改良地基或者采用更为复杂的箱形基础，以保证建筑物不致因强烈不均匀沉陷而毁坏，工程建筑物的造价因之而提高是显而易见的。其二，选择了当地不能提供充分天然建筑材料的建筑物形式。如在天然产出的砂砾石很少的地区修建混凝土坝，本来可以选用混凝土用量小的轻型结构，却选用了大体积的重力坝，如果不从远地运来天然砂砾作为骨料，就必须制造人工骨料，建筑物造价将大大提高。各种制约作用，结合起来是从安全、经济和正常使用三个方面影响工程建筑物的。因而，工程地质工程师必须认真研究建筑场地的地质环境，尤其是对工程建筑物有严重制约作用的地质作用和现象。

中国创造：
乌东德水电站

人类各种工程活动又以各种方式反馈于地质环境，使自然地质条件发生变化，影响建筑物的稳定和正常使用。由于人类工程活动规模越来越大，对地壳表层岩、土体的改造作用已达到不可忽视的程度，对地质环境的影响早已超出局部场地的范围而波及广大区域，甚至威胁人类生活和生存环境。例如，大量抽汲地下水或其他地下流体，降低了土体中的孔隙压力，引起大范围地面沉降或塌陷，使得沉降区内既有建筑物的正常工作条件受到严重影响，如图 1-3 所示。又如修建高坝大水库，导致广大区域的水文动态和水文地质条件因之改变，使河流上下游大范围内的水文和水文地质条件发生恶化，引起库岸再造、库周浸没、库区淤积、诱发地震等问题，甚至使生态环境恶化，如图 1-4 所示。

图 1-3　地面塌陷

图 1-4　意大利瓦伊昂水库溃坝后景象

可见，人类工程活动与地质环境之间处于相互联系，又相互制约的矛盾之中。如果不能根据具体地质环境和工程活动方式预见两者之间相互制约的基本形式，不但不能合理开发（或利用）地质环境以致影响到工程活动的安全性与经济性，甚至会使广大区域的地质环境恶化，致使大范围的大量既有建筑物受到不良影响。

■ 1.2　工程地质学定义、对象和任务

工程地质学是地质学与土木工程学相结合的边缘学科，是地质学的一个分支学科。广义上是指研究地质环境及其保护和利用的科学；狭义上是指运用地质学的原理和方法，结合数理力学与土木工程学，分析解决与工程建设有关的地质问题的一门学科。现代工程地质学具有如下含义：①研究与工程建设有关的工程地质条件适宜性问题，保证工程安全施工和运

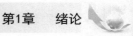

行，这是传统工程地质学研究的主要内容；②研究工程建设对地质环境的影响，保证地质环境不会因工程的兴建而恶化，即确保工程运行的可持续性，这是现代工程地质学在传统工程地质学上的延伸；③属于地质学的范畴，但有别于纯基础地质研究，而是地质学的应用和地质学与其他学科高度融合的研究。

工程地质学的研究对象是工程地质条件与人类的工程建设活动的矛盾。所以，工程地质学的基本任务是研究地质环境（工程地质条件）与人类工程活动之间的相互关系，促使两者之间矛盾的转化和解决，以便合理开发和有效保护地质环境，防治可能发生的地质灾害。具体地说，工程地质学的主要任务是：

1）研究人类活动对地质环境的影响及其地质灾害效应。

2）采用数学、力学和系统理论与方法等，对地质条件与工程建筑相互作用的空间、时间、强度做出评价和预测。

3）评价工程地质条件，掌握地质环境中的物质运移规律，论证在现有工程地质条件下，建筑工程兴建和营运的技术可能性、实施安全性和经济合理性。

4）对工程地质环境进行评价，提出防治地质灾害与保护地质环境的措施。

5）加强研发工程地质勘察和地质灾害监测的技术和方法，为新问题、新现象的解决提供工具和手段。

6）进行工程地质分区和专门分类，为基础工程科学布局和地质环境合理利用与保护提供科学依据。

由此可见，明确工程地质条件和工程地质问题的含义及其相互关系十分重要。

■ 1.3 工程地质条件和工程地质问题

1.3.1 工程地质条件

工程地质条件是工程活动影响区地质环境全部要素的总和，包括地形地貌条件、岩土类型及其工程地质性质、地质结构与构造、水文地质条件、不良地质作用及天然建筑材料等方面。

工程地质条件是长期地质历史发展演化的结果，是客观存在的。工程地质条件的形成受大地构造、地形地貌、水文、气候等自然因素的控制。各地的自然因素不同、地质发展过程不同，其工程地质条件也不同；同一区域的工程地质条件各要素之间是相互联系、相互制约的，受同一地质发展历史的控制，形成一定的组合模式。

1. 地形地貌

地形是指地表高低起伏状况、山坡陡缓程度与沟谷宽窄及形态特征等。地貌则说明地形形成的原因、过程和时代。平原区、丘陵区和山岳地区的地形起伏、土层薄厚和基岩出露情况、地下水埋藏特征和地表地质作用现象都具有不同的特征，这些因素都直接影响到建筑场地和线路的选择。地形地貌条件对建筑场地选择，特别是对线性建筑（如铁路、公路、运河渠道等）的路线方案选择意义重大。合理利用地形地貌条件，能节省挖填方量，节约大量投资。地形地貌对建筑物群体的布局、结构形式、规模及施工条件等也有直接影响。

2. 岩土类型及性质

建造于地壳表层的任何类型建筑物，总是离不开岩土体的，作为建筑物地基或环境的岩土体，其成因类型和性质对建筑物的意义重大，是人类工程活动与地质环境相互联系和制约的基本要素。在工程中针对岩土体的研究，除了要了解其成因类型、形成时代、埋藏深度、厚度变化、延伸范围、风化特征及产状要素外，还要进行岩土体的物理力学性质试验，定量地确定有关指标。岩土体性质的优劣对建筑物的安全、经济具有重要意义，大型建筑物一般要建在性质优良的岩土体上，软弱不良的岩土体可能导致地质灾害多发、工程事故不断，常需避开或改造。

3. 地质结构与构造

地质结构与构造包括地质构造、土体结构与岩体结构。地质构造确定了一个地区的构造特征、地貌特征和岩土分布。断层，尤其是活断层，可能会给建筑带来很大危害，在选择建筑场地时必须注意断层的规模、产状及其活动情况。土体结构主要是指土层的组合关系，即由层面所分隔的各层土的类型、厚度及其空间变化，尤其是地基中强度低的软弱土层的分布。岩体结构是指结构面形态及其组合关系，尤其是层面、泥化夹层、不整合面、断层带、层间错动、节理面等结构面的性质、产状、规模和组合关系。岩体结构面的空间分布，对建筑物的安全稳定有重要影响。形成时代新、规模大的活动性断裂，对地震等灾害具有控制作用。

4. 水文地质条件

水文地质条件包括地下水的成因、埋藏、分布、动态变化、补径排条件和化学成分等。地下水是降低岩土体稳定性的主要因素之一。地下水位较高一般对工程不利，地基土含水量大，地基承载力降低，隧洞及基坑开挖需进行排水。滑坡、地下建筑事故、水库渗漏、坝基渗透变形等许多地质灾害的发生都与地下水的参与有关，有些地质灾害中地下水甚至起到主导作用。工程建设中经常要考虑水文地质条件，如在计算地基沉降量时要考虑地下水位的变化，在分析基础抗浮设计、基坑涌水、流砂等工程地质问题时，首先要考虑的因素也是地下水位的变化。在岩溶地区，地下水的溶蚀造成地基中的洞穴，给基础设计带来困难。地下水的水质对混凝土材料还可能产生一定的腐蚀。因此，工程建设过程中需要做水质分析。

5. 不良地质作用

不良地质作用是指对工程建设有影响的自然地质作用。地壳表层经常受到内、外动力地质作用的影响，给建筑物的安全造成很大威胁，所造成的破坏往往是大规模的，甚至是区域性的。不良地质作用主要指岩溶、滑坡、崩塌、泥石流、地面沉降、地震等引起的对建筑物构成威胁和造成危害的不良地质现象。它还会影响到建筑物的整体布局、设计和施工方法。只要注意研究其发生发展的规律，及时采取措施，不良地质作用是可以避免的。

6. 天然建筑材料

天然建筑材料是指供建筑用的土石料等。工程建设中为节省运输费用，应该遵循"就地取材"的原则。所以天然建筑材料的有无，对工程的造价有较大的影响，其类型、质量、数量及开采运输条件，往往成为选择场地、拟定工程结构类型的重要条件。不同地质条件的建筑材料适合不同的工程需要，所以必须查明天然建筑材料的地质成因、岩性和物理力学指标。

1.3.2　工程地质问题

工程地质问题是指工程地质条件与工程活动之间所存在的矛盾或问题。工程地质条件是自然界客观存在的，它是否适应工程建设的需要，一定要联系工程建筑物的类型、结构和规模来综合判断。优良的工程地质条件能适应建筑物的要求，对它的安全、经济和正常使用方面不会造成影响和损害。但是，工程地质条件往往有一定的缺陷，会对建筑物产生某种影响，甚至造成灾难性的后果。工程建设不怕地质条件复杂，怕的是复杂的地质条件没有被认识。因此，一定要将工程地质条件和建筑物这对矛盾体联系起来分析。不同类型、结构和规模的工程建筑物，由于工作方式和对地质体的负荷不同，对地质环境的要求也不同。所以，工程地质问题是复杂多样的。就土木工程而言，主要的工程地质问题包括：

1）地基稳定性问题。地基在上部结构荷载作用下，产生大小不一的沉降变形问题。过量的或不均匀的沉降变形，会使建筑物发生裂缝、倾斜、坍塌，影响其正常运用，甚至造成建筑物毁坏。

2）斜坡稳定性问题。人类工程活动尤其是道路工程需开挖或填筑人工边坡（路堑、路堤、堤坝、基坑等），斜坡稳定性对防止地质灾害及保证地基稳定性十分重要。

3）洞室围岩稳定性问题。地下洞室被包围在岩土体介质（围岩）中，在洞室开挖和建设过程中破坏了地下岩土体的原始平衡条件，会引起一系列不稳定现象，如常遇到的围岩塌方、地下水涌水等。

4）区域稳定性问题。在特定的地质条件中产生的并影响到广大区域的工程地质问题，包括活断层、地震、水库诱发地震、地震砂土液化和地面沉降等。掌握这些问题的规律性，对规划选址，或者说对地质环境的合理开发与妥善保护，具有重要意义。

工程地质问题的分析、评价，是工程地质勘察工作的核心任务。对每一项工程的主要工程地质问题，必须做出定性的或定量的确切结论。

数十年来，国内外工程建设项目由于未查清建筑场区的工程地质条件，对工程地质问题分析、评价不够确切或结论有误，以致造成不良影响或严重后果，见之于报的事例较多，应引起注意。

■ 1.4　工程地质学的研究内容与学科地位

川藏公路
修筑纪实

工程地质学作为应用性极强的地质学分支，一方面与社会基础工程建设和地质环境利用与保护的需要密不可分；另一方面与其他自然学科和技术学科的发展息息相关。工程地质学研究的内容是多方面的，由此也就形成了其分支学科。

1）岩土工程地质性质研究。无论是分析工程地质条件，或是评价工程地质问题，首先要对岩土体的工程性质进行研究。岩土体的分布规律和成因类型，工程性质的形成和变化规律，各项参数的测试技术和方法，以及对其不良性质进行改善等方面的内容，是由"工程岩土学"这一分支学科来进行的。

2）工程动力地质作用研究。作为工程地质条件要素之一的工程动力地质作用，包括地球的内力和外力成因的，还有人类工程、经济活动所产生的各种作用，往往制约着建筑物的稳定性、造价和正常使用。研究工程动力地质作用（现象）的分布、规模、形成机制、发展演化规律及其所产生的不良地质问题，对之进行分析、评价并提出有效的防治对策和措施等，是由“工程动力地质学”这一分支学科来进行的。

3）工程地质勘察理论和技术方法研究。工程地质学服务于工程建设的具体工作就是要进行工程地质勘察。工程地质勘察的主要目的就是为工程建筑物的规划、设计、施工和使用，提供所需的地质资料和各项数据。由于不同类型、结构和规模的建筑物，对工程地质条件的要求及所产生的工程地质问题不同，因而勘察方法的选择、勘察方案的布置及工作量等也不尽相同。为了做好勘察工作，就要在查明建筑区工程地质条件的基础上，对可能产生的主要工程地质问题进行确切的分析、评价。为了保证工程地质勘察的质量和精度，应该制定适用于不同类型工程建筑物的勘察规范和手册，作为工程勘察的指导性文件。当前，我国有关部门已经编制出或正在编制国家标准层面的各类工程建筑物的勘察规范或规程，并关注和推广创新的勘察理论和技术方法。有关这方面研究，是由“专门工程地质学”这一分支学科来进行的。

4）区域工程地质研究。不同地域的自然地质条件不同，因而工程地质条件和工程地质问题也有明显的区域性分布规律和特点。为了国土资源开发利用和工程建设布局的优化，就必须研究不同地域工程地质条件的形成和分布规律，进行区划。“区域工程地质学”即为这方面研究的分支学科。

5）环境工程地质研究。这是现代工程地质学研究的热点。由于人类工程、经济活动对地质环境的反馈作用日趋广泛和深刻，使地质环境恶化，甚至造成地质灾害频发，严重威胁着人类的生存和生活。为合理开发利用和保护地质环境，要建立起地质环境与人类活动之间的理论模式关系，科学地预测由于人类活动对地质环境的负影响以及它的区域性变化。尤其在大型水利水电工程、城市建设和矿业开发等方面要大力开展环境工程地质研究。所以，“环境工程地质学”已成为工程地质学的新兴分支学科。

工程地质学所涉及的知识范围十分广泛，它必须以其他多学科的知识作为自己的理论基础和方法、手段。因此，它与地质学的各分支学科及其他多学科存在联系（见图 1-5）。

地质学的分支学科——动力地质学、矿物学、岩石学、构造地质学、地层学、第四纪地质学、地貌学和水文地质学等，都是工程地质学的基础学科。没有上述地质学科的知识，是不可能进行工程地质研究的。例如，研究岩土工程地质性质时，就必须具备矿物学和岩石学的知识；研究各种工程动力地质作用和现象，更需要多种地质分支学科的理论和方法作为基础。

为确切地研究一些不良地质现象的形成机制和定量评价工程地质问题，工程地质学要以数学、物理学、化学、力学等学科知识作为基础，尤其是工程力学、弹塑性力学、结构力学、土力学和岩石力学等与工程地质学的关系十分密切。工程地质学中的大量计算问题实际上也就是土力学和岩石力学课题，土力学和岩石力学是进行工程地质问题定量评估的左右手。因此，在广义的工程地质学概念中，甚至将土力学也包含在内。

此外，工程地质学与工程应用技术科学、环境科学、工程科学等有关。如水利水电建筑学、工业与民用建筑学、气象学、水文及水测验学、计算机技术、地球物理勘测学、钻探学等与之联系均较密切。

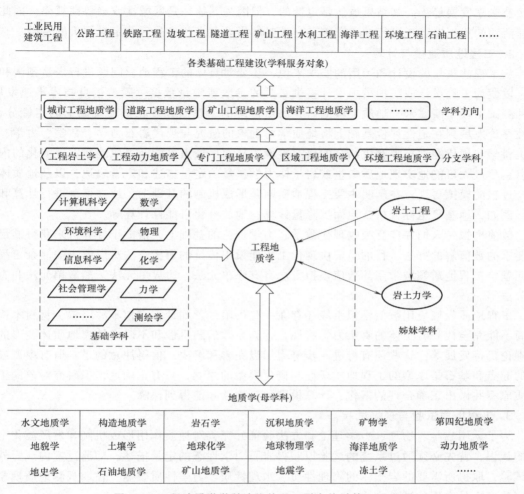

工业民用建筑工程	公路工程	铁路工程	边坡工程	隧道工程	矿山工程	水利工程	海洋工程	环境工程	石油工程	……

各类基础工程建设(学科服务对象)

城市工程地质学	道路工程地质学	矿山工程地质学	海洋工程地质学	……	学科方向

工程岩土学	工程动力地质学	专门工程地质学	区域工程地质学	环境工程地质学	分支学科

基础学科: 计算机科学 数学 环境科学 物理 信息科学 化学 社会管理学 力学 …… 测绘学

工程地质学

姊妹学科: 岩土工程 岩土力学

地质学(母学科)

水文地质学	构造地质学	岩石学	沉积地质学	矿物学	第四纪地质学
地貌学	土壤学	地球化学	地球物理学	海洋地质学	动力地质学
地史学	石油地质学	矿山地质学	地震学	冻土学	……

图 1-5　工程地质学学科地位关系（引自施斌等，2019）

■ 1.5　工程地质学的分析方法

工程地质学的分析方法是由研究对象的性质及特点所决定的。工程地质分析的研究对象是地质环境与人类工程活动相互制约的一些主要形式和问题。

1. 自然地质历史分析法

英国地质学家莱伊尔（O. Lyell）首先提出了"将今论古"的现实主义原理和方法：以观察和研究现代地质作用过程和结果为基础，再将野外调查到的历史地质作用结果与现代地质作用结果相类比，以推断地史上产生这些结果的地质作用过程，即利用现在的已知推断过去的未知。古生物学就是典型的自然地质历史分析法。

既然绝大多数工程地质问题都涉及特定地质环境中地质体的发展演化过程，研究这些问题必须首先以地质学的观点、自然历史的观点分析地质体与周围因素相互作用的特定方式、随时间发展演化的历史及其发展的阶段性，从全过程和内部作用机制上把握其形成、演化、现状及未来发展趋势。其结果虽然是定性的，但因为其往往是区域性或趋势性规律，因此对工程活动的规划选点、可行性研究等具有重要的指导意义，也是后续定量评价的基础。

2. 工程地质建模与计算

从工程建筑物的设计和运用的要求来说，还要对具体的工程地质问题进行定量预测和评价，以便为工程设计或防护措施设计提供必要的参数或定量数据。随着信息技术迅速发展、各种测试手段不断完善，地质工程的研究已由传统的、建立在现象描述基础上的定性分析、定性评价发展到在定性评价基础上将地质学对现象的研究与现代岩石力学、数学、力学、计算机科学和现代测试技术有机结合的研究阶段，从而尽最大可能地提取地质发展演化的内部信息；尽最大可能地实现地质参量或岩土体力学参量的定量描述和定量表达，以及地质体演变全过程的模拟再现；在阐明主要工程地质问题形成机制的基础上，建立模型进行计算和预测。例如，地基稳定性分析、地面沉降量计算、地震液化可能性计算等。

数值模拟是人们在广泛吸收现代数学、力学理论的基础上，借助于计算机来获得满足工程要求的数值解的方法，目的是解决现代工程建设中传统的解析解法难以解决的复杂工程地质问题。工程地质领域常用的数值模拟方法有有限单元法、边界单元法、离散单元法和有限差分法等。

工程地质领域应用数值模拟手段还存在一些局限性，如计算模拟不够完善，材料本构关系尚不能完全代表岩土体的真实力学特性，计算参数的随机性和不确定性，地质体变形的描述理论仍待发展等，这些还有待进一步努力加以完善和解决。值得注意的是，所有模型或评价的起点和基石是原型的工程地质研究和概化模型的建立，只有正确地认识研究对象的工程地质原型并做出正确合理的概化，计算模型的正确性才能得到保障。

3. 工程地质试验与现场试验

为了运用数学、物理、力学理论和方法验证并完善对地质作用形成机制和发展演化全过程的认识，首先必须通过系统的试验以获得岩石力学性态的定量描述，即通过室内或野外现场试验，取得所需要的岩土体的物理性质、水理性质、力学性质数据。长期观测地质现象的发展速度也是常用的试验方法。

4. 工程类比法

对某些工程地质问题，工程中常常采用工程类比法，即将拟设计的工程项目与周边工程条件相类似的成功工程实例进行工程对比，吸取其他工程的成功经验和失败教训。这种方法在工程勘察或建设初期，特别是在工程资料收集不足的情况下是一种有效的方法。

必须注意，上述 4 种方法往往是结合在一起的，综合应用才能事半功倍。

■ 1.6 工程地质学的发展简述

虽然人类在远古时代就懂得利用优良的地质条件兴建各类工程，但是工程地质学在国际上成为地质学的一门独立分支学科仅有 80 多年的历史。

20 世纪 30 年代初，苏联开展大规模的国民经济建设，促使了工程地质学的萌生。1932 年在莫斯科地质勘探学院成立了工程地质教研室，专门培养工程地质专业人才，并奠定了工程地质学的理论基础。此时，欧美和日本等国家和地区虽然都在进行水利工程和土木工程建设中开展了工程地质工作，但主要从事的是工程建设过程中有关岩土工程地质性质和相关的

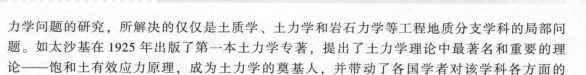

力学问题的研究，所解决的仅仅是土质学、土力学和岩石力学等工程地质分支学科的局部问题。如太沙基在1925年出版了第一本土力学专著，提出了土力学理论中最著名和重要的理论——饱和土有效应力原理，成为土力学的奠基人，并带动了各国学者对该学科各方面的探索。

工程地质学经过数十年的发展，已形成了由"土质学""工程岩土学""土力学""岩石力学"和"环境工程地质学"等多个分支学科所组成的学科体系。

为了促进工程地质科学的发展和便于各国学者的学术交流，第23届国际地质大会在1968年成立了国际地质学会工程地质分会，后改名为国际工程地质协会（IAEG），该协会下设了多个专业委员会，定期进行学术交流，并办有会刊。

为了促进工程地质学科体系的共同发展，各国的工程地质学家与土力学家、岩石力学家在对各种工程岩土体稳定性分析和评价过程中紧密协作配合，并于1975年成立了国际工程地质协会、国际岩石力学学会和国际土力学及基础工程学会这三个学会的秘书长联席会议，以期成立综合性的国际学术团体。我国也成立了中国地质学会工程地质专业委员会，并开展了卓有成效的工作。

回顾中国工程地质学的创立与发展，大体上经历了四个阶段。

第一，地质学的萌生时期（20世纪上半叶）。中国地质学家把自己的知识应用于工程活动始于20世纪20年代所进行的建筑材料的地质调查。其后，1933年对北方大港港址进行了地质勘察，对甘新、滇缅、川滇公路和宝天线铁路进行了地质调查。1937年对长江三峡和四川龙溪河坝址进行了地质调查。20世纪40年代中后期，在水利工程方面曾对岷江、大渡河、台湾大甲溪、黄河和其他水系进行了一些概略的考察工作。这些都体现了工程地质学在我国的萌生。

第二，创立与发展阶段（20世纪50年代到70年代末）。在30年的时间内，中国工程地质学逐步形成了以区域稳定性、地基稳定性、边坡稳定性和地下工程围岩稳定性为研究内容，以工程岩土体变形破坏机理为核心的工程地质评价与预测的研究框架；建立了地质力学与地区历史相结合，工程地质学与土力学、岩石力学、地震力学相结合的分析研究方法；广泛应用并发展了钻探、物探技术和钻孔电视、声波测试、原位大型力学试验、土层静力和动力触探、模型试验及计算机等技术。从地质成因和演化过程认识工程岩体（地质体）的结构及其赋存环境，从工程岩体（地质体）结构的力学特性及其对工程作用的响应入手，分析工程岩体变形破坏机理，进而评价与预测工程作用下岩体（地质体）的稳定性。创立与发展了以地质成因和演化过程为基础的工程岩体（地质体）结构和工程建设与地质环境相互作用为研究核心的中国工程地质理论、方法与技术体系。

第三，活跃的全面发展阶段（20世纪80年代到90年代中期）。中国工程地质学在这一阶段取得了重要的突破与进展。从区域背景、成因演化、物质成分综合分析和勘测评价与地质推理发展到岩体结构控制工程岩体稳定性、地基与上层建筑相互作用的工程地质过程研究，深化了对工程岩体变形破坏机理的认识，从描述、理解、评价向预测、预报延伸，并向过程控制方向发展。监测、探测、物理模拟、原位测试技术的进步和计算机技术的广泛应用与发展，数值分析与数值模拟兴起，加速了工程地质过程的综合集成分析和定量化进程。工程地质学与岩石力学和工程技术相融合，将工程建设前期的工程地质条件评价延伸到工程后效研究，从预测预报发展到施工监控和岩土体加固的地质技术，并迅速形成了以工程地质超

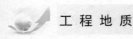

前预报和地质体改造为核心的地质工程理论与实践。基于地区生产力布局的全面兴起和城市化进程的加速，推动了地区工程建设可行性评判对工程地质学的需求，基于航天航空遥感图像的地质应用，为这种研究提供了技术的可能，一方面与区域地质构造背景和地质环境要素分析相结合，开拓了环境工程地质、地质灾害及其防治研究的新方向；另一方面特别是高坝大库和核电站的建设，推进了区域工程地质研究与地震工程的进一步结合，成就了区域地壳稳定性的理论、方法和实践。软岩、膨胀岩、可溶岩、风化岩、断层岩、胀缩土、红黏土、盐渍土、黄土、冻土、沼泽土和软土等特殊岩土的工程地质特性评价和改良取得一系列新的进展。

第四，跨入复杂性研究与创新阶段（20 世纪 90 年代后期以来）。随着我国建设事业的蓬勃发展，工程建设中地质问题解决尤为迫切。岩土工程以包含工程地质学、土力学、岩石力学、工程勘察得到较快发展，迅速成为边缘综合学科。进入 20 世纪 90 年代后期，随着生产力的发展和科技进步以及社会需求的不断增长，在工业化、城市化的快速进程中，我国工程建设突破了以往国力和技术的限制，如地下空间开发，高坝水库、高速公路、跨海大桥、快速铁路建设，深部矿山工程开发，跨流域调水工程等。这些预示着工程勘测、设计、施工和运行不仅需要所有时空尺度的地质知识与技术，而且需要发展长时间的质量控制的监测技术和评价方法，以及与地下开挖同时进行的工程地质勘测、预报技术和稳定性保障。对地表复杂的自然过程和工程地质过程及其相互作用的理解与描述，不仅依赖于地球科学和工程技术科学最新研究成果的支持及其知识的交叉融合，还需要不断吸收环境、生态科学知识，并将现代数学、力学成就和有关非线性理论、系统论、控制论融入工程地质学。现代勘测技术发展迅猛，如岩土体三维激光扫描技术、遥感图像技术、原位测试技术等的发展应用，使工程地质研究从定性阶段向定量阶段跨越。

■ 1.7 工程地质学的学习方法和要求

工程地质学是土木工程专业的一门技术基础课。一般是在土力学、岩石力学、基础工程学等课程学习之前开设的。课程特点是内容广、概念多、实践性强，学习中要注意弄清概念，掌握分析方法，避免死记硬背，理论联系实际，重在工程应用。

本课程着重针对土木工程专业对工程地质学基本知识的需求，重点讲授如下主要内容：矿物与岩石、地质结构与构造、地质作用、地形地貌、土的工程地质性质、岩石和岩体的工程性质、地下水、常见的不良地质作用和地质灾害、工程地质勘察方法等。

为了学好这门课程，应结合课堂教学学好有关矿物、岩石的实验课程，掌握常见矿物和岩石的肉眼鉴定方法，了解各类岩石的形成条件；安排短期的野外地质实习，参观勘探现场，以帮助学生了解地貌、地质构造及岩土类别，有条件时最好结合已有的地质图或工程进行具体分析，培养学生阅读地质图和分析地质条件的能力。积极采用多种媒体教学方法，配合有关地质科教片、幻灯片等直观教具，增加学生的感性认识，帮助学生尽快建立起地质学的有关概念，引起学生对地质学的重视和兴趣是教学的成功所在。

土木工程专业学生学习本课程的目标是：

1）能阅读一般地质资料，根据地质资料在野外辨认常见的岩石和松散沉积物，了解其主要的工程性质；辨认基本的地质构造及明显的不良地质现象，了解其对工程建筑的影响。

2）系统掌握工程地质的基本理论和方法，根据工程地质勘察数据和资料，进行一般的工程地质问题分析并提出处理措施。

3）把学到的工程地质学知识和土木专业知识紧密结合起来，进行实际的工程设计与施工。

 思考题

1. 如何理解工程地质学与地质工程、岩土工程的关系？

2. 什么是工程地质条件？什么是工程地质问题？

3. 工程地质条件如何制约工程建设？工程建设如何影响工程地质条件？

4. 以某工程为例，说明工程建设对工程地质环境的基本要求。

5. 工程地质学的分析方法有哪些？

第 2 章　矿物与岩石

矿物是组成岩石的基本物质，由一种或多种矿物以一定的规律组成的自然集合体称为岩石。岩石构成了地球的表层——地壳。

■ 2.1　矿物

矿物是自然条件下，由各种地质作用形成的由一种或几种元素结合而成的天然单质或化合物，是组成岩石的基本单元。绝大多数矿物为化合物，如石英（SiO_2）、正长石（$K[AlSi_3O_8]$）、石膏（$CaSO_4 \cdot H_2O$）等；少数矿物为单质，如石墨（C）、单质硫（S）、单质铜（Cu）等。

矿物具有一定的化学成分和内部结构，呈现出不同的形态、物理性质和化学性质。

2.1.1　矿物的分类

矿物最主要的分类依据是其化学成分及化合物的化学性质，可以划分为单质、氧化物、氢氧化物、卤化物、硫酸盐、碳酸盐、磷酸盐和硅酸盐等。每类矿物具有相似的化学性质和物理性质。

从结晶学的角度上可将矿物划分为结晶质矿物和非晶质矿物。结晶质矿物又可根据晶体质点的空间排列方式分为岛状、环状、链状及层状等（见图 2-1）。

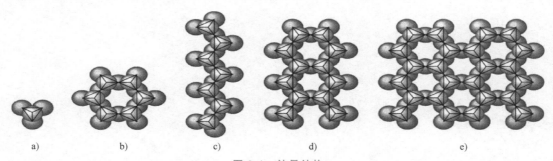

a)　　　　b)　　　　c)　　　　d)　　　　e)

图 2-1　结晶结构

a）岛状　b）环状　c）单链状　d）双链状　e）层状

在工程地质学中，常常把矿物划分为原生矿物和次生矿物，金属矿物和非金属矿物，矿石矿物和脉石矿物，造岩矿物和非造岩矿物，农用矿物和药用矿物等。

原生矿物一般是由岩浆冷凝生成，如石英、长石、辉石、角闪石、云母、橄榄石、石榴石等。次生矿物一般是由原生矿物经风化作用直接生成的，如高岭石、蒙脱石、伊利石、绿泥石等；或在水溶液中析出生成的，如方解石、石膏、白云石等。

自然界中常见的矿物有 4000 多种，但组成岩石的常见矿物只有几十种，通常把组成各种岩石的常见矿物，称为造岩矿物。熟练地掌握它们的物理性质及其共生组合特征，是认识主要岩石类型的基础。常见的造岩矿物见表 2-1。

表 2-1 常见的造岩矿物

富铁镁硅酸盐	贫铁镁硅酸盐	其他矿物
橄榄石、辉石、角闪石、石榴子石、蛇纹石、绿泥石、黑云母	石英、钾长石、斜长石、白云母、绢云母、高岭石、红柱石	金红石、磁铁矿、褐铁矿、黄铁矿、方铅矿、白云石、磷灰石、霞石、方解石等

2.1.2 矿物的形态

矿物的形态是矿物单体及集合体的形状。矿物形态受其内部构造、化学成分和生成时的环境制约。单体形态是指单个矿物晶体的结晶外形，集合体形态是指同种矿物聚集在一起成群产出所构成的组合形态。各种矿物都有比较常见的独特晶体形态（晶型），因此它是鉴别矿物的重要依据之一。

1. 晶体的单体形态

1）一向延长型，晶体沿某一轴向生长发育迅速，其他方向相对发育较慢，因而形成的晶型为长条状、长柱状，甚至针状和纤维状等，如石英（见图 2-2c）、角闪石（见图 2-2d）、石棉等矿物。

2）两向延长型，晶体呈板状或片状的晶型，如石膏（见图 2-2i）、云母（见图 2-2k）、绿泥石（见图 2-2j）等。

3）三向延长型，晶体几乎呈等轴状、粒状，如立方体、四面体、菱面体等，如呈八面体的磁铁矿、菱形十二面体的石榴子石（见图 2-2m）等。

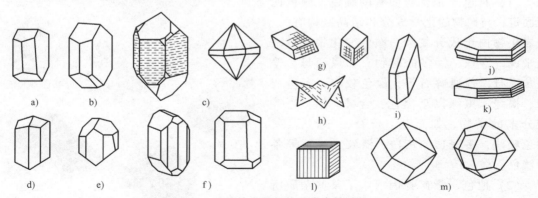

图 2-2 矿物的常见晶体及代表性矿物

a）正长石　b）斜长石　c）石英　d）角闪石　e）辉石　f）橄榄石　g）方解石
h）白云石　i）石膏　j）绿泥石　k）云母　l）黄铁矿　m）石榴子石

2. 矿物集合体形态

结晶矿物在自然界很少以单体出现，非晶质矿物则根本没有规则的单体形态，所以常按集合体的形态来识别矿物。常见的矿物集合体形态如图 2-3 所示，从上至下、从左至右为针状、纤维状、葡萄状、片状、结核状、放射状、鲕状、簇状。

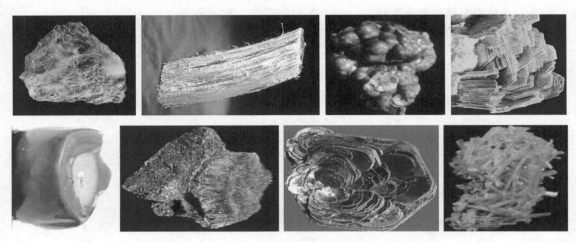

图 2-3 常见的矿物集合体形态

2.1.3 矿物的物理力学性质

不同的矿物具有不同的化学成分和内部构造，因此，它们具有各不相同的物理力学性质。矿物的物理性质包括光学性质（颜色、条痕、光泽、透明度）、力学性质（硬度、解理及断口）、磁性及导电性等。它们是鉴别矿物的主要特征。

1. 颜色

矿物的颜色是指矿物新鲜表面在自然光下呈现的颜色（见图 2-4），取决于矿物的化学成分及其所含的杂质。按成色原因，有自色、他色、假色之分。

（1）自色 是矿物固有的颜色，颜色比较固定，与矿物的化学成分和结晶结构有关。造岩矿物由于成分复杂，颜色变化很大。一般来说，含铁、锰多的矿物，如黑云母、普通角闪石、普通辉石等，颜色较深，多呈灰绿、褐绿、黑绿以至黑色；含硅、铝、钙等成分多的矿物，如石英、长石、方解石等，颜色较浅，多呈白、灰白、淡红、淡黄等各种浅色。

（2）他色 指矿物因混入了某些杂质所引起的颜色，与矿物的本身性质无关。他色不固定，随杂质的不同而异。如纯净的石英晶体是无色透明的，混入杂质就呈紫色、玫瑰色、烟色。由于他色不固定，对鉴定矿物没有很大的意义。

图 2-4 矿物的颜色

（3）假色 是由于矿物内部的裂隙或表面的氧化薄膜对光的折射、散射所引起的。如

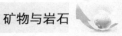

方解石解理面上常出现的彩虹。假色对某些矿物具有鉴定意义。

2．条痕

矿物在白色无釉瓷板上划擦时留下的粉末的颜色，称为条痕（见图 2-5）。条痕可消除假色，减弱他色，常用于矿物鉴定。对一种矿物来说，其条痕呈色通常是固定的，且可不同于矿物块体的颜色，如金的条痕为金黄色，而黄铜矿的条痕为绿黑色。某些矿物的条痕与矿物的颜色是不同的，如黄铁矿为浅铜黄色，而条痕是绿黑色。条痕色去掉了矿物因反射所造成的色差，增加了吸收率，扩大了眼睛对不同颜色的敏感度，因而比矿物的颜色更为固定，但适用于深色矿物，对浅色矿物无鉴定意义。

3．光泽

矿物新鲜表面反射可见光的能力称为光泽，是用来鉴定矿物的重要标志之一。按其强弱程度可分为金属光泽、半金属光泽和非金属光泽。金属光泽反光很强，犹如电镀的金属表面那样光亮耀眼；半金属光泽比金属的亮光弱，似未磨光的铁器表面；非金属光泽表明矿物表面的反光能力较弱，是大多数非金属矿物（如石英、滑石等）所固有的特点（见图 2-6）。

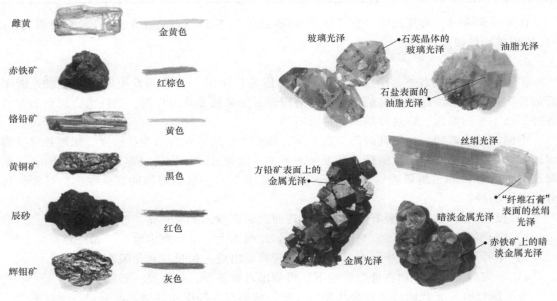

图 2-5　矿物的条痕　　　　　　　　图 2-6　矿物的光泽

由于矿物表面的性质或矿物集合体的集合方式不同，非金属光泽会呈现以下不同特征的光泽：

1）金刚光泽：矿物表面反光较强，状若钻石，如金刚石。

2）玻璃光泽：矿物表面与玻璃的反光相似，如长石、方解石解理面上呈现的光泽。

3）油脂光泽：矿物表面好像涂了一层油脂一样，如石英断口上呈现的光泽。

4）珍珠光泽：矿物表面像贝壳内珍珠层所呈现的光泽一样，如云母。

5）丝绢光泽：矿物表面犹如丝绢反光，如石膏。

6）蜡状光泽：致密矿物表面所呈现的光泽，如蛇纹石、滑石等。

7）土状光泽：矿物表面粗糙，无光泽，暗淡如土，如高岭石。

4．透明度

透明度是指光线透过矿物的程度，与矿物吸收可见光的能力有关，可分为透明、半透明和不透明三个等级，如水晶为透明，辰砂为半透明，黄铁矿为不透明。

5. 硬度

硬度是指矿物抵抗外力刻划、压入、研磨的能力。硬度是岩石软硬程度的重要标志。不同的矿物由于其化学成分和内部构造不同而具有不同的硬度，因此硬度也是鉴别矿物的一个重要特征。在鉴别矿物的硬度时，应在矿物的新鲜晶面或解理面上进行。1822 年德国矿物学家摩氏（Friedrich Mohs）提出用 10 种矿物来衡量矿物的硬度，将硬度分为 10 级，称之为摩氏硬度计，见表 2-2。例如，将需要鉴定的矿物与摩氏硬度计中的方解石对刻，结果被方解石刻伤而自身又能刻伤石膏，说明其硬度大于石膏而小于方解石，在 2~3 之间，即可将该矿物的硬度定为 2.5。可见，摩氏硬度只反映矿物相对硬度的顺序，并不是矿物绝对硬度值。

表 2-2　摩氏硬度计

硬度	1	2	3	4	5	6	7	8	9	10
矿物	滑石	石膏	方解石	萤石	磷灰石	正长石	石英	黄玉	刚玉	金刚石

在野外调查时，常用指甲（2~2.5）、铅笔刀（5~5.5）、玻璃（5.5~6）、钢刀刃（6~7）鉴别矿物的硬度。

6. 解理与断口

矿物晶体在机械力外力作用（如敲打、挤压等）下沿一定方向发生破裂并裂成光滑平面的性质称为解理，这些光滑的平面称为解理面。如矿物受外力作用，在任意方向破裂并呈各种凹凸不平的断面，则这样的断面称为断口。

不同的晶质矿物，由于其内部构造不同，在受力作用后开裂的难易程度、解理数目及解理面的完全程度也有差别。根据解理方向的多少，解理可以分为一组解理（如云母）、二组解理（如长石）和三组解理（如方解石）等（见图 2-7）。根据解理的完全程度，可将解理分为以下四种：

1）极完全解理：极易裂开成薄片，解理面大而完整，平滑光亮，如云母。

2）完全解理：沿解理面常裂开成小块，解理面不大，不易发生断口，如方解石。

3）中等解理：解理面小而不光滑，断口较容易出现，如长石和角闪石。

4）不完全解理：矿物在外力作用下，很难出现解理面，如石英、石榴子石。

常见断口有贝壳状断口、锯齿状断口、参差状断口、纤维状及鳞片状断口、土状断口。

矿物解理的完全程度和断口是互相消长的，解理完全时则不显断口。反之，解理不完全或无解理时，则断口显著。如不具解理的石英，只呈现贝壳状的断口（见图 2-8）。解理是

图 2-7　方解石的三组解理

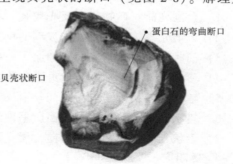

蛋白石的弯曲断口

贝壳状断口

图 2-8　贝壳状断口

造岩矿物的另一个鉴定特征。矿物解理的发育程度对岩石的力学强度产生影响。此外，如滑石的滑腻感，方解石遇盐酸起泡等，都可作为鉴别这种矿物的特征。

2.1.4 常见矿物及其主要特征

常见矿物及其主要特征见表2-3，表中的高岭石、蒙脱石、伊利石是常见的三种黏土矿物，是组成黏土岩和土壤的主要矿物。由于这类矿物颗粒细小，具有胶体特性，与水发生活跃的物理化学作用致使黏土矿物具有复杂多变的工程地质性质。

2.1.5 矿物的肉眼鉴定

准确地鉴别矿物，需要在实验室采用多种方法进行分析研究，如吹管分析、差热分析、光谱分析、化学分析、偏光显微镜分析、电子显微镜扫描、X射线分析等，但对土木工程工作者而言，最基本的要求是用肉眼鉴定，借助小刀、瓷板和放大镜等简单工具，对矿物外表特征进行观察和初步鉴定。鉴别时应注意抓住其主要特征，综合考虑颜色、晶形、光泽、硬度、解理等特征，考虑矿物生成条件及其共生矿物。

例如，鉴定甲、乙两种矿物。形态都是结晶体规则几何形状；颜色都是白色；光泽都是玻璃光泽；硬度不同：甲矿物为3级，乙矿物为7级；解理也不同：甲矿物为完全解理，乙矿物无解理。最后将稀盐酸滴在矿物上，甲矿物起泡，乙矿物无反应。根据以上情况，结论为：甲矿物为方解石，乙矿物为石英。

常见造岩矿物的肉眼鉴定特征见表2-3。

■ 2.2 岩石

岩石是在地质作用过程中由一种或多种矿物或由其他岩石和矿物的碎屑所组成，具有一定的结构和构造的矿物集合体，是组成地壳的基本单元。岩石和矿物不同，一种岩石的矿物组成比例是可以变动的，但一种矿物的组成成分是不变的。

岩石的工程地质性质与岩石的矿物成分、结构和构造密切相关。矿物成分、结构和构造也是鉴别岩石的主要依据。岩石的结构是指岩石中矿物的结晶程度、颗粒大小、形状及彼此间的组合方式。岩石的构造是指岩石中矿物集合体或矿物集合体与其他组成部分的排列和填充方式。

组成地壳的岩石包括大量固体状的岩石及少量尚未固结的松散堆积物，按其地质成因可分为岩浆岩、沉积岩、变质岩三大类。

见证有色金属元素　见证钢铁强国
攻坚战的稀土　　　的铁矿石

2.2.1 岩浆岩

岩浆岩又称为火成岩，是由地壳深处的岩浆沿地壳构造薄弱带上升侵入地壳或喷出地面冷却凝固后形成的岩石。岩浆是地壳深处一种处于高温（1000℃及以上）、高压下的硅酸盐熔融体。它的主要成分是SiO_2，还有其他元素、化合物和挥发性成分。岩浆经常处于活动状态，具有流动性。地下深处的炽热岩浆处于高温高压的环境，一旦地壳运动引起岩石圈出现裂隙时，岩浆就沿着裂隙运移上升，当达到一定位置时，即发生冷凝结晶而成为岩石，这种包括岩浆发育、运动和冷凝结晶成岩的全过程，就称为岩浆作用，它包括侵入作用和喷出

工程地质

表2-3 常见矿物及其主要特征

序号	矿物名称	成分	硬度	形态	颜色	条痕	光泽	相对密度	解理或断口	其他特征
1	滑石	$Mg_3[Si_4O_{10}][OH]_2$	1	板状、片状、块状	白色、浅绿、浅红色	白色	玻璃光泽、蜡状光泽	2.7~2.8	一组解理	板软，手摸有滑感；薄片可以挠曲而无弹性
2	高岭石	$Al_4(Si_4O_{10})[OH]_8$	1~2	土状、块状	白色			2.58~2.61	土状断口	有滑感，干时易吸水，湿时有可塑性
3	蒙脱石	$(Al_2Mg_3)(Si_4O_{10})[OH]_2$	1~2	土状、微鳞片状	白色、灰白色			2~3	土状断口	可塑性，遇水剧烈膨胀
4	伊利石（又称水云母）	$KAl_2[(Al,Si)Si_3O_{10}](OH)_2 \cdot nH_2O$	1~2	土状、鳞片状	白色		块者油脂光泽	2.6~2.9	土状断口	具有滑腻感，性质介于高岭石与蒙脱石之间
5	石膏	$CaSO_4 \cdot 2H_2O$	2	板状、块状、纤维状	白色、浅灰色	白色	玻璃光泽、珍珠光泽	2.3	板状石膏具有一组解理，纤维状石膏断口为锯齿状	微具挠度
6	绿泥石	$(Mg,Al,Fe)_6[(Si,Al)_4O_{10}][OH]_8$	2~3	鳞片状	绿色	白色	珍珠光泽	2.6~3.3	平行片状方向的节理	薄片具挠性，常见于温度不高的热液变质岩中，易风化，强度低
7	白云母	$KAl_2[AlSi_3O_{10}][OH]_2$	2.5~3	板状、鳞片状、块状	无色	白色	玻璃光泽、珍珠光泽	2.6~3.12	一组解理	薄片透明，有弹性、绝缘性能极好
8	黑云母	$K(Mg,Fe)_3[AlSi_3O_{10}][OH]_2$	2.5~3	短柱状、板状、片状集合体	黑色、褐色、棕色	浅绿色	玻璃光泽、珍珠光泽	3.02~3.12	一组解理	薄片有挠性，有弹性
9	蛇纹石	$Mg_6[Si_4O_{10}][OH]$	2.5~3.5	细鳞片状、致密块状			油脂光泽、丝绢光泽	2.83		呈纤维状者称蛇纹石石棉
10	方解石	$CaCO_3$	3	菱面状、粒状、结核状、钟乳状	无色、灰白	白色	玻璃光泽	2.6~2.8	三组解理	性脆，遇冷稀盐酸起泡，是石灰岩和大理岩的主要矿物
11	白云石	$CaMg(CO_3)_2$	3.5~4	菱面状、粒状、块状	白色、浅黄色、红色	白色	玻璃光泽	2.9	三组解理	遇热盐酸起泡，遇镁试剂变蓝，是白云岩的主要矿物

序号	矿物名称	化学成分	硬度	形态	颜色	条痕	光泽	比重	解理	其他特征
12	褐铁矿	$Fe_2O_3 \cdot nH_2O$	5~5.5	块状、土状、豆状、蜂窝状	褐色、黑色	浅黄褐色	半金属光泽	3~4	无解理	为含铁矿物的风化物,呈铁锈状,易染手
13	赤铁矿	Fe_2O_3	5.5~6	块状、脊状、鲕状	钢灰色、铁黑色、红褐色	樱桃红色	半金属光泽	5~5.3	无解理	性脆,土状者硬度很低,可染手
14	普通角闪石	$Ca_2Na(Mg,Fe)_4(FeAl)[(Si,Al)_4O_{11}][OH]_2$	5~6	长柱状、横切面为六边形	暗绿色至黑色	浅绿色	玻璃光泽	3.1~3.3	两组解理	性脆,常与斜长石、辉石共生
15	普通辉石	$Ca(Mg,Fe,Al)[(SiAl)_2O_6]$	5.5~6	短柱状、横切面为八边形	黑绿色	灰绿色	玻璃光泽	3.23~3.56	两组解理	性脆,多与斜长石共生
16	正长石	$K[AlSi_3O_8]$	6	柱状、板状	肉红色、玫瑰色、褐黄色	白色	玻璃光泽	2.6	两组解理	有时呈双晶。易风化成高岭石,常与石英伴生于酸性花岗岩
17	斜长石	$Na[AlSi_3O_8] \sim Ca[Al_2Si_2O_8]$	6	板状、粒状	白色、浅黄色	白色	玻璃光泽	2.7	两组解理	性脆,解理面上显条纹。常见于生于深色的岩浆岩(如闪长岩、辉长岩)
18	黄铁矿	FeS_2	6~6.5	立方体、粒状、块状	浅铜黄色	绿黑色	金属光泽	4.9~5.2	参差状断口	晶面有平行条纹。风化后易产生腐蚀性硫酸,是提取硫酸的主要原料
19	橄榄石	$(Mg,Fe)_2[SiO_4]$	6.5~7	粒状	橄榄绿色	白色	玻璃光泽	3.3~3.5	贝壳状断口	透明,在绿色矿物中硬度较大。常见于于基性基性和超基性岩浆中
20	石榴子石	$(Ca,Mg)_3(Al,Fe)_2[SiO_4]_3$	6.5~7.5	菱形十二面体、粒状	多种颜色	白色	玻璃光泽、油脂光泽	3~4	无解理	半透明、性脆,多产于变质岩
21	石英	SiO_2	7	六方双锥柱状、块状	无色、白色	白色	玻璃光泽、油脂光泽	2.65	贝壳状断口	质坚性脆,抗风化能力强。透明度好的晶体称为水晶,含杂质时呈紫红色、绿色等
22	红柱石	$Al_2[SiO_4]O$	1~2	柱状、放射状	浅绿色、浅红色	白色	玻璃光泽	3.1~3.2	两组解理	放射状集合体

作用。

侵入作用是指地下深处岩浆沿裂隙上升，但未达到地表，在地面以下一定部位冷凝结晶而成为岩石，其生成的岩石称为侵入岩。岩浆在地壳比较深的地方冷凝结晶形成的岩石，称为深成岩。岩浆上升到地壳较浅部位或接近地表时冷凝结晶而成的岩石称为浅成岩。

喷出作用是指从岩浆喷溢出地表，至冷凝成为岩石的全过程，又称为火山作用。由喷出作用形成的岩石，称为喷出岩（或称火山岩）。

因此，岩浆岩按成岩环境又可分为深成岩、浅成岩和喷出岩。

1. 岩浆的化学成分

岩浆岩的化学成分十分复杂，其中以氧、硅、铝、镁、铁、钙、钠、钾、锰、钛、磷、氢等元素为主。这些元素在岩浆中主要以离子和络离子形式存在。为了化学分析表示方便，常用氧化物的质量分数来表示岩浆岩的化学成分。岩浆中含 SiO_2 最多，为 35%~75%；其次是 Al_2O_3，大部分岩浆在 12%~18%，个别达 20%；其他如 MgO、CaO、FeO、Fe_2O_3、K_2O、Na_2O 等，各占百分之十几到百分之几不等；TiO_2、MnO、P_2O_5 等则在百分之几到千分之几。这些"主要造岩氧化物"占岩浆成分的 99% 以上。

2. 岩浆岩的矿物成分

组成岩浆岩的矿物有 30 多种，按颜色和化学成分的特点，可分为浅色矿物和深色矿物两类。浅色矿物有石英、正长石、斜长石、白云母等。它们富含硅、铝成分，所以又称为含铝的硅酸盐矿物或硅铝矿物。深色矿物有黑云母、辉石、角闪石、橄榄石等。它们富含铁、镁成分，所以又称为富含铁、镁的硅酸盐矿物。

但对某一具体岩石来讲，这些矿物并不是同时存在，而通常是仅由两三种主要矿物组成。岩浆岩中含量超过 10% 的矿物称为主要矿物，为岩浆岩分类的主要依据。例如，辉长岩主要是由斜长石和辉石组成；花岗岩则是由石英、长石和黑云母组成（见图 2-9）。岩石中含量相对较少，仅为 1%~10% 的矿物称为次要矿物，是岩石进一步定名的依据，但不影响大类的划分。岩石中含量很少，通常低于 1% 的矿物称为副矿物，对岩石定名不起作用。

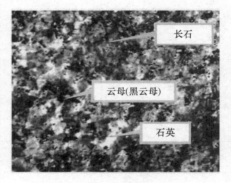

图 2-9　花岗岩的矿物成分

岩浆岩的矿物成分既可反映岩石的化学成分，又可反映岩石的生成条件和成因。岩浆的化学成分相当复杂，但含量高、对岩石的矿物成分影响最大的是 SiO_2。因此，根据 SiO_2 含量多少，可将岩浆岩分为四大类：超基性岩，SiO_2 含量 <45%；基性岩，SiO_2 含量 45%~52%；中性岩，SiO_2 含量 52%~65%；酸性岩，SiO_2 含量 >65%。从超基性岩至酸性岩，随着 SiO_2 增加，岩石的颜色、矿物成分等发生有规律的变化。

3. 岩浆岩的产状

岩浆岩的产状是指岩浆岩体的形态、规模、展布方向、同围岩的接触关系及其产出的地质构造环境等。岩体产状反映岩浆性质、岩浆活动情况及其与有关的地质构造运动的相互关系，岩浆岩的产状如图 2-10 所示。

（1）喷出岩的产状　喷出岩的产状决定于岩浆的成分和地形等方面特征，主要有以下几种：

几种：

1）熔岩流：岩浆喷出地表后沿山坡或河谷向低处流动，冷凝而形成的呈狭长的带状或宽阔而平缓的舌状岩体。

2）熔岩被：由黏性小、流动性强的基性岩浆喷至地表后四处流动形成的厚度不大、覆盖大片面积的岩体。

3）火山锥：由火山喷发物质围绕火山口堆积形成的圆锥形岩体。

（2）浅成岩（形成深度小于3km）的产状　岩体规模不大、出露面积几十平方米至几平方千米。常见以下几种产状：

1）岩床：指岩浆顺岩层面侵入形成的板状或层状岩体，与岩层呈平行接触关系。

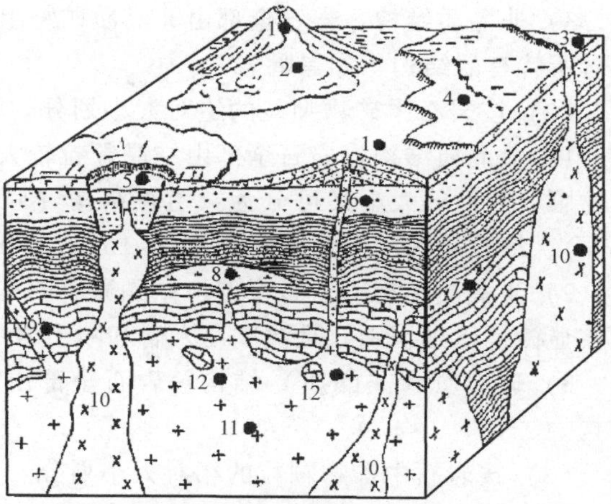

2）岩盆或岩盖：岩浆侵入岩层之间，

图 2-10　岩浆岩的产状示意

1—火山锥　2—熔岩流　3—火山颈及岩墙　4—熔岩被
5—破火山口　6—火山颈　7—岩床　8—岩盘　9—岩墙
10—岩株　11—岩基　12—捕房体

由于底板岩层下沉断裂，冷凝后形成中央向下凹的盆状侵入体则为岩盆；如果侵入体底平而顶凸，延伸方向与围岩的成层方向大致平行，似蘑菇状，称为岩盖。

3）岩墙（岩脉）：为充填在岩石裂隙中的板状岩体，横切岩层，与层理斜交。它是岩浆沿围岩的裂缝挤入后冷凝形成的。

（3）深成岩（形成深度大于3km）的产状　深成岩体一般较大，分布面积在几平方千米至几千平方千米变化。包括岩株和岩基。

1）岩株：近于呈树干状向下延伸的岩体，规模较大，但较岩基小，出露面积小于 $100km^2$。

2）岩基：是一种规模极大的深成岩体，出露面积超过 $100km^2$。岩基常产于褶皱带的隆起部分，延伸与褶皱轴向一致。

4．岩浆岩的结构

岩浆岩的结构是指岩浆岩中矿物的结晶程度、晶粒大小、形态及它们间的相互组合关系。岩浆岩的结构特征是岩浆成分和岩浆冷凝时的物理环境的综合反映。冷凝慢时，晶粒粗大，晶型完好；冷凝快时，众多晶芽同时析出，彼此争夺生长空间，导致矿物晶粒细小，晶型不规则；冷凝速度极快时，形成非晶质。它是区分和鉴定岩浆岩的重要标志之一，也直接影响岩石的强度。岩浆岩的结构分类如下：

（1）按岩石中矿物结晶程度划分

1）全晶质结构：岩石全部由结晶质矿物组成（见图 2-11a），多见于深成岩和浅成岩中，如花岗岩、闪长岩。

2）半晶质结构：岩石由结晶质矿物和非晶质矿物组成（见图 2-11b），多见于浅成岩和喷出岩，如流纹岩。

图 2-11　按结晶程度划分三种结构

a）全晶质结构　b）半晶质结构
c）非晶质结构（玻璃质结构）

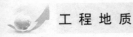

3）非晶质结构：岩石全部由非晶质矿物组成，又称为玻璃质结构（见图 2-11c），为喷出岩所特有的结构，如黑曜岩。

（2）按岩石中矿物颗粒的绝对大小划分

1）显晶质结构：岩石全部由结晶颗粒较大的矿物组成，用肉眼或放大镜可以辨认。按矿物颗粒的粒径大小又可分为：粗粒结构（颗粒粒径>5mm）、中粒结构（颗粒粒径为 1~5mm）、细粒结构（颗粒粒径为 0.1~1mm）、微粒结构（颗粒粒径<0.1mm）。

2）半晶质结构：岩石全部由结晶微小的矿物组成，用肉眼和放大镜均看不见晶粒，只有在显微镜下可识别，是浅成侵入岩和喷出岩中常有的一种结构。

3）玻璃质（非晶质）结构：岩石全部由非晶质组成，均匀致密似玻璃，是喷出岩的结构。

（3）按岩石中矿物颗粒的相对大小划分

1）等粒结构：岩石中的矿物全部是显晶质粒状，同种主要矿物结晶颗粒大小大致相等。等粒结构是深成岩特有的结构。

2）不等粒结构：岩石中主要矿物的颗粒大小不等，且粒度大小成连续变化系列。如果两类颗粒大小悬殊（相差一个数量级以上），其中粗大者称为斑晶，其晶型完整，是在温度较高的深处慢慢结晶形成的；细小者则称为基质。基质为隐晶质及玻璃质的，称为斑状结构；基质为显晶质的，则称为似斑状结构。斑状结构为浅成岩及部分喷出岩所特有的结构。其形成原因是斑晶形成于地壳深处，而基质是后来含斑晶岩浆上升至地壳较浅处或喷溢出地表后才形成的。似斑状结构主要分布于浅成侵入岩和部分中深成侵入岩中。似斑状结构的斑晶和基质，同时形成于相同环境。

5. 岩浆岩的构造

岩浆岩的构造是指矿物在岩石中的形态、大小及排列的顺序和填充的方式所反映出来的岩石外貌特征。岩浆岩的构造特征主要决定于岩浆冷凝时的环境。常见的岩浆岩构造有：

（1）块状构造　岩石中矿物均匀分布，无定向排列现象，岩石呈均匀致密的块体。它是绝大多数岩浆岩的构造，全部侵入岩都是块状构造，部分喷出岩也是块状构造。

（2）流纹状构造　岩石中不同颜色的条纹、拉长的气孔和长条形矿物，按一定方向排列形成的流动状构造。它反映岩浆喷出地表后流动的痕迹，多见于喷出岩中，如流纹岩。

（3）气孔状构造　岩浆喷出地面迅速冷凝过程中，岩浆中所含气体或挥发性物质从岩浆中逸出后，在岩石中形成的大小不一的气孔，称为气孔状构造（见图 2-12），它是喷出岩的构造。

（4）杏仁状构造　具有气孔状构造的岩石，气孔被次生矿物（如方解石、石英等）所充填形成的一种形似杏仁的构造（见图 2-13），多见于喷出岩中，如安山岩。

6. 岩浆岩的分类和常见的岩浆岩

（1）岩浆岩的分类　自然界中的岩浆岩种类繁多，它们之间存在着矿物成分、结构、构造、产状及成因等方面的差异，因而其工程地质性质也有明显差别。因此，为了掌握各种岩石的共性、特性和彼此之间的关系，有必要对岩浆岩进行分类。岩浆岩的分类依据，通常为岩石的化学成分、矿物组成、结构、构造、形成条件和产状等。首先，根据岩浆岩的化学成分（主要是 SiO_2 的含量）及由化学成分所决定的岩石中矿物的种类与含量关系，将岩浆岩分成酸性岩、中性岩、基性岩及超基性岩。其次，根据岩浆岩的形成条件将岩浆岩分为喷出岩、浅成岩和深成岩。在此基础上，再进一步考虑岩浆岩的产状、结构、构造等因素。据此划分的岩浆岩的主要类型见表 2-4。

图 2-12　玄武岩的气孔状构造

图 2-13　杏仁状构造

表 2-4　岩浆岩的分类

颜色		浅━━━━━━━▶深			
岩浆岩类型		酸性	中性	基性	超基性
SiO₂ 含量		>65%	52%~65%	45%~52%	<45%
主要矿物		石英 正长石 斜长石	正长石　角闪石 斜长石　斜长石	斜长石 辉石	斜长石 辉石
次要矿物		云母 角闪石	角闪石　辉石 黑云母　黑云母 辉石　正长石<5% 石英<5%　石英<5%	橄榄石 角闪石 黑云母	角闪石 斜长石 黑云母

成因类型		产状	构造	结构	岩石类型			
喷出岩		岩流	杏仁气孔流岩块状	非晶质（玻璃质）	火山玻璃;黑曜岩;浮岩等			
				隐晶质斑	英安岩 流纹岩 石英斑岩	安山岩	玄武岩	金伯利岩
侵入岩	浅成	岩床 岩墙	块状	斑状全晶细颗	花岗斑岩	正长斑岩	闪长玢岩	辉绿岩	苦橄玢岩
	深成	岩株 岩基		结晶斑状 全晶中、 粗粒	花岗岩	正长岩	闪长岩	辉长岩	橄榄岩 辉岩

（2）常见的岩浆岩

1）花岗岩。属深成岩，全晶质等粒结构，块状构造，多呈肉红、浅灰、灰白色。主要矿物成分有石英、正长石、斜长石，次要矿物有黑云母和角闪石。花岗岩质地坚硬，强度高，在我国分布广泛，是工程上广泛采用的一种良好的地基和建筑材料。

2）闪长岩。属深成岩，全晶质等粒结构，块状构造，灰白、深灰至黑灰色。主要矿物为斜长石和角闪石，次要矿物有辉石和黑云母。岩质坚硬，强度高，分布较广，是良好的地基和建筑材料。

3）辉长岩。属深成岩，全晶质等粒结构，块状构造，灰黑至黑色。主要矿物为斜长石和辉石，次要矿物为橄榄石、角闪石和黑云母。辉长岩分布不广，在山东、河北等地有少量出露，岩石质地坚硬，强度高，是良好的地基和建筑材料。

4）辉绿岩。属浅成岩，灰绿或黑绿色，具有特殊的辉绿结构（辉石充填于斜长石晶格的空隙中），强度高，是良好的天然建筑材料。主要矿物为斜长石和辉石，其次为橄榄石、角闪石和黑云母，常含有方解石、绿泥石等次生矿物。

5）流纹岩。属喷出岩，常呈灰白、灰红、浅黄褐色，矿物成分与花岗岩相同，隐晶质斑状结构，典型的流纹状构造。斑晶主要为石英和正长石，基质通常是玻璃质。流纹岩的物理力学性质比花岗岩差，强度较高，主要分布在我国河北、浙江、福建等地，可作为建筑材料。

6）安山岩。属喷出岩，灰色或发紫色，斑状结构，斑晶常为斜长石，气孔状或杏仁状构造。新鲜安山岩可作为建筑材料和良好地基，强度略低于闪长岩。

7）玄武岩。属喷出岩，呈隐晶质细粒或斑状结构，气孔或杏仁状构造，灰黑至黑色。主要矿物与辉长岩相同。玄武岩是我国分布最广的喷出岩，在云南、贵州和四川三省交界处最多。岩石十分致密坚硬，强度很高，但具气孔构造时易风化。

2.2.2 沉积岩

沉积岩是在地壳表层常温常压条件下，由风化产物、有机质和某些火山作用产生的物质，经搬运、沉积和成岩等一系列地质作用而形成的层状岩石。沉积岩是地表出露最广泛的岩石，占陆地面积的75%。因此，许多工程都在沉积岩地区建设，沉积岩也是应用得最广的一种建筑材料。

沉积岩的形成是一个长期而复杂的地质作用过程。出露地表的各种岩石，经长期风化破坏，逐渐分解破碎，或成为岩石碎屑，或成为细粒黏土矿物，或成为其他溶解物质。这些先成岩石的风化产物，大部分被流水等运动介质搬运到河、湖、海洋等低洼的地方沉积下来，成为松散的堆积物。这些松散的堆积物经过压密、胶结、重结晶等作用，逐渐形成沉积岩。

1. 沉积岩的物质组成

（1）碎屑物质　碎屑物质主要是来自原岩的风化产物，一部分是原岩经破坏后的残留碎屑，一部分则是一些耐磨损而抗风化较强和稳定的矿物碎屑，如石英、长石、白云母等。

（2）黏土矿物　黏土矿物是原岩经风化分解后而生成的次生矿物，如高岭石、蒙脱石、水云母等。

（3）化学沉积矿物　化学沉积矿物是经化学沉积或生物化学沉积作用而形成的矿物，如方解石、白云石、石膏、石盐、铁和锰的氧化物或氢氧化物等。

（4）有机质及生物残骸　有机质及生物残骸是由生物残骸或经有机化学变化而形成的矿物，如贝壳、泥炭及其他有机质等。

在沉积岩的矿物组成中，黏土矿物、方解石、白云石、有机质等，是沉积岩所特有的，是物质组成上区别于岩浆岩的一个重要特征。

2. 沉积岩的结构

沉积岩的结构是指岩石组成部分的颗粒大小、形状及胶结特性，一般有碎屑结构、泥质结构、结晶结构和生物结构四种。

（1）碎屑结构　50%以上的直径大于 0.005mm 的碎屑物质被胶结物胶结而成的一种结构（图 2-14a）。一般按碎屑粒径的大小分为砾状结构（碎屑粒径>2mm）、砂质结构（碎屑粒径为 0.05~2mm）、粉砂质结构（碎屑粒径为 0.005~0.05mm，如粉砂岩）三种。砂质结构又可分为以下三种结构：粗粒结构，碎屑粒径为 0.5~2mm，如粗粒砂岩；中粒结构，碎屑粒径为 0.25~0.5mm，如中粒砂岩；细粒结构，碎屑粒径为 0.05~0.25mm，如细粒砂岩。碎屑结构按照胶结物的成分可分为硅质胶结、铁质胶结、钙质胶结、泥质胶结，其胶结强度依次降低。

（2）泥质结构　由 50%以上的直径小于<0.005mm 的细小碎屑和黏土矿物颗粒组成，如泥岩、页岩。

（3）结晶结构　由化学沉淀或胶体重结晶所形成的结构，如石灰岩、白云岩。

（4）生物结构　由 30%以上生物遗体或碎片所形成的岩石结构，如珊瑚结构、贝壳结构等，如图 2-14b 所示。

a)　　　　　　　　　　　　　　　　　b)

图 2-14　沉积岩的结构
a）碎屑结构　b）生物结构

3. 沉积岩的构造

沉积岩的构造是指岩石各组成部分的空间分布及其相互间的排列关系。沉积岩最主要的构造是层理构造、层面构造及化石。

（1）层理构造　沉积岩在形成过程中，由于沉积环境的改变，使先后沉积的物质在颗粒大小、形状、颜色和成分上发生变化而显示出来的成层现象，如图 2-15 所示。

沉积物在一个基本稳定的地质环境条件下，连续不断沉积形成的单元岩层简称层。相邻两个层之间的界面称为层面，它是由于上下层之间产生较短的沉积间断而造成的。一个单元岩层上下层面之间的垂直距离称为岩层厚度。

根据岩层厚度可将岩层分为巨厚层（>1m）、厚层（0.5~1m）、中厚层（0.1~0.5m）、薄层（<0.1m）。厚层中所夹的薄层称为夹层。有些岩层一端较厚，另一端逐渐变薄以致消失，这种现象称为尖灭层，若在不大的距离内两端都尖灭，而中间较厚，则称为透镜体（见图 2-16d）。

图 2-15　波浪谷（美国）和红色砂泥岩层理构造地貌景观（重庆）
a）波浪谷层理构造　b）交错层理构造

根据层理的形态，可将层理分为下列几种类型（见图 2-16）：

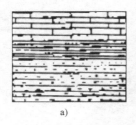 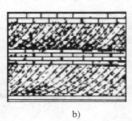 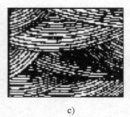 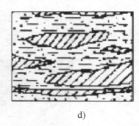

图 2-16　沉积岩的层理类型
a）水平层理　b）单斜层理　c）交错层理　d）夹层、透镜体及尖灭层

1）水平层理。由平直且与层面平行的一系列细层组成的层理（见图 2-16a），主要见于细粒岩石（黏土岩、粉细砂岩、泥晶灰岩等）中。它是在比较稳定的水动力条件下（如河流的堤岸带、闭塞海湾、海和湖的深水带），从悬浮物或溶液中缓慢沉积而成的。

2）单斜层理。由一系列与层面斜交的细层组成，细层的层理向同一方向倾斜并相互平行（见图 2-16b）。它与上下层面斜交，上下层面互相平行。它是由单向水流所造成的，多见于河床或滨海三角洲沉积物中。

3）交错层理。由多组不同方向的斜层理互相交错重叠而成（见图 2-16c），是由于水流的运动方向频繁变化所造成的，多见于河流沉积层中。

4）波状层理。层理面呈波状起伏，其总方向与层面大致平行，又可分为平行波状层理和斜交波状层理。波状层理是在流体发生波动情况下形成的。

岩层的变薄、尖灭和透镜体，可使其强度和透水性在不同的方向发生变化。松软夹层，容易引起上覆岩层发生顺层滑动。沉积岩易沿层面劈开。

（2）层面构造　层面构造指岩层层面上由于水流、风、生物活动、阳光暴晒等作用留下的痕迹，如波痕、泥裂、雨痕等（见图 2-17）。波痕是指由于风力、流水或波浪作用，在沉积层表面形成的波状起伏现象的痕迹，可以指示形成时水流或风从缓坡向陡坡方向运动；泥裂是指由于沉积物在尚未固结时即露出水面，经暴晒后由于失水收缩而形成的多边形网状裂缝，断面呈 V 形，刚形成时泥裂是空的，后期常被砂、粉砂或其他物质填充。

【二维码 2-1
泥裂视频】

a)

b)

雨痕

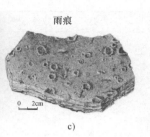
c)

图 2-17　层面构造（波痕、泥裂和雨痕）
a）波痕　b）泥裂　c）雨痕

（3）化石　经石化作用保存在沉积岩中的动植物遗骸和遗迹称为化石，如三叶虫、鳞木和蚌壳等。根据化石可以确定岩石的形成环境和地质年代，如图 2-18 所示。

图 2-18　化石（重庆万盛石林）

（4）结核　成分、结构、构造及颜色等与周围沉积物（岩）不同的、规模不大的团块体。结核形态很多，有球状、椭球状、不规则团块状等。如灰岩中常见的燧石结核（见图 2-19），主要是 SiO_2 在沉积物沉积的同时以胶体凝聚方式形成的。黄土中的钙质结核，是地下水从沉积物中溶解 $CaCO_3$ 后在适当地点再沉积形成的。

（5）缝合线　指岩石剖面中呈锯齿状起伏的曲线（见图 2-20）。缝合线是在成岩作用期形成的。在上覆岩层压力下，物质发生压溶作用，方解石、白云石被酸性溶液，石英被碱性溶液沿岩层面两侧溶解并带走，伴随一些成分沿垂直压力方向被不均匀带进，形成锯齿状起伏的缝合线，常见于石灰岩及白云岩中。

图 2-19　灰岩中的结核

【二维码 2-2
结核】

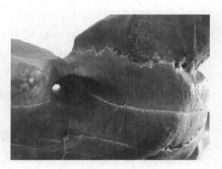
图 2-20　缝合线

沉积岩的层理、层面构造和含有化石，是沉积岩在构造上区别于岩浆岩的重要特征。

4. 沉积岩的分类和常见的沉积岩

根据沉积岩的组成物质成分和结构特征，可对其进行分类，见表 2-5。

表 2-5　沉积岩分类简表

岩类		结构		岩石分类及名称	主要亚类及其组成物质
碎屑岩类	火山碎屑岩	碎屑结构	集块结构（粒径>100mm）	火山集块岩	主要由粒径大于 100mm 的熔岩碎块、火山灰尘等经压密胶结而成
			角砾结构（粒径为 2~100mm）	火山角砾岩	主要由粒径为 2~100mm 的熔岩碎屑组成
			凝灰结构（粒径<2mm）	凝灰岩	由 50% 以上粒径小于 2mm 的火山灰组成
	沉积碎屑岩		砾状结构（粒径>2mm）	砾岩	角砾岩:由带棱角的角砾经胶结而成 砾岩:由浑圆的砾石经胶结而成
			砂质结构（粒径为 0.05~2mm）	砂岩	石英砂岩:石英（含量>90%）、长石和岩屑（<10%） 长石砂岩:石英（含量<75%）、长石（>25%）、岩屑（<10%） 岩屑砂岩:石英（含量<75%）、长石（<10%）、岩屑（>25%）
			粉砂结构（粒径为 0.005~0.05mm）	粉砂岩	主要由石英、长石的粉、黏粒及黏土矿物组成
黏土岩类		泥质结构（粒径<0.005mm）		泥岩	主要由高岭石、微晶高岭石及水云母等黏土矿物组成
				页岩	黏土质页岩:由黏土矿物组成 炭质页岩:由黏土矿物及有机质组成
化学及生物化学岩类		结晶结构及生物结构		石灰岩	石灰岩:方解石（含量>90%）、黏土矿物（<10%） 泥灰岩:方解石（含量 50%~75%）、黏土矿物（25%~50%）
				白云岩	白云岩:白云石（含量 90%~100%）、方解石（<10%） 灰质白云岩:白云石（含量 50%~75%）、方解石（25%~50%）

常见的沉积岩如下:

（1）砾岩及角砾岩　砾状结构，由 50% 以上粒径大于 2mm 的粗大碎屑胶结而成，黏土含量<25%。由浑圆状砾石胶结而成的称为砾岩;由棱角状的角砾胶结而成的称为角砾岩。角砾岩的岩性成分比较单一。砾岩的岩性成分一般比较复杂，由多种岩石的碎屑和矿物颗粒组成。胶结物的成分有钙质、泥质、铁质及硅质等。

【二维码 2-3 砾岩及角砾岩】

（2）砂岩　砂状结构，由 50% 以上粒径介于 0.05~2mm 的砂粒胶结而成，黏土含量<25%。按砂粒的矿物组成，可分为石英砂岩、长石砂岩和岩屑砂岩。按砂粒粒径的大小，可分为粗粒砂岩、中粒砂岩和细粒砂岩。胶结物的成分对砂岩的物理力学性质有重要影响。根据胶结物的成分，又可将砂岩分为硅质砂岩、铁质砂岩、钙质砂岩及泥质砂岩几个亚类。硅质砂岩的颜色浅，强度高，抵抗风化的能力强。泥质砂岩一般呈黄褐色，吸水性大，易软化，强度和稳定性差。铁质砂岩常呈紫红色或棕红色，钙质砂岩呈白色或

【二维码 2-4 砂岩】

灰白色，强度和稳定性介于硅质与泥质砂岩之间。砂岩分布很广，易于开采加工，是工程上广泛采用的建筑石料。

（3）粉砂岩 粉砂状结构，常有清晰的水平层理。由50%以上粒径介于0.005~0.05mm的粉砂胶结而成，黏土含量<25%。结构较疏松，强度和稳定性不高。

（4）页岩 由黏土脱水胶结而成，以黏土矿物为主，大部分有明显的薄层理，呈页片状，可分为硅质页岩、土质页岩、砂质页岩、钙质页岩及炭质页岩。除硅质页岩强度稍高外，其余岩性软弱，易风化成碎片，强度低，与水作用易于软化而丧失稳定性。

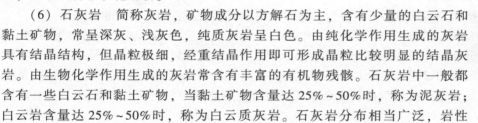

【二维码2-5 粉砂岩】 【二维码2-6 页岩】

（5）泥岩 成分与页岩相似，常成厚层状。以高岭石为主要成分的泥岩，常呈灰白色或黄白色，吸水性强，遇水后易软化。以微晶高岭石为主要成分的泥岩，常呈白色、玫瑰色或浅绿色，表面有滑感，可塑性小，吸水性高，吸水后体积急剧膨胀。页岩和泥岩可夹于坚硬岩层之间，形成软弱夹层，浸水后易于软化滑动。

【二维码2-7 泥岩】

（6）石灰岩 简称灰岩，矿物成分以方解石为主，含有少量的白云石和黏土矿物，常呈深灰、浅灰色，纯质灰岩呈白色。由纯化学作用生成的灰岩具有结晶结构，但晶粒极细，经重结晶作用即可形成晶粒比较明显的结晶灰岩。由生物化学作用生成的灰岩常含有丰富的有机物残骸。石灰岩中一般都含有一些白云石和黏土矿物，当黏土矿物含量达25%~50%时，称为泥灰岩；白云岩含量达25%~50%时，称为白云质灰岩。石灰岩分布相当广泛，岩性均一，易于开采加工，是烧制石灰和水泥的重要原材料，也是一种用途很广的建筑材料。但由于石灰岩溶于水，易形成裂隙和溶洞，对基础工程影响很大。

【二维码2-8 石灰岩】

（7）硅质岩 通过化学作用、生物化学作用形成的，化学成分以SiO_2为主的沉积岩。它的主要矿物成分是石英、玉髓和蛋白石，多为隐晶质结构，呈灰黑或灰白等色。多数致密坚硬，化学性质稳定，不易风化。这类岩石包括硅藻土、燧石岩及碧玉岩等。其中以燧石岩最为常见，常以结核状、透镜状或薄层状产于碳酸盐中。

【二维码2-9 硅质岩】

（8）白云岩 主要矿物成分为白云石，也含有方解石和黏土矿物，结晶结构。纯质白云岩为白色，随所含杂质的不同，可呈现不同的颜色，性质与石灰岩相似，但强度和稳定性比石灰岩要高，是一种良好的建筑石料。白云岩的外观特征与石灰岩近似，在野外难于区别，可用盐酸起泡程度辨认。

（9）火山碎屑岩 介于由喷出岩浆冷凝形成的熔岩与正常沉积岩之间的过渡类型岩石。主要由火山作用形成的各种碎屑物堆积而成。根据碎屑粒径，可以进一步分为集块岩（粒径大于64mm）、火山角砾岩（粒径为2~64mm）和凝灰岩（粒径小于2mm）。

【二维码2-10 白云岩】

2.2.3 变质岩

地壳运动和岩浆活动等造成物理化学环境改变，在高温、高压及其他化学因素作用下，先成的岩石（岩浆岩、沉积岩和早期的变质岩）在固体状态下发生矿物成分、结构和构造

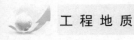

的改变而形成的新岩石称为变质岩。这些促使岩石发生变化的作用，称为变质作用，属于内力地质作用的范畴。

变质作用基本上是原岩在保持固体状态下，在原位置处进行的。由岩浆岩形成的变质岩称正变质岩；由沉积岩形成的变质岩称副变质岩。正变质岩产状保留原岩浆岩产状；副变质岩产状则保留沉积岩的产状。

变质作用主要发生在地表以下一定深度；而沉积作用只发生在地球的表层，与大气、水、生物等外因有关，这是变质作用与沉积作用的根本差别。

1. 变质岩的矿物成分

变质岩的矿物成分十分复杂。变质岩的矿物成分可分为两大类：一类是与岩浆岩或沉积岩所共的矿物，如石英、长石、云母、角闪石、辉石、方解石等，它们大多是原岩残留下来的，可称为继承矿物；另一类是在变质作用中产生的变质岩所特有的矿物，如石墨、滑石、蛇纹石、石榴子石、绿泥石、绢云母、硅灰石、蓝晶石、红柱石等，称为变质矿物。变质矿物的存在就是发生过变质作用的最有力的证据，是区别变质岩与其他岩石的重要标志。

2. 变质岩的结构

变质岩的结构是指构成岩石的各矿物颗粒的大小、形状及它们之间的相互关系。

（1）变余结构（残余结构） 在变质作用过程中，由于重结晶、变质结晶作用不完全，原岩的矿物成分和结构特征被部分保留下来，称为变余结构。如泥质砂岩变质以后，泥质胶结物变质成绢云母和绿泥石，而其中碎屑矿物如石英不发生变化，被保留下来，形成变余砂状结构。其他的如变余斑状结构、变余花岗结构、变余砾状结构（见图 2-21a）、变余泥质结构等。

（2）变晶结构 岩石在固体状态下发生重结晶、变质结晶或重组合所形成的结构称为变晶结构。这是变质岩中最常见的结构。该类结构中矿物多呈定向排列。

1）根据变晶矿物的粒度分。按变晶矿物颗粒的相对大小可分为等粒变晶结构、不等粒变晶结构及斑状变晶结构（见图 2-21b）；按变晶矿物颗粒的绝对大小可分为粗粒变晶结构（主要矿物颗粒直径 >3mm）、中粒变晶结构（1~3mm）、细粒变晶结构（0.1~1mm）、显微变晶结构（<0.1mm）。

2）按变晶矿物颗粒形状分可分为粒状变晶结构、鳞片状变晶结构及纤维状变晶结构等。

（3）碎裂结构 由于岩石在低温下受定向压力作用，当压力超过其强度极限时发生破裂、错动，形成碎块甚至粉末状后又被胶结在一起的结构。它是动力变质岩中常见的结构，根据破碎程度可分为碎裂结构（见图 2-21c）、碎斑结构、糜棱结构等。

3. 变质岩的构造

变质岩的构造是指岩石中各种矿物的空间分布特点和排列状态。

（1）变成构造 通过变质作用所形成的新的构造称为变成构造，是变质岩在构造上区别于其他岩石的显著特征。

1）板状构造。岩石具有平行、较密集而平坦的破裂面称之为劈理面，沿此面岩石易破裂成板状体。这种岩石常具变余泥质结构。原岩基本未重结晶，岩石中矿物颗粒细小，肉眼不能分辨，仅有少量绢云母或绿泥石，是岩石受较轻定向压力作用而形成的。

2）千枚状构造。岩石常呈薄板状，其中各组分基本已重结晶并呈定向排列，但结晶程

a)　　　　　　　　　　　　　b)　　　　　　　　　　　　　c)

图 2-21　变质岩的结构

a）变余砾状结构　b）斑状变晶结构　c）碎裂结构

度较低而使得肉眼尚不能分辨矿物，在岩石的自然破裂面上呈现强烈的丝绢光泽，是由绢云母、绿泥石小鳞片造成。岩石沿片理面易破裂成薄片状，岩石片理面常具小皱纹。

3）片状构造。在定向挤压应力的长期作用下，岩石中所含大量片状、柱状矿物（如云母、角闪石、绿泥石等）都呈平行定向排列。岩石中各组分全部重结晶，而且肉眼可以看出矿物颗粒。有片状构造的岩石，各向异性显著，沿片理面易于裂开，其强度、透水性、抗风化能力等也随方向而改变。

4）片麻状构造。以石英、长石等粒状矿物为主，其间夹以鳞片状、柱状变晶矿物，并呈大致平行断续带状分布而成。结晶程度都比较高，是片麻岩中常见的构造（见图 2-22a）。

千枚状构造、片状构造和片麻状构造都属于定向构造，它们使变质岩具有裂开成不十分规则的薄板或扁豆体的趋势，此种性质统称为片理。

5）块状构造。岩石中的矿物均匀分布，结构均一，无定向排列，岩石呈致密坚硬的块状体。这是大理岩和石英岩等常有的构造（见图 2-22b）。

a)　　　　　　　　　　　　　　　　　　b)

图 2-22　变质岩的构造

a）片麻状构造　b）块状构造

（2）变余构造　原岩变质后仍残留有原岩的部分构造特征称为变余构造，如变余层理构造、变余气孔构造、变余杏仁构造、变余流纹构造等。当变质程度不深时，其原岩的构造易于部分保留。因此，变余构造的存在便成为判断原岩属于岩浆岩还是沉积岩的重要依据。

除此之外，变质岩常见的构造还有眼球状构造等。

4. 变质岩的分类和常见的变质岩

（1）变质岩的分类　区域变质岩主要根据岩石的构造，块状构造的变质岩主要根据矿物成分，动力变质岩主要根据反映破碎程度的结构来分类定名，其分类见表2-6。

表2-6　变质岩的分类

岩类	岩石名称	构造	结构	主要矿物成分	变质类型
片理状岩类	板岩	板岩	变余结构 部分变晶结构	黏土矿物、云母、绿泥石、石英、长石等	区域变质（由板岩至片麻岩变质程度递增）
	千枚岩	千枚岩	显微鳞片变晶结构	绢云母、石英、长石、绿泥石、方解石等	
	片岩	片岩	显晶质鳞片状变晶结构	云母、角闪石、绿泥石、石墨、滑石、石榴子石等	
	片麻岩	片麻岩	粒状变晶结构	石英、长石、云母、角闪石、辉石等	
块状岩类	大理岩	块状	粒状变晶结构	方解石、白云石	接触变质或区域变质
	石英岩		粒状变晶结构	石英	
	硅卡岩		不等粒变晶结构	石榴子石、辉石、硅灰石（钙质硅卡岩）	接触变质
	蛇纹岩		隐晶质结构	蛇纹石	交代变质
	云英岩		粒状变晶结构 花岗变晶结构	白云母、石英	
构造破碎岩类	断层角砾岩		角砾状结构 碎裂结构	岩石碎屑、矿物碎屑	动力变质
	糜棱岩		糜棱结构	长石、石英、绢云母、绿泥石	

鉴别变质岩时，可先从观察岩石的构造开始，根据构造将变质岩区分为片理构造和块状构造两类。然后可进一步根据片理特征和结构及主要矿物成分，分析所属的亚类，确定岩石的名称。

（2）常见的变质岩

1）板岩。深灰色至黑色，矿物颗粒极细小，以绢云母、黏土矿物和绿泥石等为主，变余结构或隐晶质变晶结构，板状构造，岩石十分致密，易裂成厚度均一的薄板，锤击有脆声，可与页岩区别。板岩在水的长期作用下易泥化形成软弱夹层，但透水性弱，可作为隔水层。

2）千枚岩。灰色、绿色至黑色，主要由隐晶质的绢云母、绿泥石等组成，变余结构或变晶结构，千枚状构造，岩石表面有较强的丝绢光泽。千枚岩多由黏土岩变质而成，质地松软，强度低，抗风化能力差。

3）片岩。矿物成分主要是云母、绿泥石、滑石等片状矿物，变晶结构，片状构造，沿片理面极易裂成薄片。片岩强度低，抗风化能力差，不宜用作建筑材料。

【二维码2-11
板岩】

【二维码2-12
千枚岩】

【二维码2-13
片岩】

4）片麻岩。主要由长石和石英组成，此外尚有少量的黑云母、角闪石及石榴子石等一些变质矿物，矿物晶体粗大并呈条带状分布，变晶结构或变余结构，具典型的片麻状构造。片麻岩强度较高，可用作各种建筑材料。

【二维码 2-14
片麻岩】　　【二维码 2-15
大理岩】

5）大理岩。为白色、灰色等，主要矿物成分为方解石、白云石，变晶结构，块状构造。大理岩是由石灰岩或白云岩重结晶而成。大理岩以云南省大理市盛产优质的此种石料而得名。洁白的大理岩（汉白玉）和带有各种花纹的大理岩常用作建筑材料和各种装饰石料等。大理岩与盐酸作用起泡，具有可溶性。

6）石英岩。白色、浅红色，矿物成分以石英为主，变晶结构，块状构造，一般由石英砂岩变质而成。石英岩强度高，抗风化能力强，是良好的建筑材料。

【二维码 2-16
石英岩】　　【二维码 2-17
蛇纹岩】

7）蛇纹岩。一种主要由蛇纹石组成的岩石。由超基性岩经中低温热液交代作用或中低级区域变质作用，使原岩中的橄榄石和辉石发生蛇纹石化形成。岩石一般呈黄绿至黑绿色，致密块状，硬度较低，略具滑感。风化面常呈灰白色，有时可见网纹状构造。因外表像蛇皮的花纹，故得名。蛇纹岩常与镍、钴、铂等金属矿床密切共生。蛇纹石化过程中还可形成石棉、滑石、菱镁矿等非金属矿床。

8）糜棱岩。原岩遭受强烈挤压破碎后所形成的一种粒度细的动力变质岩石。显微镜观察，糜棱岩主要由细粒的石英、长石及少量新生重结晶矿物（绢云母、绿泥石等）所组成。矿物碎屑的粒度一般小于 0.5mm，有时可见少量较粗的原岩碎屑，呈眼球状的碎斑，碎屑呈明显的定向排列，形成糜棱结构。由于碾碎程度的差异或被碾碎物质成分和颜色的不同，可以形成条纹状构造。岩性坚硬致密，肉眼观之与硅质岩相似，见于断层破碎带中。

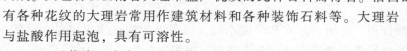
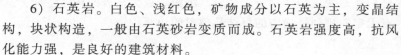

【二维码 2-18
糜棱岩】

9）碎裂岩。属动力变质岩，见于断层带中。与断层角砾岩的区别，一方面在于破碎程度较高，岩石被挤压和碾搓得更为细碎；另一方面在于原岩中矿物颗粒的破碎。显微镜下观察，碎裂岩中破碎的石英、长石产生波状消光，斜长石双晶发生弯曲、错动，云母出现挠曲。岩石的原生结构遭到破坏，形成碎裂结构或碎斑结构。很少见矿物颗粒呈定向排列。

2.2.4　三大类岩石的地质特征对比

1. 结构特征对比

岩浆岩由于是直接由高温熔融状的岩浆冷凝而成，具有明显的晶质结构，这种结构反映在组合矿物上有先后冷凝结晶的顺序性。

沉积岩由原岩经风化、剥蚀、搬运、沉积、压固胶结而成，具明显的物质沉积规律的结构特征，即具有碎屑结构、泥质结构和生物化学结构的特征，其中化学结晶结构反映出由溶液中沉淀或重结晶的化学性。

变质岩是由不同原岩受不同程度的变质因素影响而成的不同的变质岩，在结构上既有继承性又有独特性，而呈现出变晶、变余和碎裂等结构。变质岩的结构反映出各种矿物在固态情况下，受定向压力进行重结晶的定向性。

2. 构造特征对比

岩浆岩随着岩浆性质、产出条件和在凝固过程中运动状态的不同而呈现出不同的构造现象。侵入岩产生时,常因岩浆冷却散热过程中矿物晶体间产生的黏聚力,使不同矿物晶体聚合成块状;喷出岩常因矿物呈玻璃质或隐晶质而形成流纹、气孔状、杏仁状及致密块状的构造。

沉积岩由于外动力地质作用的性质、古地理环境、物质来源及沉积条件等因素的不同,所形成的岩性不同。但从宏观上看都具有层状构造及层理构造,其中生物化学沉淀的厚层岩石,可视为块状构造。

变质岩随着原岩受变质作用的环境、方式和强度不同,表现出的构造现象也是多样的,但最常见的为片理构造。片理构造是变质岩区别于岩浆岩、沉积岩极为显著的构造特征,从外观上比较好识别。此外,有无定向排列呈均匀的重结晶现象的块状构造。

归纳起来,三大类岩石的主要区别见表 2-7。

表 2-7　三大类岩石的地质特征

岩石类型	成因	物质组成	结构	构造	代表性岩石
岩浆岩	高温高压 岩浆冷却	硅酸盐 金属硫化物	结晶结构 斑状结构	块状结构 流纹状 气孔状	花岗岩 流纹岩 玄武岩
沉积岩	常温常压 岩石风化 压密胶结	碎屑物质 黏土矿物 化学物质 有机物	碎屑结构 泥质结构 结晶结构 生物结构	层理构造 层面构造	砂岩 泥岩 石灰岩
变质岩	岩石变质	变质矿物	变晶结构 变余结构 压碎结构	片状构造 片麻状构造 千枚构造 块状构造	片岩 片麻岩 千枚岩 大理岩

 思考题

1. 什么叫矿物?矿物的形态特征有哪些?
2. 矿物的物理性质有哪些?
3. 试进行花岗岩与大理石的特征比较,石英岩与大理岩的特征比较。
4. 如何区分沉积岩、变质岩和火山岩?
5. 沉积岩最主要的结构和构造有哪些特征?
6. 变质岩最主要的结构和构造特征有哪些?
7. 火成岩最主要的结构和构造特征有哪些?
8. 什么是矿物的硬度?如何划分?
9. 简述层理与片理的区别。
10. 如何理解三大类岩石间的相互转化?

第 3 章　地质构造及其对工程的影响

■ 3.1　地质作用

地质历史发展过程中，引起地壳物质组成、内部结构及地表形态不断变化发展的作用，称为地质作用。工程地质学把地质作用划分为自然地质作用和工程地质作用（人为地质作用）两大类。自然地质作用按其动力来源的不同，可分为内力地质作用和外力地质作用两类。

内力地质作用是指由地球内部的能量如地球的旋转能、重力能和放射性元素蜕变产生的热能所引起的地质作用，包括地壳运动、岩浆作用、变质作用和地震作用等。

外力地质作用是指由地球外部的能量引起的地质作用，其能量主要来自宇宙中太阳辐射热能和月球的引力作用等，它引起大气圈、水圈、生物圈的物质循环运动，形成了河流、地下水、海洋、湖泊、冰川、风等地质营力，从而产生了各种地质作用。按地质营力，外动力地质作用可分为风化作用、剥蚀作用、搬运作用、沉积作用和成岩作用等。

工程地质作用是指由人类活动引起的地质效应。如开采地下资源引起地表变形、崩塌、滑坡，兴建水利工程造成土地淹没、盐渍化、沼泽化或库岸滑坡、水库诱发地震等。

地质作用的主要表现形式见表 3-1。

表 3-1　地质作用的主要表现形式

类型		含　义
内力地质作用	构造运动	由地球内动力所引起的地壳岩石发生变形、变位(如弯曲、错断等)的机械运动。水平运动指地壳或岩石圈块体沿水平方向移动，如相邻块体分离、相向相聚和剪切、错开。垂直运动指地壳或岩石圈相邻块体或同一块体的不同部分做差异性上升或下降
	岩浆作用	地壳内部的岩浆，在地壳运动的影响下，向外部压力减小的方向移动，上升侵入地壳或喷出地面，冷却凝固成为岩石的过程
	地震作用	由于地壳运动引起地球内部能量的长期积累，达到一定限度而突然释放，导致地壳一定范围的快速颤动。按地震产生的原因，可分为构造地震、火山地震和陷落地震、激发地震等
	变质作用	由于地壳运动、岩浆作用等引起物理和化学条件发生变化，促使岩石在固体状态下改变其成分、结构和构造的作用

（续）

类型		含　义
外力地质作用	风化作用	在温度变化、气体、水及生物等因素的综合影响下，促使组成地壳表层的岩石在原地发生破碎、分解的一种破坏作用。可分为物理风化和化学风化、生物风化等类型
	剥蚀作用	将岩石风化破坏的产物从原地剥离下来的作用
	搬运作用	岩石经风化、剥蚀破坏后的产物，被流水、风、冰川等介质搬运到其他地方的作用
	沉积作用	被搬运的物质，由于搬运介质的搬运能力减弱，搬运介质的物理化学条件发生变化，或由于生物的作用，从搬运介质中分离出来，形成沉积物的过程
	固结成岩作用	沉积下来的各种松散堆积物，在一定条件下，由于压力增大、温度升高及受到某些化学溶液的影响，发生压密、胶结及重结晶等物理化学过程，使之固结成为坚硬岩石的作用
人为地质作用	工程地质作用	因为人类工程活动改变原来的地质条件的过程

■ 3.2　地质年代

　　地质年代是指地球形成、发展和变化的历史年代。地层的地质年代有绝对地质年代和相对地质年代之分。绝对地质年代是指地层形成到现在的实际年数，用距今多少年以前来表示。相对地质年代是指地层形成的先后顺序和地层的相对新老关系，是由该岩石地层单位与相邻已知岩石地层单位的相对层位的关系来决定的。绝对地质年代，能说明岩层形成的确切时间，但不能反映岩层形成的地质过程。相对地质年代，不包含用"年"表示的时间概念，但能说明岩层形成的先后顺序及其相对的新老关系。在工程地质工作中，用得较多的是相对地质年代。

3.2.1　地质年代的确定

1. 绝对地质年代的确定

　　绝对地质年代的确定一般根据放射性同位素的蜕变规律，来测定岩石和矿物年龄。其原理是基于放射性元素都具有固定的衰变常数（λ），且矿物中放射性同位素蜕变后剩下的母体同位素含量（N）与蜕变而成的子体同位素含量（D）可以测出，根据下式计算出某一放射性同位素的年龄（t）：

$$t = \frac{1}{\lambda} \ln\left(1 + \frac{D}{N}\right) \tag{3-1}$$

2. 相对地质年代的常用确定方法

　　（1）地层层序法　地层层序法是确定地层相对年代的基本方法。未经构造运动改造的层状岩层大多是水平岩层。水平岩层每一层都比它下伏的相邻层新而比它上覆的相邻层老，为下老上新，如图 3-1a 所示。

　　岩层因构造运动而发生倾斜但未倒转时，倾斜面以上的岩层新，倾斜面以下的岩层老，如图 3-1b 所示。当构造运动使岩层层序颠倒称为地层倒转，则老岩层就会覆盖在新岩层之上，如图 3-2 所示。这时要仔细研究沉积岩的泥裂、波痕、递变层理、交错层等原生构造来判别岩层的顶、底面。

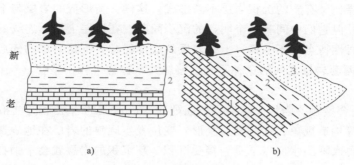

图 3-1 岩层层序正常

a）岩层水平 b）岩层倾斜

注：1、2、3 依次从老到新。

（2）古生物法 地质历史上的生物称为古生物。生物的进化是不可逆的，又是有阶段性的，同一时代的地层具有相同的化石组合特点，不同时代的地层则具有不同的化石组合。因此，可以根据地层中化石确定该地层的地质时代，如志留纪三叶虫化石，如图 3-3 所示。

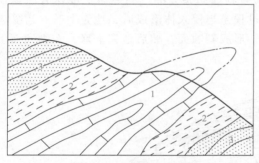

图 3-2 岩层层序倒转

注：3、2、1 依次从新到老。

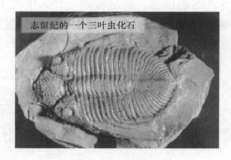

图 3-3 志留纪三叶虫化石

（3）岩性对比法 在同一时期、同一地质环境下形成的岩石，具有相同的颜色、成分、结构、构造等岩性特征和层序规律，故可根据岩性特征对比来确定某一地区岩石地层的时代。

（4）地层接触关系法 在很多沉积岩序列里，并不是所有的原始沉积物都能保存下来。地壳上升可形成侵蚀面，然后下降又被新的沉积物所覆盖，这种埋藏的侵蚀面称为不整合面。上下岩层之间具有埋藏侵蚀面的这种接触关系，称为不整合接触。不整合接触面以下的岩层先沉积，年代较老，不整合面以上的岩层后沉积，年代较新。因此，不整合接触就成为划分地层相对地质年代的一个重要依据。

1）整合接触。当一个地区处在一种长期相对下降的状态，沉积岩层就会不断形成，层层叠置。这样，先后形成的两套岩层之间没有明显的沉积间断，可以看作地层上的连续关系，两套岩层之间的这种连续接触关系称为整合。

【二维码 3-1 地层接触关系】

2）平行不整合接触。即假整合接触，地壳的长期沉降状态并不是永远不变的，到了一定阶段，沉降转变为上升，早先形成的岩层露出水面，不仅不能再继续沉积，还遭受了风化剥蚀，在岩层顶部形成高低不平的侵蚀面。随着时间的推移，地壳运动的状态又发生变化，这个地区重新下降，又有新的沉积岩层不断形成。这样，新形成的岩层与下伏老岩层之间虽然大致是平行的，但它们中间有一个明显的沉积间断，在地层上是不连续的。上下两套岩层形成环境不同，岩性特点也不一样，上覆岩层的底部经常有下伏岩层的碎屑或化学风化产物（如褐铁矿等），两套岩层之间的这种不连续接触关系称为平行不整合（或称假整合）（见图3-4）。

3）角度不整合接触。当地壳运动比较强烈时，已形成的岩层不仅被抬升出水面，而且产生褶皱、断裂等构造现象，这些经过变形、变位发生倾斜的岩层在地表遭受一段时期的风化剥蚀后，如果再次降到水面以下重新接受沉积，新沉积的岩层就会平铺在倾斜的新老地层之上，上覆岩层底部含有下伏岩层的碎屑或化学风化产物，上下两套岩层的岩性有显著区别。二者之间不仅有明显的沉积间断，而且产状差别显著，岩层之间的这种不连续接触关系称为角度（斜交）不整合（见图3-4）。

4）侵入接触。岩浆侵入先形成的岩层中而成的接触关系。侵入接触的主要标志是侵入体与其围岩之间的接触带有接触变质现象、侵入体边缘常有捕房体、侵入体与围岩的界线常常不很规则等。

5）沉积接触。地层覆盖于侵入体之上，其间有剥蚀面相分隔，剥蚀面上堆积有由该侵入体被风化剥蚀形成的碎屑物质。沉积接触形成过程是当侵入体形成后，地壳上升并遭受剥蚀，侵入体上部的围岩及侵入体的一部分被蚀去，形成剥蚀面，然后地壳下降，在剥蚀面上接受沉积，形成新地层。

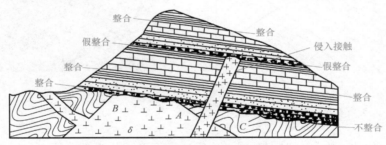

图 3-4　某地层剖面示意

3.2.2　地质年代表

地质年代单位：根据地层形成顺序、岩性变化特征、生物演化阶段、构造运动性质及古地理环境等环境综合因素，把地质历史分为隐生宙和显生宙两个大阶段；宙以下分为代，隐生宙分为太古代、元古代，显生宙分为古生代、中生代和新生代；代以下分纪，纪以下分世，小的地质年代为期。宙、代、纪、世等均为国际上统一规定的相对地质年代单位。

在地质历史上每个地质年代都有相应的地层形成，称之为年代地层单位。与宙、代、纪、世、期对应的年代地层单位分别是宇、界、系、统、阶。

此外，有些地区常因化石依据不足，或研究程度不够，某些地层地质年代不确定，不能定出正式地层单位的，只能按地层层序及岩性特征并结合构造运动特点划分区域性地层单位，称为岩石地层单位。按照级别由大到小，分为群、组、段，一般限于区域性或地方性地层。群是最大的单位，群与群之间常有明显的不整合面。组是最常见的基本单位，其岩性均一或是两种以上岩性的规律组合。段是最小单位，同一段内岩石往往具有相同的特性。

根据世界各地的地层划分对比，结合我国实际情况所确定的地质年代表见表3-2。

表 3-2　地质年代表

相对年代				绝对年代（百万年）	主要构造运动	我国地史简要特征
宙	代	纪	世			
显生宙	新生代 K_z	第四纪 Q（Quaternary）	全新世 Q_4	0.01	喜马拉雅运动	地球表面发展成现代地貌，多次冰川活动，近代各种类型的松散堆积物形成，华北、东北有火山喷发，人类出现
			更新世上 Q_3	0.12		
			更新世中 Q_2	1		
			更新世下 Q_1	2		
		第三纪 R	新近纪 N（Neogene） 上新世 N_2	12		我国大陆轮廓基本形成，大部分地区为陆相沉积，有火山岩分布，台湾岛、喜马拉雅山形成。哺乳动物和被子植物繁盛，是重要的成煤时期，有主要的含油地层
			中新世 N_1	26		
			古近纪 E（Palaeogene） 渐新世 E_3	40		
			始新世 E_2	60		
			古新世 E_1	65		
	中生代 M_z	白垩纪 K（Cretaceous）	晚白垩纪 K_2		燕山运动	中生代构造运动频繁，岩浆活动强烈，我国东部有大规模的岩浆岩侵入和喷发，形成丰富的金属矿。我国中生代地层极为发育，华北形成许多内陆盆地，为主要成煤时期
			早白垩纪 K_1	137		
		侏罗纪 J（Jurassic）	晚侏罗纪 J_3			
			中侏罗纪 J_2	195		
			早侏罗纪 J_1			
		三叠纪 T（Triassic）	晚三叠世 T_3		印支运动	三叠纪时华南仍有浅海沉积，以后为大陆环境。生物显著进化，爬行类恐龙繁盛，海生头足类菊石发育，裸子植物以松柏、苏铁及银杏为主，被子植物出现
			中三叠世 T_2	230		
			早三叠世 T_1			
	古生代 P_z	晚古生代 P_z	二叠纪 P（Permian） 晚二叠世 P_2		海西运动	晚古生代我国构造运动十分广泛，尤以天山地区较强烈。华北地区缺失泥盆系和下石炭统沉积，遭受风化剥蚀，中石炭纪至二叠纪由海陆交替相变为陆相沉积。植物繁茂，为主要成煤期。华南地区一直为浅海相沉积，晚期成煤，晚古生代底层以砂岩、页岩、石灰岩为主，是鱼类和两栖类动物大量繁殖时代
			早二叠世 P_1	285		
			石炭纪 C（Carboniferous） 晚石炭纪 C_3			
			中石炭纪 C_2	350		
			早石炭纪 C_1			
			泥盆纪 D（Devonian） 晚泥盆世 D_3			
			中泥盆世 D_2	400		
			早泥盆世 D_1			
		早古生代 P_{z_1}	志留纪 S（Silurian） 晚志留世 S_3		加里东运动	寒武纪时，我国大部分地区为海相沉积，生物初步发育，三叶虫极盛。至中奥陶世后，华南仍为浅海，头足类、三叶虫、腕足类笔石、珊瑚、蕨类植物发育，是海生无脊椎动物繁盛时代。早古生代地层以海相石灰岩、砂岩、页岩等为主
			中志留世 S_2	435		
			早志留世 S_1			
			奥陶纪 O（Ordovician） 晚奥陶纪 O_3			
			中奥陶纪 O_2	500		
			早奥陶纪 O_1			
			寒武纪 Є（Cambrian） 晚寒武世 $Є_3$			
			中寒武世 $Є_2$	570		
			早寒武世 $Є_1$			

■ 3.3 岩层产状

3.3.1 岩层产状要素

岩层的产状是指岩层在地壳中产出的空间状态，即岩层面在三维空间的延伸方位及其倾斜程度。

岩层产状要素指岩层空间方位和倾斜程度的几何要素，包括走向、倾向和倾角（见图 3-5）。

（1）走向 岩层层面和任一水平面的交线称为走向线，走向线两端所指的方向即岩层的走向，岩层的走向用方位角（由正北方向沿顺时针旋转与该方向所成的夹角）表示。显然，岩层的走向有两个，其方位角值相差 180°，如 NE20°和 SW200°。地质意义在于其代表了岩层的水平延伸方向。

（2）倾向 在岩层面上垂直走向线向下所引的直线叫倾斜线，它在水平面的投影线就是岩层的倾向线，倾向线所指的方向即为倾向（真倾向）。沿着岩层面但不垂直走向线的向下倾斜的直线为视倾斜线，其在水平面上的投影线为视倾向线，视倾向线所指的方向为视倾向。岩层的倾向也用方位角表示。

（3）倾角 岩层面与水平面之间的夹角叫岩层的倾角，图 3-5 中倾斜线与其水平投影线间的夹角为 γ。

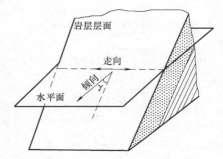

【二维码 3-2 岩层产状视频】

图 3-5 倾斜岩层的产状要素

3.3.2 岩层产状的测量及表示方法

可用地质罗盘直接测量出露地表的岩层产状要素，如图 3-6 所示。由于岩层的走向与倾向相垂直，一般不直接测量岩层走向，而是求得倾向方位角后，再加或减 90°，即得走向方位角。

具体测量方法：测量走向时，先将罗盘上平行于刻度盘南北方向的长边贴于层面，然后放平，使圆水准泡居中，这时指北针（或指南针）所指刻度盘的读数，就是岩层走向的方位。走向线两端的延伸方向均是岩层的走向，所以同一岩层的走向有两个数值，相差 180°。测倾向时，将罗盘上平行于刻度盘东西方向的短边与走向线平行，同时将罗盘的北端指向岩层的倾斜方向，调整水平，使圆水准泡居中后，这时指北针所指的度数就是岩

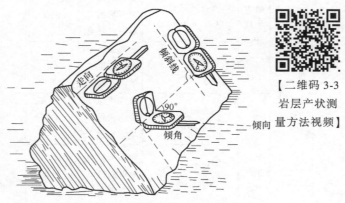

【二维码 3-3 岩层产状测量方法视频】

图 3-6 岩层的产状要素及测量方法

层倾向的方位。倾向只有一个方向。同一岩层面的倾向与走向相差90°。测倾角时，将罗盘上平行刻度盘南北方向的长边竖直贴在倾斜线上，紧贴层面使长边与岩层走向垂直，转动罗盘背面的倾斜器，使长管水准泡居中后，倾角指示针所指刻度盘读数就是岩层的倾角。

目前一般采用以下三种方式来表示岩层的产状要素：

1）方位角表示法。只记倾向和倾角，适用于野外记录、地质报告和剖面图中。如SE125°∠45°（或125°∠45°），前面是倾向方位角值，后面为倾角值，即倾向南东125°方向，倾角45°。

2）象限角表示法。以东、南、西、北为标志，以正北或正南方向为0°，正东或正西方向为90°，将走向线或倾向线所在象限以及它们与正北或正南方向所夹的锐角记录下来。一般记走向、倾角和倾斜象限。如N75°W/35°S，读为走向北偏西75°，倾角35°，向南倾。

3）符号表示法。用于地质图及水平断面图等中，常用的符号有：

$\overset{40°}{\perp}$　　长线代表走向，短线代表倾向，长短线所示的均为实测方位，度数是倾角。

$+$　　岩层水平（0°~5°）。

$\downarrow$　　岩层直立，箭头指向较新岩层。

$\overset{40°}{\downarrow}$　　岩层倒转，箭头指向倒转后的倾向。

■ 3.4 水平构造

岩层产状平行水平面或大致平行水平面（倾角<5°）的岩层，称为水平岩层，又称为水平构造。一般出现在地壳运动影响轻微、大面积均匀隆起或凹陷的地区。

水平岩层发育地区，常具有下列特征：

1）水平岩层的地质界线（岩层分界面和地表面的交线）和地形等高线平行或重合，随等高线的弯曲而弯曲。

2）在岩层没有发生倒转的情况下，新岩层位于老岩层之上。当地形平缓，地面切割不剧烈时，则地面只出露较新的、位于上部的一个岩层；在地形切割强烈、山高沟深地区，在河谷或沟底较低地区出露较老岩层，在山顶、分水岭上则出露较沟底新的岩层。

3）水平岩层的分布和出露形态受地形的控制。在地形较平坦地区，同一岩层可分布很大面积。在山顶等较高地区，水平岩层形成孤岛状，投影在地质图上成为云朵状、花朵状。而在沟谷等较低地区，形成转折尖端指向沟谷上游的狭窄的锯齿状条带，平行等高线分布，这一点在分析小比例尺地质图时常用到。

水平岩层的厚度通常可以用岩层上、下层面之间的垂直距离，即顶、底面的高程差代表。在带有地形的地质图上，可从图上根据顶、底面界线出露的高程直接求出其厚度。水平岩层的露头宽度取决于岩层的厚度和地面的坡度，如图3-7和图3-8所示。在地面坡度相同地区，厚度大的岩层露头宽度大，反之亦然；在岩层厚度相同时，坡度平缓处岩层出露宽，陡处出露窄；在坡度近90°的陡崖处，岩层顶、底面在水平面上的垂直投影重合，这时在地形图上见到的岩层露头宽度等于零，在地质图上造成岩层尖灭的假象，在野外填图和分析利用已有地质图时，要注意这种情况。

a)   b)

图 3-7　水平岩层与倾斜岩层地貌

a) 水平岩层 (大峡谷,美国)　b) 倾斜岩层 (重庆武隆乌江沿岸)

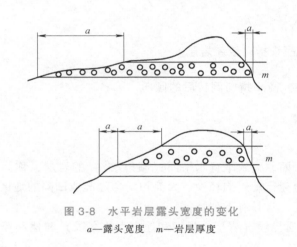

图 3-8　水平岩层露头宽度的变化

a—露头宽度　m—岩层厚度

■ 3.5　单斜构造

　　原来呈水平状态的岩层,经构造变动,成为与水平面成一定角度 (大于 5°) 的倾斜岩层时,称为倾斜或倾斜构造 (见图 3-7b)。在一定范围内,岩层倾斜方向和倾斜角大体一致的单斜岩层,称为单斜构造。倾斜岩层往往是褶皱的一翼、断层的一盘或者是由局部地层不均匀的上升或下降所引起。

　　倾斜岩层按倾角大小可分为:缓倾岩层 (≤30°)、陡倾岩层 (30°~60°) 和陡立岩层 (≥60°)。如果岩层受强烈构造作用,使岩层倾角近于 90°,则称为直立岩层。绝对直立的岩层很少见,习惯上将岩层倾角大于 85°的岩层称为直立岩层。直立岩层一般出现在构造强烈、紧密挤压的地区。

3.5.1　岩层倾向与地面坡向的关系

　　倾斜岩层在地面上的露头宽度及形状也与地形特征及岩层厚度有关。若地面平坦,岩层露头沿走向呈直线状延伸。一般情况下，岩层的出露线与地形等高线是相交的。在岩层走向与沟谷和坡脊的延伸方向垂直或大角度斜交的情况下，岩层在穿过沟谷或坡脊时，露头线均近似呈"V"字形，并表现出一定的规律，见表3-3。

表 3-3　岩层出露线和等高线之间关系简表

岩层产状	岩层倾斜方向与地面倾斜方向	岩层出露线与等高线关系
水平岩层	—	二者平行或重合
倾斜岩层	岩层倾向与地面倾向相反	二者弯曲方向相同
	相同（岩层倾角大于地面坡度角）	二者弯曲方向相反
	相同（岩层倾角小于地面坡度角）	二者弯曲方向相同
直立岩层	—	前者呈直线状,切割等高线

相反相同：若岩层倾向与地面坡向相反，则岩层露头线与地形等高线朝相同的方向弯曲。"V"字形的尖端在沟谷处指向沟谷上游；在坡脊处指向下坡方向。但岩层露头线的弯曲程度比地形等高线弯曲程度要小，如图 3-9 和图 3-10 所示。

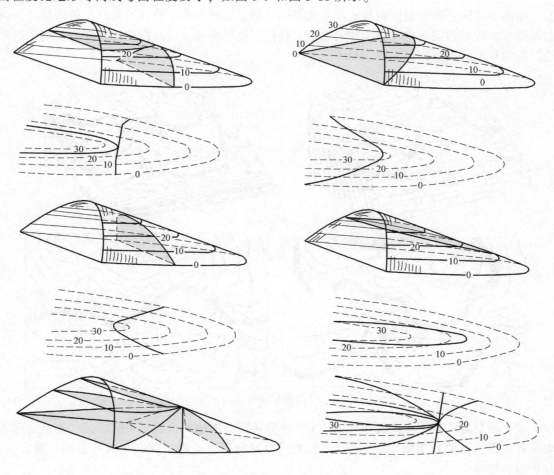

图 3-9　"V"字形法则（用透视图和平面图表示）

注：细虚线为地形等高线，粗线为岩层界面。

相同相反：若岩层倾向与地面坡向相同，且岩层倾角大于地面坡角，则岩层露头线与地形等高线呈相反方向弯曲。"V"字形尖端在沟谷中指向下游方向，在坡脊处指向上坡方向（见图3-11）。

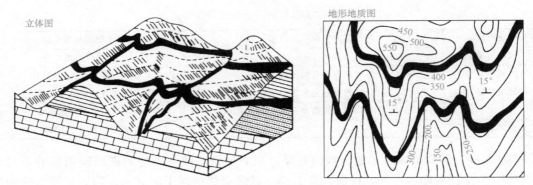

图 3-10　岩层倾向与坡向相反时露头形态

相同小相同：若岩层倾向与地面坡向相同，但岩层倾角小于地面坡角时，则岩层露头线与地形等高线朝相同方向弯曲。与上面第一种情况的区别是，岩层露头线的弯曲程度比地形等高线的弯曲程度要大，如图3-11所示。

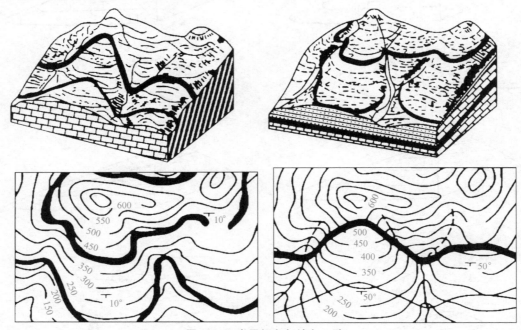

图 3-11　岩层倾向与坡向一致

以上岩层露头线的弯曲规律称为"V"字形法则。该法则也适用于断层面、不整合面等地质界面露头线的分布特征，有助于人们在野外和地形地质图上判断地质界面的倾斜方向，分析地质构造。

"V"字形法则在测制和分析大比例尺地质图时有很大的实用意义，在野外填图工作中根据一个地质点上岩层的产状，考虑到该地质点附近地形的影响，根据"V"字形法则，就可以向该点两端送线，勾画出一段地质界线来。在分析地质图时，根据图上地质界线和等高线之间的关系，考虑到"V"字形法则，可以合理地推测出岩层的产状，帮助进行地质图的分析。随着地质图的比例尺减小，"V"字形法则的使用意义也相应减小，因为比例尺较小，地形起伏所造成地质界线的局部弯曲不能明显地表现出来。在小比例尺的地质图上，可以把地面看作相对平坦，倾斜岩层大多沿走向呈条带状分布，但呈条带分布的还有直立岩层、岩脉等，要注意区别。

3.5.2　倾斜岩层在地质图上的表现

（1）露头形态　倾斜岩层的倾角越小，其露头形态受地形起伏的影响越大。

（2）露头宽度　岩层露头的宽度主要受岩层厚度、岩层面与地面间夹角大小及地面陡缓三方面因素控制。显然，若后两者不变，则岩层的厚度越大，露头宽度就越大。在图3-12中，A、B、C、D为相同厚度的岩层，可看出，它们与地面之间的夹角越小，相应的露头宽度就越大，不管岩层倾向与地面坡向是否一致。在岩层厚度不变、层面与地面保持相同夹角的情况下，则地形越陡，露头宽度越窄。在笔直陡崖处，露头宽度为零。

（3）倾斜岩层的厚度　包括真厚度、视厚度和铅直厚度三种。

1）真厚度。岩层的真正厚度，为岩层顶、底面之间的垂直距离。如在剖面上求岩层的厚度，只有在与岩层走向相垂直的剖面上，量出的岩层顶底界线间的垂直距离，才是岩层的真厚度（图3-13中h）。因为这种剖面既为铅垂面，又与岩层面相垂直。

2）视厚度。为与岩层走向不相垂直的剖面上，岩层顶、底界线之间的垂直距离。这种剖面与岩层面是斜交的，故在剖面中求不到岩层的真厚度。

3）铅直厚度。指沿铅直方向岩层顶、底面之间的距离（图3-13中H），铅直厚度在各方向剖面上都可获得。铅直厚度与真厚度有如下关系：

$$h = H\cos\alpha$$

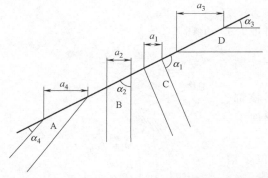

图3-12　岩层面与地面夹角大小对露头宽度的影响
注：A、B、C、D各岩层厚度相等；
$\alpha_1 > \alpha_2 > \alpha_3 = \alpha_4$；$a_4 = a_3 > a_2 > a_1$。

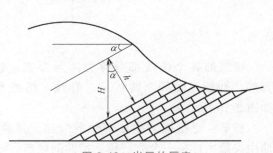

图3-13　岩层的厚度

3.6　褶皱构造及其对工程的影响

组成地壳的岩层，在长期复杂的构造应力强烈作用下，形成一系列波状弯曲而未丧失其连续性的构造，称为褶皱构造，简称为褶皱。褶皱构造是岩层产生的塑性变形，是地壳表层广泛发育的基本构造之一。绝大多数褶皱在水平挤压力作用下形成（见图3-14和图3-15a）；有的褶皱在垂直作用力下形成（见图3-15b）；还有一些褶皱是在力偶的作用下形成的（见图3-15c），且多发育在夹于两个坚硬岩层间的较弱岩层中或断层带附近。褶皱是地壳上广泛分布的最常见的地质构造形态，在沉积岩层中最为明显。研究褶皱的产状、形态、类型、成因及分布特点，对于查明区域地质构造和工程地质条件具有重要意义。

【二维码3-4
褶皱形成动画】

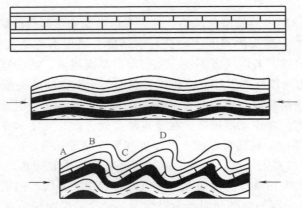
图3-14 岩层在侧向挤压力作用下形成褶皱的过程

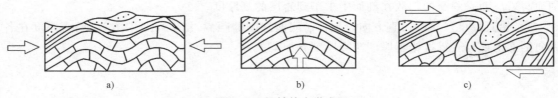
图3-15 褶皱的力学成因
a）水平挤压力 b）垂直作用力 c）力偶作用

3.6.1 褶皱要素

褶皱的各个组成部分称为褶皱要素，包括核部、翼部、轴面、轴线、转折端、脊线、槽线和枢纽等，如图3-16所示。

核部：泛指褶皱中心部位的岩层。通常把位于褶曲中央最内部的一个岩层称为褶曲的核部。

翼部：泛指褶皱核部两侧对称出露的岩层。相邻的背斜、向斜褶皱共有。

转折端：泛指两翼岩层互相过渡的中间弯曲部分，即两翼的汇合部分。

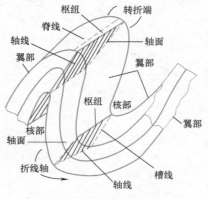
图3-16 褶皱要素示意

枢纽：褶皱的同一岩层面上各最大弯曲点的连线，也可以看成轴面与褶皱层面的交线。每一个发生了褶皱的层面都有自己的枢纽。枢纽可以是直线，也可以是曲线；可以是水平线，也可以是倾斜线。

轴面：从褶曲顶平分两翼的面。只是一个假想面，故产状不能直接测定。

轴线：轴面与地面及任一平面的交线。

脊线和槽线：脊线指背斜中同一褶皱层面上各最高点的连线；槽线则指向斜中同一褶皱层面上各最低点的连线。脊线和槽线与枢纽的位置通常不恰好相重合。在寻找储油构造，开发油、气矿产和地下水资源时，弄清褶皱的脊和槽的确切位置，具有重要的实际意义。

3.6.2　褶皱的类型

1. 褶皱的基本类型

褶皱的基本类型是背斜和向斜，如图3-17所示。

背斜岩层向上隆起的弯曲称为背斜褶皱。岩层以褶皱轴为中心向两翼倾斜，当地面受到剥蚀露出不同地质年代的岩层时，较老的岩层出现在褶皱的轴部，从轴部向两翼依次出现的是较新的岩层，并且两翼岩层对称出现。

向斜岩层向下凹陷的弯曲称为向斜褶皱。在向斜褶皱中，岩层的倾斜方向与背斜相反，两翼的岩层都向褶皱的轴部倾斜。如地面遭受剥蚀，在褶皱轴部出露的是较新的岩层，向两翼依次出露的是较老的岩层，其两翼岩层也对称分布。

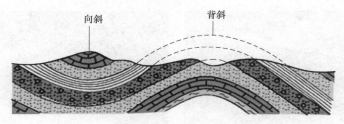

图3-17　背斜与向斜

2. 褶皱的形态分类

褶皱的形态多种多样，为了便于描述和研究，可从不同角度进行分类。

（1）按褶皱轴面和两翼产状分类（见图3-18）

1）直立褶皱：轴面直立，两翼岩层倾向相反，倾角大致相等。

2）倾斜褶皱：轴面倾斜，两翼岩层倾向相反，倾角不相等。轴面与褶皱平缓翼倾向相同。

3）倒转褶皱：轴面倾斜，两翼倾斜，两翼岩层倾向相同，倾角相等或不相等，一翼岩层层序正常，另一翼层序倒转。

4）平卧褶皱：轴面水平，两翼岩层近于水平重叠，一翼层序正常，另一翼倒转。

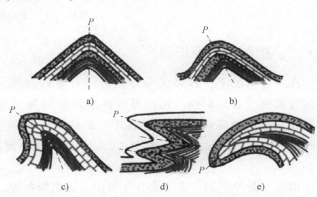

图3-18　按轴面和两翼产状划分褶皱类型
a）直立褶皱　b）倾斜褶皱　c）倒转褶皱
d）平卧褶皱　e）翻卷褶皱

5）翻卷褶皱：轴面弯曲的平卧褶皱。

（2）按纵剖面上枢纽产状分类（见图 3-19）

1）水平褶皱：枢纽近于水平延伸，两翼岩层走向大致平行并对称分布。

2）倾伏褶皱：枢纽向一端倾伏，两翼岩层走向发生弧形封闭。对于背斜，封闭的尖端指向枢纽的倾伏方向；对于向斜，封闭的尖端指向枢纽的扬起方向。

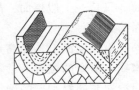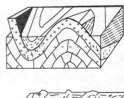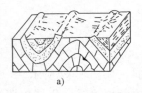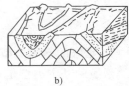

a)   b)

图 3-19　水平褶皱和倾伏褶皱

a）水平褶皱　b）倾伏褶皱

（3）按褶皱长短轴的比例分类（见图 3-20）

1）穹隆：背斜褶皱两端同时倾伏，则两翼岩层界线呈环状封闭，其长宽比小于 3∶1。

2）构造盆地：向斜褶皱两端同时扬起，两翼岩层界线呈环状封闭，其长宽比小于 3∶1。

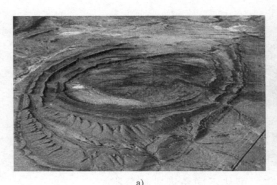

a)   b)

图 3-20　穹隆和构造盆地（撒哈拉之眼）（图片来自网络）

a）穹隆　b）构造盆地

3.6.3　褶皱的野外识别

在一般情况下，容易认为背斜为山，向斜为谷，但实际情况要比这复杂得多。因为有的背斜遭受长期剥蚀，不仅可以逐渐地被夷为平地，而且往往由于背斜轴部岩层遭到构造作用的强烈破坏，在一定的外力条件下，甚至可以发展成为谷地。向斜山与背斜谷（见图 3-21）的情况在野外比较常见。因此不能以地形的起伏情况作为识别褶皱构造的主要标志。

褶皱的野外识别方法主要有穿越法、追索法两种。

（1）穿越法　沿着选定的调查路线，垂直岩层走向进行观察。穿越法有利于了解岩层的产状、层序及其新老关系。如果在路线通过地带的岩层呈有规律的重复出现，且对称分布，则必为褶皱构造，再根据岩层出露的层序及其新老关系，判断是背斜还是向斜，然后进

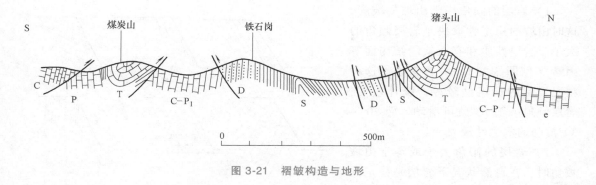

图 3-21　褶皱构造与地形

一步分析两翼岩层的产状和两翼与轴面之间的关系，这样就可判断褶皱的形态类型。

就背斜而言，核部岩层较两侧岩层时代老；向斜则核部岩层较两侧岩层时代新。同时，进一步比较两翼岩层倾向及倾角，根据前述的分类标志，确定褶皱的形态分类名称。有时在横剖面上可直接看到岩层弯曲变形形成背斜和向斜。

除了观察横剖面特点外，还需了解褶皱枢纽是否倾伏，并确定其倾伏方向。

（2）追索法　就是平行岩层走向进行观察的方法。平行岩层走向进行追索观察，便于查明褶皱延伸的方向及其构造变化的情况。

沿同一时代岩层走向进行追索，如果两翼岩层走向相互平行，表明枢纽水平；如果两翼岩层走向呈弧形圈闭合，表明其枢纽倾伏。根据弧形尖端指向或弧形开口方向及转折部位实际测量的方法可确定枢纽倾伏方向。从地形上看，岩石变形之初，背斜相对地势高成山，向斜地势低成谷，这时地形是地质构造的直接反映。然而经过较长时间的剥蚀后，背斜核部因裂隙发育易遭受风化剥蚀往往成沟谷或低地，向斜核部紧闭，不易遭受风化剥蚀，最后相对成山，背斜成谷，向斜成山称为地形倒置现象。

3.6.4　褶皱的工程评价

褶皱构造对工程建设有以下影响：褶曲核部岩层由于受水平挤压作用，产生许多裂隙，直接影响岩体完整性和强度高低，在石灰岩地区还往往使岩溶较为发育，所以在核部布置各种建筑工程，如路桥、坝址、隧道等，必须注意防治岩层的坍落、漏水及涌水问题。在褶曲翼部布置建筑工程时，如开挖边坡的走向近于平行岩层走向，且边坡倾向与岩层倾向一致，边坡坡角大于岩层倾角，则容易造成顺层滑动现象；如果开挖边坡的走向与岩层走向的夹角在 40°以上，两者走向一致，且边坡倾向与岩层倾向相反或者两者倾向相同，但岩层倾角更大，则对开挖边坡的稳定较有利。因此，在褶曲翼部布置建筑工程时，重点注意岩层的倾向及倾角的大小。隧道等深埋地下工程一般应布置在褶皱的翼部，因为隧道通过均一岩层有利于稳定。构造盆地向斜核部是储水较为丰富地段。

1. 褶皱翼部边坡稳定性定性评价

（1）逆向坡　岩层的倾向与山坡坡向相反，这种情况一般岩层的稳定性较好（见图 3-22）。但如果其上部有较厚的现代堆积物时，特别是堆积物中含有大量的黏土层或大量黏土矿物时对工程不利。此外，软弱岩体在开挖后容易引起溃屈型破坏。

（2）顺向坡　岩层的倾向与山坡的坡向一致。可分为两种情况：

1）岩层的倾角小于山坡的坡脚，这时山坡的稳定性取决于岩层倾角的大小、岩层性质和有无软弱结构面等因素（见图 3-23）。一般来说，这种情况岩层的稳定性较差，统计表明，岩层倾角小于 10°就可滑动，而 20°~30°滑动的危险性最大。

2）岩层的倾角大于或等于山坡坡角时，在自然状况下岩层是稳定的（见图 3-23）。但如果在斜坡或坡脚切割岩层，上部岩体就有可能沿层面发生滑动，尤其是在薄层岩石或岩层中有软弱结构面时（见图 3-23）。

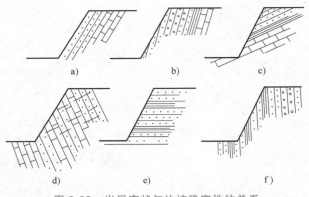

图 3-22　岩层产状与边坡稳定性的关系

a）稳定一　b）稳定二　c）易滑动
d）倾倒　e）稳定三　f）稳定四

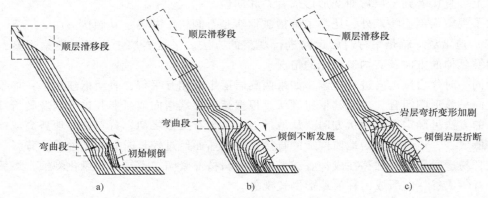

图 3-23　陡倾顺层软岩边坡变形破坏发展过程示意（引自李斌，2019）

2. 隧道工程与褶皱构造的关系

一般情况下，隧道工程宜从褶皱的翼部通过，尽量避免设置在褶皱的轴部（见图 3-24）。如果中间有松软岩层或软弱构造面时，则在顺倾向一侧的洞壁可能出现明显的偏压现象，甚至会导致支撑破裂，发生局部坍塌（见图 3-25）。

在褶皱的轴部，岩层倾向发生显著变化，岩层受应力作用最为集中，该处岩层弯曲、节理发育、地下水常常由此深入地下，容易诱发塌方。垂直穿越背斜的隧道，其两端的拱顶压

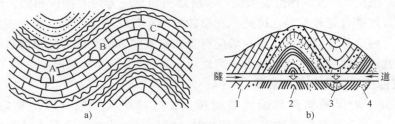

图 3-24　褶皱构造与隧道的位置选择

a）褶曲构造与隧道的位置选择　b）隧道垂直穿过褶皱地层走向示意图

1—岩层面向开挖面倾斜　2—背斜轴部　3—向斜轴部　4—岩层背向开挖面倾斜

图 3-25 隧道位置与倾斜岩层产状的关系

1—砂泥岩 2—页岩 3—石灰岩

力大，中部岩层压力小；隧道横穿向斜时，情况则相反。

■ 3.7 断裂构造

构成地壳的岩层受力作用后发生变形，当变形达到一定程度时，岩层的连续性和完整性遭到破坏，产生各种大小不一样的断裂，称为断裂构造。断裂构造主要分为节理和断层两大类（见图 3-26）。

断裂构造在地壳中广泛分布，它往往是工程岩体稳定性的控制性因素。

a)   b)

图 3-26 岩体节理与断层

a) 节理 b) 断层

3.7.1 节理

节理，也称为裂隙，是指岩体受力断裂后两侧岩块没有显著相对位移的小型断裂构造。节理的断裂面称为节理面。节理分布普遍，几乎所有岩层中都有节理发育。节理的延伸范围变化较大，由几厘米到几十米不等。节理通常成组出现，称为节理组。节理面在空间的状态称为节理产状，其定义和测量方法与岩层面产状类似。节理常把岩层分割成形状不同、大小不等的岩块，岩块的强度与包含节理的岩体的强度明显不同。岩石边坡失稳和隧道洞顶坍塌往往与节理有关。

1. 节理的类型

节理可按节理成因、节理与岩层产状关系、力学性质、张开程度、与轴向关系进行分类。

（1）成因分类　按节理成因，可分为构造节理和非构造节理。

构造节理指在由地壳运动所产生的地应力作用下形成的节理。这类节理在空间分布上同褶曲、断层有着密切的内在联系，在水平和深度方向上均延伸较远，能穿越不同时代和性质的地层。构造节理在岩体中成组成群地出现。由同一时期、相同应力作用产生的产状大体一致的许多条节理组成一个节理组。而由同一时期、相同应力作用下产生的两个或两个以上的节理组则构成一个节理系。

非构造节理是由各种外力作用形成的节理。一般分布不广，局限于一定的深度范围内或一定类型的岩体中。节理形态不规则，延伸短，多呈张开状。根据形成的外力又可进一步分为：

原生节理：是成岩过程中形成的节理。如玄武岩中由于冷凝形成的柱状张节理等（见图 3-27）。

风化节理：由风化作用形成的节理。一般发育在地表或接近地表的岩石中。

滑坡、崩塌和陷落作用等产生的节理：局限于滑坡、崩塌及陷落地段的岩石中（见图 3-28）。

卸荷节理：是一种平行地表的席状节理。由于上覆岩石不断受剥蚀而减压，岩石发生弹性回跳而形成的一种张节理，分布在地表附近岩石中。

人工节理：由于人工爆破震动、打击等产生的节理。

非构造节理由于主要分布在地表附近岩体中，对地下采矿一般无明显影响，但对地下水的活动和工程建设影响较大。

图 3-27　玄武岩柱状张节理（原生裂隙）

图 3-28　崩塌产生的裂隙（张裂隙）

（2）力学性质分类　可分为剪节理（也称为扭节理）和张节理两类（图 3-29）。

岩石受剪（扭）应力作用形成的破裂面称为剪节理。剪节理常与褶皱、断层相伴生。剪节理的主要特征是：节理产状稳定，沿走向和倾向延伸较远；节理面平直光滑，常有剪切滑动留下的擦痕，可用来判断两侧岩石相对移动方向；剪节理面两壁间一般紧闭或壁距较小，较少被物质充填；发育在砾岩或砂岩中的剪节理可切穿砾石。剪节理常成对呈 X 形出现，一般发育较密，节理之间距离较小，特别是软弱薄层岩石中常密集成带。由于剪节理交叉互相割切岩层成碎块体，破坏岩体的完整性，故剪节理面常是易于滑动的软弱面。

岩层受张应力作用而形成的破裂面称为张节理。当岩层受挤压时，初期是在岩层面上沿先发生的剪节理追踪发育形成锯齿状张节理。在褶皱岩层中，多在弯曲顶部产生与褶皱轴走向一致的张节理。张节理的主要特征是：节理产状不稳定，延伸不远；节理面粗糙，凸凹不平，一般无擦痕；张节理两壁的间隙较宽，呈开口或楔形，并常被岩脉充填；一般发育较稀，节理间距较大，很少密集成带，张节理往往是渗漏的良好通道；在砾岩中常绕开砾石。

【二维码 3-5　【二维码 3-6
剪节理】　　 张节理】

剪节理和张节理是地质构造应力作用形成的主要节理类型，故又称为构造节理，在地壳岩体中广泛分布，对岩体的稳定性影响很大。

共轭雁列张节理及
其成因：

a)　　　　　　　　　　　　　　　　b)

图 3-29　剪节理与张节理

a）剪节理　b）张节理

（3）按张开程度分类

1）宽张节理：节理缝宽度大于 5mm。

2）张开节理：节理缝宽度为 3~5mm。

3）微张节理：节理缝宽度为 1~3mm。

4）闭合节理：节理缝宽度小于 1mm，通常也称之为密闭节理。

（4）根据节理产状与所在岩层产状的关系分类　主要是按构造节理与其岩层产状的空间方位关系划分的（图 3-30）。

1）走向节理：节理的走向大致平行于岩层的走向。

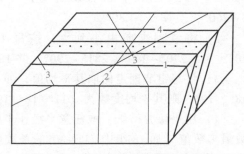

图 3-30　节理与岩层产状关系分类

1—走向节理　2—倾向节理　3—斜
向节理　4—顺层节理

2）倾向节理：节理的走向大致垂直于岩层的走向。

3）斜向节理：节理的走向与岩层的走向斜交。

4）顺层节理：节理面与岩层的层面大致平行。可看成走向节理的一种特殊类型。

（5）根据节理走向与所在褶曲的轴向的关系分类

1）纵节理：节理走向与褶曲轴向大致平行。

2）横节理：节理走向与褶曲轴向近于垂直。

3）斜节理：节理走向与褶曲轴向斜交。

2．裂隙调查、统计和表示方法

为了反映节理分布规律及对岩体稳定性的影响，需要进行节理的野外调查，并利用统计图等方法进行室内资料整理分析。

调查时选择代表性的基岩露头，对一定面积内的节理进行调查。观测点的选择应根据调查工作的性质和任务确定调查的范围和详细程度。调查应包括以下内容（见表3-4）：

1）节理的成因类型、力学性质。

2）节理的组数、密度和产状。节理的密度一般采用线密度或体积节理数表示。线密度以"条/m"为单位计算。体积节理数（J_V）用单位体积内的节理数表示。

3）节理的张开度、长度和节理面壁的粗糙度。

4）节理的充填物性质及厚度、含水情况。

5）节理发育程度分级。

表 3-4　裂隙野外测量记录表

编号	地层时代、层位及岩性	岩层产状和构造部位	裂隙产状			长度/m	宽度/cm	条数（条）	填充情况	裂隙成因类型
			走向	倾向	倾角					

统计节理有多种图式，节理玫瑰图就是常用的一种，可用来表示节理发育程度的大小。

节理玫瑰图可分为节理走向玫瑰图、节理倾向玫瑰图和节理倾角玫瑰图三种：

节理走向玫瑰图的编制方法如下：

1）每条节理有两个走向数值，用一个数值作图即可，通常采用北半球的数值，如NE80°。如果是南半球的数值则换算成北半球的数值，如 SE120°，换算成 NW300°；SW260°，换算成 NE80°。

2）将节理走向由小到大，按每 10°（或 5°）间隔分组，可分成 0°～10°、11°～20°、…、270°～280°、281°～290°，共 18 组（或 36 组）。

3）将每组节理走向取其平均值，如 11°～20°这一组内有 3 条节理，其度数分别为 11°、18°、19°，则其平均度数为（11°+18°+19°）÷3＝16°。

4）用一块方格纸，取任意半径作半圆，再按 10°（或 5°）将半圆分隔好，用每组中条数最多数值（如 18 组中 21°～30°的条数最多，为 12 条）作标准，使半圆半径的长度等于最多条数（即上例中的 12 条）。也可用 1cm 长等于几条或代表节理的百分数作为比例尺。

5）按比例，在每组规定的间隔中，沿半径方向，向外截取一定长度，记录一点。将所得各点，依次连接起来。若在规定的分组内没有节理出现时，则不能跨组相连，而应当和半圆中心相连接。

按上述步骤就能编制成节理走向玫瑰图（见图 3-31a）。每一玫瑰花瓣越长，表明此方位角范围内出现的节理数目越多。花瓣越宽说明节理方向的变化范围越广。

节理倾向玫瑰图（见图 3-31b）的编制方法大同小异，只不过因为每条节理的倾向只有一个数值，因此作图时，要用整个圆。倾角玫瑰图可和倾向玫瑰图编在一个图内，用不同的颜色分别代表倾向和倾角玫瑰图，这样可同时了解节理的倾向和倾角。

节理的发育程度可以用节理密度和裂隙率来定量地反映。

1）节理密度指垂直节理走向的单位长度距离上节理的条数。表达式为

$$u = \frac{s}{l} \tag{3-2}$$

式中，s 为节理的条数；l 为测量的长度。

2）裂隙率为单位面积上裂隙所占面积的百分比。表达式为

$$K_{tp} = \frac{\sum I_b}{A} \tag{3-3}$$

式中，$\sum I_b$ 为裂隙面积的总和；A 为所测量的岩石露头面积。

裂隙率表示岩石中裂隙的发育程度，裂隙率越大，表明岩石中裂隙越发育，岩石的压缩性和透水性越大，抗剪强度越低。

节理的性质是指节理的延伸长度、张开性、节理面的粗糙程度、被充填与否及充填物类型等，它们都直接影响岩石的稳定性和水文地质条件。就节理的工程力学性质而言，一般延伸长的比短的差；裂面平整的比粗糙的差；张节理比剪节理差；被泥质物充填者较被其他物质充填者差。对有些可能造成工程破坏或边坡失稳的节理，还要定量地测试抗剪强度指标。

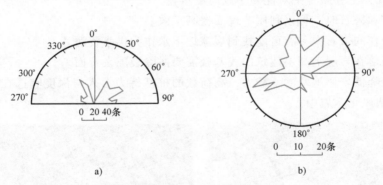

图 3-31 节理玫瑰图
a）节理走向玫瑰图 b）节理倾向玫瑰图

按节理的组数、密度、长度、张开度及充填情况对裂隙发育程度分级，见表 3-5。

表 3-5 裂隙发育程度分级

发育程度等级	基本特征	附注
裂隙不发育	裂隙 1~2 组，规则，构造型，间距在 1m 以上，多为密闭裂隙。岩体被切割成巨块状	对基础工程无影响，在不含水且无其他不良因素时，对岩体稳定性影响不大

（续）

发育程度等级	基本特征	附注
裂隙较发育	裂隙2～3组，呈X形，较规则，以构造型为主，多数间距大于0.4m，多为密闭裂隙，少有填充物。岩体被切割成大块状	对基础工程影响不大，对其他工程可能产生一定影响
裂隙发育	裂隙3组以上，不规则，以构造型或风化型为主，多数间距小于0.4m，大部分为张开裂隙，部分有填充物。岩体被切割成小块状	对工程建筑物可能产生很大影响
裂隙很发育	裂隙3组以上，杂乱，以风化型和构造型为主，多数间距小于0.2m，以张开裂隙为主，一般均有填充物。岩体被切割成碎石状	对工程建筑物产生严重影响

注：裂隙宽度：<1mm的为密闭裂隙；1～3mm的为微张裂隙；3～5mm的为张开裂隙；>5mm的为宽张裂隙。

3. 节理的工程地质评价

节理与地面和地下工程关系密切，主要表现在以下几个方面：

1）节理破坏了岩石的整体性，增大了地下调室和坑道顶板岩石垮塌的可能性，也增加了施工难度。因此，设计和施工中应考虑避开节理特别发育的地段（见图3-32）。大气和水容易进入节理裂隙，加速岩石风化和破坏。当主要节理面与坡面倾向近一致，且节理倾角小于坡角时，常引起边坡失稳。

2）节理可能成为地下水运移的通道，导致矿井、地下建筑施工过程中发生突水事故。同时，节理裂隙还可能作为煤矿中瓦斯运移的重要通道。

3）若节理缝隙被黏土等物质所充填润滑，节理面成为软弱结构面，从而使斜坡体易沿节理面产生滑动，工程施工中对此须予以高度重视。

4）在挖方和采石时，可以利用节理面提高工效。

5）节理发育的岩石中，有可能找到裂隙地下水作为供水资源。

6）直接坐落在岩层上高层建筑的浅基础需要凿除裂隙发育面。

7）裂隙会降低岩质地基的承载力，高荷载的桩基持力层入岩深度宜选在裂隙相对不发育的中风化或微风化基岩中。

a)

b)

图 3-32 节理的工程地质评价

a）危岩体　b）楔体破坏导致锚杆失效

3.7.2　断层

　　岩体受力作用断裂后，两侧岩块沿断裂面发生了显著位移的断裂构造，称为断层。断层广泛发育，规模相差很大。大的断层延伸数百千米甚至上千千米，小的断层在手标本上就能见到。有的断层切穿了地壳岩石圈，有的则发育在地表浅层。断层是一种重要的地质构造，地震与活动性断层有关，隧道中大多数的塌方、涌水均与断层有关。

　　1. 断层要素

　　断层的基本组成部分叫断层要素，用以描述断层空间形态特征。主要有断层面、断层线、断盘及断距等，如图 3-33 所示。

　　（1）断层面　岩层发生断裂后发生位移的错动面称为断层面。它可以是平面或曲面。断层面的产状可以用走向、倾向及倾角来表示。有时断层两侧的运动并非沿一个面发生，而是沿着由许多破裂面组成的破裂带发生，这个带称为断层破碎带或断层带。

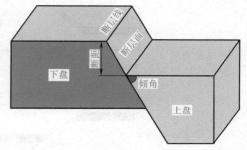

图 3-33　断层要素示意

　　（2）断层线　断层面与地面的交线称为断层线，反映断层在地表的延伸方向。它可以是直线，也可以是曲线。

　　（3）断盘　断盘是断层面两侧相对移动的岩块（岩体）。若断层面是倾斜的，则在断层面以上的断盘叫上盘；在断层面以下的断盘叫下盘。按两盘相对运动方向分，相对上升的一盘叫上升盘；相对下降的一盘叫下降盘。上盘既可以是上升盘，也可以是下降盘，下盘亦如此。如果断层面直立，就分不出上、下盘。如果岩块沿水平方向移动，也就没有上升盘和下降盘。

　　（4）断距　断距是断层两盘相对错开的距离。岩层原来相连的两点，沿断层面断开的距离称为总断距，总断距的水平分量称为水平断距，铅直分量称为铅直断距。

　　2. 断层的类型

　　按断层两盘相对位移的方式，可分为正断层、逆断层和平移断层三种类型。

　　（1）正断层　上盘相对向下运动，下盘相对向上运动的断层（见图 3-34a）。正断层一般受地壳水平拉力作用或受重力作用形成，断层面多陡直，倾角大多在 45°以上。

【二维码 3-7　　【二维码 3-8
正断层动画】　逆断层动画】

　　（2）逆断层　上盘相对向上运动、下盘相对向下运动的断层，如图 3-34b 所示。逆断层主要受地壳水平挤压应力形成，常与褶皱伴生。按断层面倾角，可将逆断层划分为逆冲断层、逆掩断层和辗掩断层。逆冲断层是指断层面倾角大于 45°的逆断层。逆掩断层是指断层面倾角为 25°~45°的逆断层，常由倒转褶皱进一步发展而成。辗掩断层是指断层面倾角小于 25°的逆断层，一般规模巨大，常有时代老的地层被推覆到时代新的地层之上，形成推覆构造。

　　（3）平移断层　两盘主要在水平方向上相对错动的断层，如图 3-34c 所示。平移断层主要由地壳水平剪切作用形成，断层面常陡立，断层面上可见

【二维码 3-9
平移断层动画】

水平擦痕。

由于断层两盘相对移动有时并非单一的沿断层面做上、下或水平移动，而是沿断层面做斜向滑动，需将正断层、逆断层和平移断层结合起来命名。如正—平移断层，表示上盘既有相对向下移动，又有水平方向相对移动，即斜向下移动，但以平移为主；平移—正断层的上盘相对外向下运动是以向下移动为主。参考上述两种断层，逆—平移断层和平移—逆断层的相对移动特点也很容易判定。

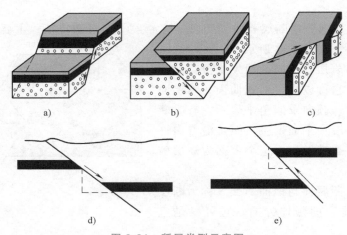

图 3-34　断层类型示意图

a) 正断层　b) 逆断层　c) 平移断层　d) 正断层剖面示意图　e) 逆断层剖面示意图

断层的形成和分布不是孤立的现象，在一个地区断层往往成群出现，并呈有规律的排列组合。常见的断层组合类型有：

阶梯状断层是指由若干条产状大致相同的正断层平行排列组合而成，在剖面上各个断层的上盘呈阶梯状相继向同一方向依次下滑的断层（见图 3-35a）。

地堑与地垒是由走向大致平行、倾向相反、性质相同的两条或两条以上断层组成的正断层（见图 3-35b），如果两个或两组断层之间岩块相对下降，两边岩块相对上升则叫地堑，反之中间上升两侧下降则称为地垒。两侧断层一般是正断层，有时也可以是逆断层。地堑比地垒发育更广泛，地质意义更重要。地堑在地貌上是狭长的谷地或成串展布的长条形盆地与湖泊，我国规模较大的有汾渭地堑等。

【二维码 3-10
地堑与地
垒动画】

叠瓦状构造指一系列产状大致相同呈平行排列的逆断层的组合形式，各断层的上盘岩块依次上冲，在剖面上呈屋顶瓦片样依次叠覆（见图 3-35c）。

3. 断层的野外识别标志

自然界大部分断层由于后期遭受剥蚀破坏和覆盖，在地表上暴露得不清楚。因此，需根据地层、构造等直接证据和地貌、水文等方面的间接证据来判断断层的存在与否及断层类型。

（1）地貌特征　当断层的断距较大时，上升盘的前缘可能形成陡峭的断层崖，例如，山区与平原的分界处形成三角形山的坡面，称为断层三角面，如图 3-36 所示。在山区，断层带岩石破碎，容易被风化冲刷成深沟峡谷。河谷常沿断层带发育，有些河流沿断层冲刷侵

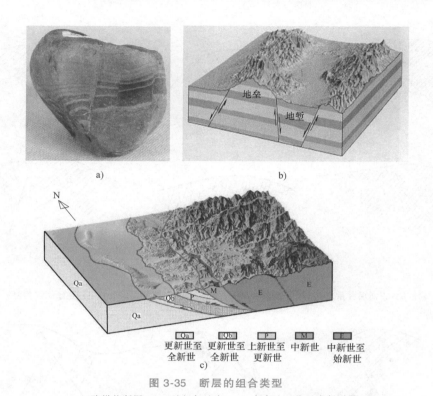

a)　　　　　　　　　　　　　　　　　b)

c)

Qa	Qb	P	M	E
更新世至全新世	更新世至全新世	上新世至更新世	中新世	中新世至始新世

图 3-35　断层的组合类型

a）阶梯状断层　b）地堑与地垒　c）台中地区叠瓦式断层带

蚀而突然急剧转弯改变流向。断层切断地下含水岩层时，地下水沿断层带流出地表形成泉水；在野外常可见到一系列泉眼沿断层带出露，尤其是呈线状分布的热泉，多反映了现代活动性断层。

（2）地层的缺失或重复

在倾斜岩层中，地层出现重复或缺失现象，是识别断层存在的重要标志（见图 3-37）。重复或缺失一般出现在断层走向与岩层走向一致的断层面两侧。但断层造成的地层重复是不对称的，而褶皱两翼地层重复是对称的。断层造成的地层缺失局限于断层面两侧，与区域性的不整合接触所造成的地层缺失也不相同。

【二维码 3-11
地层缺失与
重复动画】

图 3-36　断层三角面形成示意

（昆仑断裂及断裂三角面）

此外，岩层、岩脉或早期断层中断也是判断断层的重要标志。当断层横切岩层走向时，岩层沿走向延伸方向突然中断，岩脉被错开，早期形成的断层被后期形成的断层切断，如图 3-38 所示。

（3）断层破碎带、构造岩　规模较大的断层常形成断层破碎带（见图 3-39b），其宽窄可自几厘米至数十米，与岩性、断距和断层性质有关。断层两盘岩石相互错动，摩擦、搓

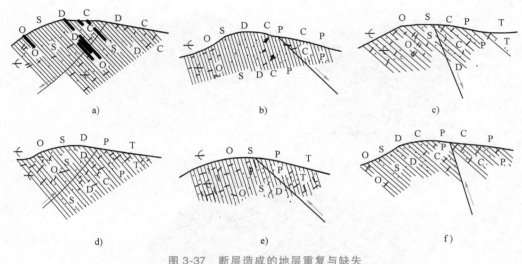

图 3-37　断层造成的地层重复与缺失

a)、b) 正断层（重复）　c) 正断层（缺失）　d)、e) 逆断层（缺失）　f) 逆断层（重复）

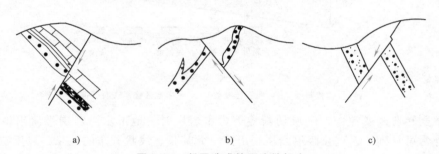

图 3-38　断层造成的不连续标志

a) 岩层中断　b) 岩脉切断　c) 早期断层错断

碎，使原来的岩石碎成角砾、细粉或泥，这种由断层错动所形成的岩石称为构造岩。破碎带内常见的构造岩有断层角砾岩、糜棱岩和断层泥。由较坚硬的岩石碎块和岩屑或岩粉胶结而成的叫断层角砾岩；而岩石搓碎得很细带棱角的小颗粒，只有在显微镜下才能识别其成分的叫糜棱岩；被磨成极细的岩粉或黏土颗粒未经胶结的叫断层泥。

（4）断层的伴生构造现象　在断层发生发展的过程中，在断层面的一侧或两侧出现一系列小型褶皱和节理等伴生构造，它们可作为断层存在的证据，并可用来确定断层的力学性质和判断两盘相对位移方向，常见的伴生构造有牵引构造、擦痕、阶步等。

牵引现象：断层两盘相对错动时，断层两侧岩层受到牵引而形成的弧形弯曲现象。弧形凸出的方向指示本盘相对错动的方向，据此可判断断层的性质（见图 3-39a）。

在断层面上，由于岩块相互滑动和摩擦，常留下具有一定方向的密集的微细刻槽的痕迹，称为擦痕。顺擦痕方向用手摸，感觉光滑的方向即表示另一盘的滑动方向（见图 3-39c）。平面而光亮的表面称为镜面。断层面上往往还有垂直于擦痕方向的小陡坎，其陡坎与缓坡连续者，称为阶步。如果陡坎与陡坡不连续，期间有与缓坡方向大致平行的裂缝或有呈较大交角的裂缝隔开者，称为反阶步。阶步中从缓坡到陡坎的方向指示上盘岩块的运动方向，反阶步中陡坎的倾斜方向指示本盘岩坎的运动方向。

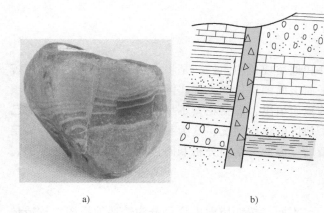

a)　　　　　　　　　　　　　b)　　　　　　　　　　　　　c)

图 3-39　断层标志

a）牵引构造　b）断层角砾　c）断层擦痕

判断断层是否存在，主要是依据地层的重复、缺失和构造不连续这两个标志。其他标志只能作为辅证，不能依此下定论。

4. 断层的工程地质评价

总体上说，断层的存在破坏了岩体的完整性，断层面或破碎带的抗剪强度远低于岩体其他部位的抗剪强度。由此，断层一般从以下几个方面对工程建筑产生影响：

1）断层降低了地基岩体的强度及稳定性。断层破碎带力学强度低，压缩性增大，会发生较大沉陷，易造成建筑物断裂或倾斜。断裂面是极不稳定的滑移面，对岩质边坡稳定及桥墩稳定常有重要影响。

2）断裂构造带不仅岩体破碎，断层上、下盘的岩性也可能不同，如果在此处进行工程建设，有可能产生不均匀沉降。

3）隧道工程通过断裂破碎带地段，易发生坍塌甚至冒顶。

4）沿断裂破碎带地段易形成风化深槽及岩溶发育带。断层陡坡或悬崖多处于不稳定状态，容易发生崩塌等。

5）断裂构造破碎带常为地下水的良好通道，地下水的出露也常为断裂构造所控制。施工中，若遇到断层带时会发生涌水问题。

6）构造断裂带在新的地壳运动影响下，可能发生新的移动。因为构造断裂带是地壳表层薄弱地带，若有新的地壳运动发生时，往往引起附近断裂带产生新的移动，从而影响建筑物的稳定。

7）当工程通过断层地带时，应注意以下几点：在勘察设计阶段，必须认真进行野外调查、测绘和勘探工作，及时了解断层的位置、性质、规模、活动规律等问题；工程建筑物的位置应尽量避开断层，特别是较大的断层带；因地形等条件所限，必须通过断层带时，应尽可能使路线方向与断层面走向垂直通过，不能做到垂直时，斜交的角度要尽量大些，使工程建筑物以最短距离跨过断层带，不允许路线平行断层在断层带中通过；斜交通过断层带比正交通过断层带的地质条件更差，必须做好相应的预防措施，以防断层可能对施工造成的危害。

■ 3.8　地质图的阅读

地质图是反映一个地区各种地质条件和地质现象的图件，是将自然界的地质情况，用规定的符号按一定的比例缩小投影绘制在平面上的图件，是工程实践中需要搜集和研究的一项重要地质资料。要清楚地了解一个地区的地质情况，需要花费不少的时间和精力。通过对已有地质图的分析和阅读，可帮助了解一个地区的地质情况，这为我们研究路线的布局，确定野外工程地质工作的重点等提供很好的帮助。因此，学会分析和阅读地质图是十分必要的。

3.8.1　地质图的分类

由于工作目的的不同，绘制的地质图也不同。按地质图内容可分为普通地质图、构造地质图、第四纪地质图、基岩地质图、水文地质图、工程地质图等。

1）普通地质图：主要是表示某地区地层岩性和地质构造条件的基本图件，它是把出露在地表不同地质时代的地层分界线和主要构造线的分布测绘在地形图上编制而成，并附以典型地质剖面图和地层柱状图。

2）构造地质图：用专门符号标明岩层产状、褶曲轴和断层、节理的产状、分布等各种构造现象的地质图。

3）第四纪地质图：表示第四纪地层的岩性、分布、成因及时代的地质图。

4）基岩地质图：假想把第四纪松散沉积物"剥掉"，只反映第四纪以前基岩的时代、岩性和分布的图件。

5）水文地质图：反映地区水文地质资料的图件。可分为岩层含水性图、地下水化学成分图、潜水等水位线图、综合水文地质图等类型。

6）工程地质图：工程地质图是针对工程目的而编制的，它既反映制图地区的工程地质条件，又对建筑的自然条件给予综合性评价，它综合了通过各种工程地质勘察方法（如测绘、勘探、试验等）所取得的成果，并经过分析和综合编制而成。

地质图一般包括图名、图表、图例、岩层性质及接触关系、地质年代及分布规律、地质构造等内容，按地质图的制作方法和用途可分为地质平面图、地形地质平面图、立体地质图、综合地层柱状图、地质剖面图、地层等高线图、水平断面图等。

1）地质平面图：用标准地质符号、颜色、花纹和一定的比例尺将区内地质年代、岩层接触关系、地质构造反映在平面图件上。

2）地形地质平面图：在地质平面图上加上地形等高线。

3）立体地质图：用标准地质符号、颜色、花纹和一定的比例尺将区内地质年代、岩层接触关系、地质构造反映在立体图件上。

4）综合地层柱状图：反映一个地区各时代地层的发育情况，包括岩性、化石、地层厚度及接触关系等。如果该区有岩浆侵入，也应在图上相应部位加以表示。地层柱状图的比例尺一般要比地质图大，以便较详细地反映地层发育情况。如果有的地层岩性单一，厚度不大，其地层柱的高度可以不按比例画出，加以部分省略。相反，一些具有重要经济价值的矿体或特殊性质的岩层，即使其厚度很小，也必须采用适当放大的方法表示出来，并加以说明。

5）地质剖面图：反映平面图上的某一个断面不同深度处地层地质情况与地质构造关系或几个勘探孔地层连接情况与地质构造连贯性的剖面图。它的优点是比地质图更为直观，一目了然。读图时应注意剖面的比例尺、方向和位置，并与地质图或水平断面图进行对照分析，从三维空间的角度分析各种地质现象。地质剖面图可通过野外观测及勘探资料等来绘制。

6）地层等高线图：反映某一套地层在不同深度处的顶板（或底板）等高线变化的图件。

7）水平断面图：水平断面图反映不同时代地层、含水层、断层等在某一标高水平面上的延伸分布情况。它同地质剖面图一样直观，容易阅读。水平断面图可直接根据自井巷、钻孔中获得的地质资料编制，也可利用剖面图或底板等高线图来编制，以前两种方法为主。

3.8.2 地质图的规格和符号

1. 地质图的规格

地质平面图应有图名、图例、比例尺、编制单位和编制日期等。

图例是用各种颜色和符号，说明地质图上所有出露地层的新老顺序、岩石成因和产状及其构造形态。通常放在图幅右侧，一般自上而下或自左而右按地层（上新下老或左新右老）、岩石、构造顺序排列，所用的岩性符号、地质构造符号、地层代号及颜色都有统一规定。

比例尺的大小反映地质图的精度，比例尺越大，图的精度越高，对地质条件的反映越详细。比例尺的大小取决于地质条件的复杂程度和建筑工程的类型、规模及设计阶段。

2. 地质图的符号

地质图是根据野外地质勘测资料在地形图上填绘编制而成的。它除了应用地形图的轮廓和等高线外，还需要用各种地质符号来表明地层的岩性、地质年代和地质构造情况。所以，要分析和阅读地质图，了解地质图所表达的具体内容，就需了解和认识常用的各种地质符号。

（1）地层年代符号 在小于 1:10000 的地质图上，沉积地层的年代是采用国际通用的标准色来表示的，在彩色的底子上，再加注地层年代和岩性符号。在每一系中，又用淡色表示新地层，深色表示老地层。岩浆岩的分布一般用不同的颜色加注岩性符号表示。在大比例尺的地质图上，多用单色线条或岩石花纹符号再加注地质年代符号的方法表示。当基岩被第四纪松散沉积层覆盖时，在大比例的地质图上，一般根据沉积层的成因类型，用第四纪沉积成因分类符号表示。各时代地层的代号和色谱可参见相关规范。

（2）岩石符号 用来表示岩浆岩、沉积岩和变质岩的符号，由反映岩石成因特征的花纹及点线组成。在地质图上，这些符号画在什么地方，表示这些岩石分布到什么地方。主要岩浆岩的符号及色谱见表 3-6。

表 3-6 主要岩浆岩的符号及色谱

岩石名称	符号	颜色
花岗岩	γ	红色
正长岩	ξ	橙色

（续）

岩石名称	符号	颜色
闪长石	δ	橙红色
辉长岩	ν	绿色
橄榄岩	σ	深橄榄色
辉岩	ψz	蓝绿色
粗面岩	τ	橙红色
流纹岩	λ	朱红色
玄武岩	β	深绿色
辉绿岩	βμ	浅绿色
安山岩	α	灰绿色

（3）地质构造符号　用来说明地质构造的。组成地壳的岩层，经构造变动形成各种地质构造，这就不仅要用岩层产状符号表明岩层变动后的空间形态，而且要用褶皱轴、断层线、不整合面等符号说明这些构造的具体位置和空间分布情况。常见的各种地质构造的表示符号见表3-7。

表3-7　各种地质构造符号

符号	说　明
——————— 01	实测正常岩层接触界限及侵入接触线（黑）
— —LL—JL— — 01	推测正常岩层接触界限及侵入接触线（黑）
- - - - - - - 01	沉积岩层的不整合界限（黑）
↑50° —— 01	侵入岩与围岩接触面产状（箭头指示接触面倾向、数字为倾角）
------------ 01	岩相分界线
——————— 03	实测断层线（红）（性质不明）
——╫—— 03	推断断层线（红）（性质不明）
╫→ ↓50° ← ╫ 03	平移正断层（红）
╫ ← ↓30° ╫ 03	平移逆断层（红）
← 30°↓ → 03	走滑断层（红）
———⬭———	背斜轴线（轴迹）
———⬭———	向斜轴线（轴迹）
◆━━◯━━◆	倒转背斜轴线（轴迹）（箭头指向轴面倾向）

（续）

符号	说　明
	倒转向斜轴线（轴迹）（箭头指向轴面倾向）
	隐伏背斜轴线（轴迹）
	隐伏向斜轴线（轴迹）
	背斜枢纽的起伏及倾伏
	向斜枢纽的起伏及倾伏
A ———— A′	剖面线
/35°	岩层倾向及倾角
×	水平地层产状（0°~5°）
＋	直立地层产状（箭头指向较新地层）
	倒转地层产状（箭头指向倒转后倾向）
	穹隆构造
	盆地构造

3.8.3　阅读地质图

1. 读图步骤及注意事项

1）读地质图时，先看图名和比例尺，了解图的位置及精度。

2）阅读图例。图例自上而下，按从新到老的年代顺序，列出了图中出露的所有地层符号和地质构造符号，通过图例，可以概括了解图中出现的地质情况。在看图例时，要注意地层之间的地质年代是否连续，中间是否存在地层缺失现象。

见证可可托海
奇迹的地质报告

3）正式读图时先分析地形，通过地形等高线或河流水系的分布特点，了解地区的山川形势和地形高低起伏情况。这样，在具体分析地质图所反映的地质条件之前，能使我们对地质图所反映的地区，有一个比较完整的概括了解。

4）阅读岩层的分布、新老关系、产状及其与地形的关系，分析地质构造。地质构造有两种不同的分析方法。一种是根据图例和各种地质构造所表现的形式，先了解地区总体构造的基本特点，明确局部构造相互间的关系，然后对单个构造进行具体分析；另一种是先研究单个构造，然后结合单个构造之间的相互关系，进行综合分析，最后得出整个地区地质构造的结论。两者并无实质性的区别，可以得出相同的分析结论。

图上如有几种不同类型构造时，可先分析各年代地层的接触关系，再分析褶皱，最后分析断层。

分析不整合接触时，要注意上下两套岩层的产状是否大体一致，分析是平行不整合还是角度不整合，然后根据不整合面上部的最老岩层和下伏的最新岩层，确定不整合形成的年代。

分析褶皱时，可以根据褶皱核部及两翼岩层的分布特征及其新老关系，分析是背斜还是向斜。然后看两翼岩层是大体平行延伸，还是向一端闭合，分析是水平褶皱还是倾伏褶皱。其次根据褶皱两翼岩层产状，推测轴面产状，根据轴面及两翼岩层的产状，可将直立、倾斜、倒转和平卧等不同形态类型的褶皱加以区别。最后，可以根据未受褶皱影响的最老岩层和受到褶皱影响的最新岩层，判断褶皱形成的年代。

在水平构造、单斜构造、褶皱和岩浆侵入体中都会发生断层。不同的构造条件及断层与岩层产状的不同关系，都会使断层露头在地质平面图上的表现形式具有不同的特点。因此，在分析断层时，应首先了解发生断层前的构造类型，断层发生后断层产状和岩层产状的关系；根据断层的倾向，分析断层线两侧哪一盘是上盘，哪一盘是下盘；然后根据两盘岩石的新老关系、岩层界线的错动方向和岩层露头宽窄的变化情况，分析哪一盘是上升盘，哪一盘是下降盘，确定断层的性质；最后判断断层形成的年代。断层发生的年代，早于覆盖于断层之上的最老岩层，晚于被错断的最新岩层。

最后需要说明一点，长期风化剥蚀，能够破坏出露地面的构造形态，会使基岩在地面出露的情况变得更为复杂，使我们在图上一下看不清构造的本来面目。所以，在读图时要注意与地质剖面图的配合，这样会更好地加深对地质图内容的理解。

通过上述分析，不但能使我们对一个地区的地质条件有一个清晰的认识，而且综合各方面的情况可以说明地区地质历史发展的概况。这样，我们就可以根据自然地质条件的客观情况，结合工程的具体要求，进行合理的工程布局和正确的工程设计。

2. 地质剖面图的绘制

地质剖面图是在地质平面图中取一代表性断面上的地形、岩层层位和地质构造特征的图件。它可以通过实地测绘，也可以根据地形地质图在室内编绘。绘制步骤如下：

1）确定剖面线的方位。一般要求与地层走向线或地质构造线相垂直。

2）确定比例尺。根据实际剖面的长度选择适当的比例尺，以便绘出的剖面图不至于过长或过短，同时又能满足表示各地质内容的需要。编绘时应注意水平比例尺与平面图的要相同；垂直（高程）比例尺可比平面图的适当放大些。

3）按选取的剖面方位和比例尺勾绘地形轮廓（地形线）。可根据地形图上的等高线和剖面线的交点按高程及水平距离投影到方格纸上，然后把相邻点按实际地形情况连接起来，就是地形线，把剖面方位标注上。

4）将各项地质内容按要求划分的单元及产状用量角器量出，投在地形线上相应点的下方（地质界线与地形线的交点）。

5）用各种通用的花纹和代号表示各项地质内容；标出图名、图例、比例尺、剖面方位及剖面上地物名称等（见图3-40）。

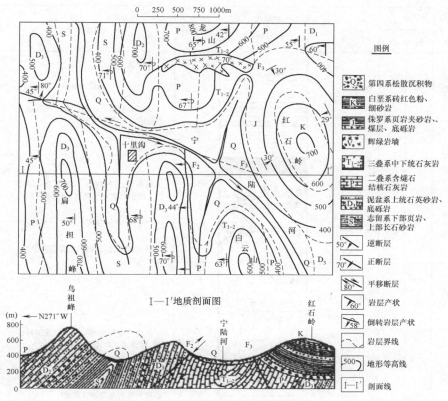

图 3-40 宁陆河地区地质图

3. 读图示例

现根据宁陆河地区地质图（见图3-40）及综合地层柱状图（见图3-41），对该区地质条件分析如下：

本区最低处在东南部宁陆河谷，高程约300m，最高点在二龙山顶，高程超过800m，全区最大相对高差近500m。宁陆河在十里沟以北地区，从北向南流，至十里沟附近，折向东南。区内地貌特征主要受岩性及地质构造条件的控制。一般在页岩及断层带分布地带多形成河谷低地，在石英砂岩、石灰岩及地质年代较新的粉细砂岩分布地带则形成高山。山脉多沿岩层走向大体南北向延伸。

本区出露地层有：志留系（S）、泥盆系上统（D₃）、二叠系（P）、三叠系中下统（T₁₋₂）、辉绿岩、侏罗系（J）、白垩系（K）及第四系（Q）。第四系主要沿宁陆河分布，侏罗系及白垩系主要分布于红石岭一带。

从图中可见，本区泥盆系与志留系地层间虽然岩层产状一致，但缺失泥盆系中下统地层，且泥盆系上统底部有底砾岩存在，说明两者之间为平行不整合接触。二叠系与泥盆系地层之间，缺失石炭系，故为平行不整合接触。图中的侏罗系与泥盆系上统、二叠系及三叠系中下统三个地质年代较老的岩层接触，且产状不一致，所以为角度不整合接触。第四系与老岩层之间也为角度不整合接触。辉绿岩是沿F1张性断裂呈岩墙状侵入二叠系及三叠系石灰岩中，因此辉绿岩与二叠系、三叠系地层为侵入接触，而与侏罗系间则为沉积接触。所以辉绿岩的形成时代，应在中三叠世以后，侏罗世以前。

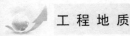

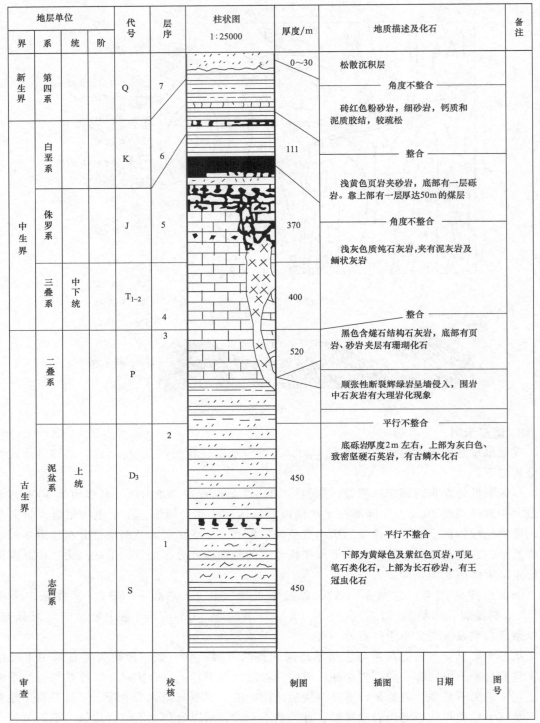

地层单位				代号	层序	柱状图 1:25000	厚度/m	地质描述及化石	备注
界	系	统	阶						
新生界	第四系			Q	7		0~30	松散沉积层	
								—— 角度不整合 ——	
中生界	白垩系			K	6		111	砖红色粉砂岩,细砂岩,钙质和泥质胶结,较疏松	
								—— 整合 ——	
	侏罗系			J	5		370	浅黄色页岩夹砂岩,底部有一层砾岩。靠上部有一层厚达50m的煤层	
								—— 角度不整合 ——	
	三叠系	中下统		T_{1-2}	4		400	浅灰色质纯石灰岩,夹有泥灰岩及鲕状灰岩	
					3		520	—— 整合 ——	
古生界	二叠系			P				黑色含燧石结构石灰岩,底部有页岩、砂岩夹层有珊瑚化石	
								顺张性断裂辉绿岩呈墙侵入,围岩中石灰岩有大理岩化现象	
								—— 平行不整合 ——	
	泥盆系	上统		D_3	2		450	底砾岩厚度2m左右,上部为灰白色、致密坚硬石英岩,有古鳞木化石	
								—— 平行不整合 ——	
	志留系			S	1		450	下部为黄绿色及紫红色页岩,可见笔石类化石,上部为长石砂岩,有王冠虫化石	
审查				校核			制图	插图　　　　日期	图号

图 3-41　宁陆河地区综合地层柱状图

宁陆河地区有三个褶皱构造：十里沟褶皱、白云山褶皱和红石岭褶皱。

十里沟褶皱的轴部在十里沟附近,轴向近南北延伸。轴部地层为志留系页岩、长石砂岩，上部广泛有第四纪松散沉积层覆盖，两翼对称分布的是泥盆系上统（D_3）、二叠系（P）、下中三叠系地层，但西翼只见到泥盆系上统和部分二叠系地层，三叠系已出图幅。两翼岩层走向大致南北，均向西倾，但西翼倾角较缓，45°~50°，东翼倾角较陡，63°~71°，所以十里沟褶皱为一倒转背斜。十里沟倒转背斜构造，因受 F3 断裂构造的影响，其轴部已向北偏移至宁陆河南北向河谷地段。

白云山褶皱的轴部在白云山至二龙山附近，南北向延伸。褶皱轴部地层为中下三叠系，由轴部向翼部，地层依次为二叠系、泥盆系上统、志留系，其中西翼为十里沟倒转背斜东翼，东翼志留系地层已出图幅，而二叠系与泥盆系上统因受上覆不整合的侏罗系与白垩系地层的影响，只在图幅的东北角和东南角出露。两翼岩层均向西倾斜，是一个倾角不大的倒转向斜。

红石岭褶皱，由白垩系、侏罗系地层组成，褶皱舒缓，两翼岩层相向倾斜，倾角约30°，为一直立对称褶皱。

区内有三条断层。F1 断层面向南倾斜，倾角约 70°，断层走向与岩层走向基本垂直，北盘岩层分界线有向西移动现象，是一正断层。由于倾斜向斜轴部紧闭，断层位移幅度小，所以 P 断层引起的轴部地层宽窄变化并不明显。F2 断层走向与岩层走向平行，倾向一致，但岩层倾角大于断层倾角。西盘为上盘，一侧出露的岩层年代较老，且使二叠系地层出露宽度在东盘明显变窄，故为一压性逆掩断层。F3 为区内规模最大的一条断层。从十里沟倒转背斜轴部志留系地层分布位置可以明显看出，断层的东北盘相对向西北错动，西南盘相对向东南错动，是扭性平推断层。

 思考题

1. 什么是地质作用？地质作用有哪些类型？
2. 如何确定相对地质年代？
3. 简要说明岩层产状三要素的定义及其表示方法。
4. 如何利用岩层倾向与坡向的关系，推测岩层的出露位置？
5. 简述褶皱的概念、类型、特征及其野外识别标志。
6. 简述裂隙的成因分类和力学性质分类。
7. 简述断层的概念、断层要素、常见类型及其特征。
8. 裂隙的走向、倾向玫瑰图如何绘制？如何利用玫瑰图判读调查区的优势裂隙？
9. 论述褶皱、断层和节理的工程意义。
10. 如何阅读地质图？

第4章 土的分类及其工程地质性质

■ 4.1 概述

　　土是地壳表面最主要的组成物质，是岩石圈表层在漫长的地质年代里，经受各种复杂的地质作用所形成的松散堆积物。土木工程中，土是指覆盖在地表上碎散的、没有胶结或胶结很弱的颗粒堆积物。由于各自的形成年代和自然条件、物质组成、结构构造不同，土的工程地质性质差异很大。

　　一般情况下土具有成层的特征。同一层内土的物质组成和结构、构造基本一致，工程地质性质也大体相同，这就是我们常称的"土层"。随着工程地质工作的深入，为了更明确地论证工程地质问题和评价建筑条件，有些学者提出了"土体"的概念。强调土体不是由单一而均匀的土组成的，而是由性质各异、厚薄不等的若干土层，以特定的上、下次序组合在一起而形成的。因而土体不是简单的土层组合，而是与工程建筑的安全、经济和正常使用有关的土层组合体。一旦土层的厚度、性质和层次发生变化，土体的建筑性能也随之改变。由此可见，相对于土层来说，土体是一个宏观的概念；它一般是多层土层的组合体，但也可以是单一土层的均质土体。在前一种情况下，土体的性质不等于某一土层的性质，也不等于各种土层性质的简单叠加，而是相互作用和影响的有机整体。"土体"概念的提出，对论证建筑物的工程地质问题和确切地进行工程地质评价是至关重要的。

　　在处理各类岩土工程问题和进行土力学计算时，不但要知道土的物理性质及其变化规律，从而了解各类土的工程特性，还要熟悉表征土的物理力学性质的各种指标的概念、测定方法及其相互换算关系，掌握土的工程分类原则。

■ 4.2 土的成因类型与特征

　　一般说来，处于相似的地质环境中形成的第四纪松散沉积物，具有很大程度一致性的工程地质特征。因此，对第四纪沉积物形成的地质作用、沉积环境、物质组成等的地质成因研究十分必要。根据地质成因划分，土可分为残积土、坡积土、洪积土、冲积土、淤积土、冰积土、风积土。各种土的地质特性如下。

1. 残积土

残积土是岩石经风化破碎后残留在原地的一种碎屑堆积物（见图 4-1a）。它的分布主要受地形控制，由于山区原始地形变化较大，且岩石风化程度不一，往往在很小范围内，残积土层厚度变化就很大。在宽广的分水岭上，雨水产生的地表径流速度很小，风化产物易于保留，残积土层较厚；在平缓的山坡上也常有残积土覆盖，但较薄。残积土颗粒未经磨圆或分选，没有层理构造，均质性差，因而土的物理力学性质差异较大，同时多为棱角状的粗颗粒土，其孔隙度较大，作为建筑物地基，容易产生不均匀沉降，透水性强，以致残积土中一般无地下水。影响残积土工程地质特征的因素主要是气候条件和母岩岩性条件。

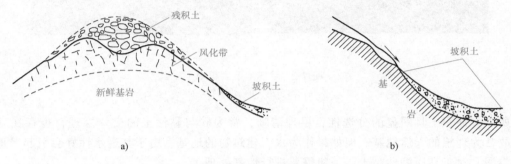

图 4-1　残积土与坡积土

a）残积土　b）坡积土

2. 坡积土

坡积土是岩石风化产物被雨水或雪水搬运到较平缓的山坡地带而形成的山坡堆积物（见图 4-1b）。它一般分布在坡腰或坡脚下，其上部与残积土相接。

坡积土随斜坡自上而下呈现由粗而细的分选现象。在垂直剖面上，其矿物成分与下卧基岩没有直接关系，这是它与残积土明显的区别。

由于坡积土形成于山坡，故常发生沿下卧基岩倾斜面滑动的现象。另外，坡积土由于组成物质粗细颗粒混杂，土质不均匀，厚度变化大（上部有时不足 1m，下部可达几十米）。新近堆积的坡积土，土质疏松，压缩性较高。由于其下部基岩面往往富水，工程中易产生沿下卧残积层或基岩面的滑动等不稳定问题。

3. 洪积土

洪积土是由山区暴雨和临时性的洪水作用搬运的碎屑物质，在山前形成的堆积物（见图 4-2）。洪积物的颗粒虽因搬运过程中的分选作用而呈现随离山远近而变化的现象，但由于搬运距离短，颗粒的磨圆度不佳。此外，山洪是周期性发生的，每次的规模大小不尽相同，堆积下来的物质也不一样。因此，洪积土常呈现不规则的交错层理构造，如具有夹层、尖灭或透镜体等产状。靠近山地的洪积土颗粒较粗，地下水位埋藏较深，土的承载力一般较高，常为良好的天然地基；离山较远地段颗粒较细，土质均匀、密实，厚度较大，通常也是良好的天然地基。但在上述两部分的过渡地带，常常由于地下水溢出地表而造成宽广的沼泽地带，因此此地段土质软弱而承载力较低。

4. 冲积土

冲积土是由河流流水作用在平原河谷或山区河谷中形成的沉积物。其特点是呈明显的层理构造。由于搬运作用显著，碎屑物质是由带棱角的颗粒（块石、碎石及角砾）经滚磨、碰撞逐渐形成的亚圆形或圆形颗粒（漂石、卵石、圆砾）。其搬运距离越长，则沉积物越

a)　　　　　　　　　　　　　　　　　　b)

图 4-2　洪积扇及洪积物
a）洪积扇　b）洪积物

细。所以，冲积土具明显的分选性，层理清晰，常为砂与黏性土的交错层理，也存在砾石层，故常为理想的天然地基。但如果作为水工建筑物的地基，由于其透水性好会引起严重的坝下渗漏。对于高压缩性黏土，一般需要进行地基处理。

冲积土可分为河床相、河漫滩相、牛轭湖相和河口三角洲相。冲积土随其形成条件不同，具有不同的工程地质特性。

5. 淤积土

淤积土是在静水或缓慢水流环境下形成的沉积物，包括海相沉积土和湖泊沉积土两大类。

海水在搬运碎屑物的过程中，由于动能减弱，便可发生机械沉积；海水中的溶解物质，由于达到过饱和或物理、化学条件的改变，便可发生化学沉积；海中的生物死后的遗体堆积于海底，可发生生物沉积。所以，海洋的沉积作用有机械沉积、化学沉积和生物沉积。由于海洋各带的环境特点不同，其沉积作用的特点也有所不同。海相沉积土按海水深度及海底地形，海洋可分为滨海带、浅海区、陆坡区和深海区，相应的四种海相沉积物性质也各不相同。

滨海沉积物主要由卵石、圆砾和砂等组成，具有基本水平或缓倾的层理构造，其承载力较高，但透水性较大。浅海沉积物主要由细粒砂土、黏性土、淤泥和生物化学沉积物（硅质和石灰质）组成，有层理构造，较滨海沉积物疏松、含水量高、压缩性大而强度低。陆坡和深海沉积物主要是有机质软泥，成分均一。海洋沉积物在海底表层沉积的砂砾层很不稳定，随着海浪不断移动变化，选择海洋平台等构筑物地基时，应慎重对待。

海洋沉积物具有广阔的分布面积和很好的稳定性，沉积物组成除陆源碎屑沉积物外，还大量发育黏土岩、化学岩和生物化学岩，可以形成特殊的自生矿物如海绿石、蒙脱石等。生物化学岩含有大量的海生生物化石，如腕足类、头足类、珊瑚、三叶虫、笔石、有孔虫、棘皮动物、海生藻类等，并且大部分保存良好。

湖泊沉积物可分为湖边沉积物和湖心沉积物。湖边沉积物是湖浪冲蚀湖岸形成的碎屑物质在湖边沉积而形成的，湖边沉积物中近岸带沉积的多是粗颗粒的卵石、圆砾和砂土，远岸带沉积的则是细颗粒的砂土和黏性土。湖边沉积物具有明显的斜层理构造，近岸带土的承载力高，远岸带则差些。湖心沉积物是由河流和湖流挟带的细小悬浮颗粒到达湖心后沉积形成的，主要是黏土和淤泥，常夹有细砂、粉砂薄层，土的压缩性高，强度很低。若湖泊逐渐淤塞，则可演变为沼泽，沼泽沉积土称为沼泽土，主要由半腐烂的植物残体和泥炭组成，泥炭的含水量极高，承载力极低，一般不宜用作天然地基。

6. 冰积土

冰积土是由冰川和冰水作用所形成的沉积物。一般可分为冰碛、冰湖及冰水沉积三种类型。冰碛物主要堆积在冰川的近底部分，颗粒常以砾石为主，夹有砂和黏土，受上覆冰层的巨大压力所压实，具有较高的强度，是良好的建筑物地基。冰湖和冰水沉积物，分别是冰湖或融化后的冰川水所形成的堆积物。冰湖沉积的带状黏土，具有明显的层理，但有时含有少量漂石，形成不均匀地基土。

7. 风积土

风积土是风力搬运形成的堆积物。主要包括松散的砂和砂丘，典型的黄土也是风积物的一种。这种土的特征是没有层理，同一地点沉积的物质颗粒大小十分接近。风积黄土的结构疏松，含水量小，浸水后具有湿陷性。

■ 4.3 土的组成与结构、构造

土是由固体颗粒及颗粒间孔径中的水和气体组成的，是一个多相、分散、多孔的系统。一般把土看作三相体系，包括固体相、液体相和气体相。固体相又称土粒，由大小不等、形状不同、成分不一的矿物颗粒或岩屑所组成，构成为土的主体。液体相即是孔隙中的水，它部分或全部地充填于粒间孔隙内。气体相指土中的空气及其他气体，占据着未被水填充的那部分孔隙。三者相互联系，经过复杂的物理化学作用，共同制约着土的工程地质性质。从本质而言，土的工程性质主要取决于组成土的土粒的大小和矿物类型，即土的粒度成分和矿物成分。所以，各种类型土的划分，首先是根据组成土的土粒成分。而土的结构特征，也是通过土粒大小、形态、排列方式及相互连接关系反映出来的。

4.3.1 土的固相

1. 土的粒组及粒组划分与土的工程性质关系

土的粒度成分是决定土的工程性质的主要内在因素之一，因而也是土的类别划分的主要依据。

土是由各种大小不同的颗粒组成的。颗粒大小以直径（单位为 mm）计，称为粒径（或粒度）。界于一定粒径范围的土粒，称为粒组；而土中不同粒组颗粒的相对含量，称为土的粒度成分（或称颗粒级配），它以各粒组颗粒的质量占该土颗粒的总质量的百分数来表示。

土的粒径由大到小逐渐变化时，土的工程性质也相应地发生变化。因此，在工程上粒组的划分在于使同一粒组土粒的工程性质相近，而与相邻粒组土粒的性质有明显差别。

目前我国制定的粒组划分方法是《土的工程分类标准》（GB/T 50145—2007）中的粒组划分标准（见表 4-1）。表中根据界限粒径：200mm、20mm、2mm、0.075mm 和 0.005mm 把土粒分为六大粒组：漂石（块石）、卵石（碎石）、砾石、砂粒、粉粒及黏粒。

表 4-1　土粒粒组的划分

粒组	颗粒名称		粒径 d 的范围/mm	一般特征
巨粒	漂石（块石）		>200	透水性很大；无黏性；无毛细作用
	卵石（碎石）		$60<d\leqslant200$	
粗粒	砾石	粗砾	$20<d\leqslant60$	透水性大；无黏性；毛细水上升高度不超过粒径大小
		中砾	$5<d\leqslant20$	
		细砾	$2<d\leqslant5$	
	砂粒	粗砂	$0.5<d\leqslant2$	易透水；无黏性；无塑性；干燥时松散；毛细水上升高度不大（一般小于 1m）
		中砂	$0.25<d\leqslant0.5$	
		细砂	$0.075<d\leqslant0.25$	
细粒	粉粒		$0.005<d\leqslant0.075$	透水性较弱；湿时稍有黏性（毛细力连接），干燥时松散，饱和时易流动；无塑性和遇水膨胀性；毛细水上升高度大；湿土震动之有水析现象（液化）
	黏粒		$\leqslant0.005$	几乎不透水；湿时有黏性、可塑性，遇水膨胀大，干时收缩显著；毛细水上升高度大，但速度缓慢

注：漂石、卵石和（圆）砾石呈一定的磨圆形状，为圆形或亚圆形；块石、碎石和（角）砾石带有棱角。

各粒组特征是：颗粒越细小，与水的作用越强烈。所以，毛细作用由无到毛细上升高度逐渐增大；透水性由大到小，甚至不透水；逐渐由无黏性、无塑性到具有很大的黏性和塑性及吸水膨胀性等一系列特殊性质（结合水发育的结果）；在力学性质上，强度逐渐变小，受外力时，逐渐易变形。

各类土都是这几个粒组颗粒的组合。土的工程性质与土中哪一粒组含量占优势有关。例如，土中含大量砂粒时，则透水性大，黏性和塑性弱；相反，土中含大量黏粒时，则透水性小，有显著的黏性、塑性及膨胀性等。

另外，天然土颗粒的矿物类型不同，直接影响土的工程特性。如粗大颗粒（卵石、砾石及砂粒等）主要由坚硬的、物理力学性质及化学性质比较稳定的原生矿物或岩石碎屑组成，故其组成土的强度参数内摩擦角值远大于细小颗粒的（如黏粒含量很多的）、主要由次生矿物组成的土，并且因此含水量的大小对粗颗粒土的工程性质影响不大。

2. 粒度分析

以土中各粒组颗粒的相对含量（占颗粒总质量的百分数）表示的土中颗粒大小及组成情况称为土的颗粒级配。土的颗粒级配需通过土的颗粒大小分析试验来测定。对于粒径大于 0.075mm 的粗颗粒用筛分法测定粒组的土质量。试验时将风干、分散的代表性土样通过一套孔径不同的标准筛（如 20mm、2mm、0.5mm、0.25mm、0.1mm、0.075mm）进行分选，分别用天平称重即可确定各粒组颗粒的相对含量。粒径小于 0.075mm 的颗粒难以筛分，可用比重计法或移液管法进行粒组相对含量测定。实际上，小土颗粒多为片状或针状，因此粒径并不是这类土粒的实际尺寸，而是它们的水力当量直径（与实际土粒在液体中有相同沉降速度的理想球体的直径）。累积曲线法是一种最常用的颗粒分析试验结果表示方法，其横坐标表示粒径（因为土粒粒径相差数百、数千倍以上，小颗粒土的含量又对土的性质影响较大，所以横坐标用粒径的对数值表示），纵坐标则用小于（或大于）某粒径颗粒之土质量百分数来表示。所得曲线称为颗粒级配曲线或颗粒级配累积曲线，如图 4-3 所示。由级配曲线可以直观地判断土中各粒组的含量情况，如果曲线陡峻，则表示土粒大小均匀，级配不好；反之，曲线平缓，则表示土粒大小不均匀，但级配良好。

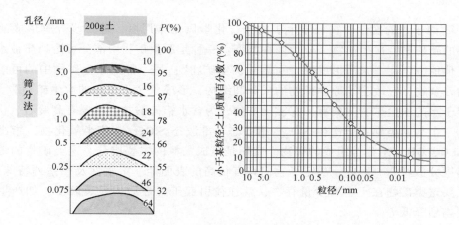

图 4-3　土的颗粒级配曲线

小于某粒径的土粒质量百分数为 10% 时，相应的粒径称为有效粒径 d_{10}。当小于某粒径的土粒质量百分数为 60% 时，该粒径称为限定粒径 d_{60}。d_{10} 与 d_{60} 之比值反映颗粒级配的不均匀程度，称为不均匀系数 C_u。

C_u 越大，土粒越不均匀（颗粒级配曲线越平缓），作为填方工程的土料时，则比较容易获得较小的孔隙比（较大的密实度）。工程上把 $C_u<5$ 的土看作均匀的；$C_u>10$ 的土则是不均匀的，即级配良好的。

除不均匀系数（C_u）外，还可用曲率系数（C_c）来说明曲线的弯曲情况，从而分析评述土粒度成分的组合特征：

$$C_c = \frac{d_{30}^2}{d_{10}d_{60}} \tag{4-1}$$

式中，d_{30} 为相应累积含量为 30% 的粒径值。

工程上，$C_u \geqslant 5$ 且 $C_c = 1\sim3$ 的土，称为级配良好的土。不能同时满足这两个条件的，称为级配不良的土。$C_c<1$ 或 $C_c>3$ 的土，曲线都明显弯曲（凹面朝下或朝上）而呈阶梯状，粒度成分不连续，主要由大颗粒和小颗粒组成，缺少中间颗粒。

3. 土的矿物成分

组成土的固体颗粒按其矿物成分及对土工程性质的影响，可分为四大类，即原生矿物、不溶于水的次生矿物（以黏土矿物和硅、铝氧化物为主）、可溶性次生矿物及易分解的矿物、有机质。

在土质学中常将后三种次生矿物称为不稳定矿物。对土的工程性质有剧烈影响的黏土颗粒（黏粒）就主要是由这些次生矿物组成。黏粒之所以对土的工程性质具有特殊的影响作用，除本身颗粒细小、表面能很大的原因外，更重要的原因在于黏粒主要是由这些不稳定的特殊矿物组成的。

（1）原生矿物　岩石经物理风化破碎但成分没有发生变化的矿物碎屑。组成土的主要原生矿物有石英、长石、云母、角闪石、辉石、橄榄石、石榴石等。原生矿物的特点是颗粒粗大，物理、化学性质一般比较稳定，对土的工程性质影响比其他几种矿物要小得多。原生矿物对土的工程性质影响的差异，主要在于其颗粒形状、坚硬程度和抗风化稳定性等因素的不同。

（2）不溶于水的次生矿物　原生矿物经过化学风化作用后，进一步分解形成的一些颗粒更细小的新矿物。次生矿物又分为两种类型：一种是原生矿物中部分可溶物质被水溶滤并携带到其他地方沉淀下来所形成的"可溶性次生矿物"；另一种是原生矿物中的可溶部分被溶滤后的残余物，它改变了原生矿物的成分和结构，形成了"不可溶的次生矿物"。

不溶于水的次生矿物主要有：①黏土矿物，为含水铝硅酸盐，主要有高岭石、伊利石及蒙脱石等三个基本类别；②次生 SiO_2，指胶态、准胶态 SiO_2；③倍半氧化物，指由三价的 Fe、Al 和 O、OH、H_2O 等组成的矿物。它们是组成黏粒的主要成分。这类矿物的最主要特点是呈高度分散状态。因此，决定了它们具有很高的表面能、亲水性及一系列特殊的性质。所以，只要这类矿物在土中有少量存在，就往往引起工程性质的显著改变，如产生大的塑性、强度剧烈降低等。

但是，这类矿物的不同矿物种类，对土的工程性质影响不同。仅以黏土矿物的各类别而言，影响也明显不同。其原因本质上在于它们具有不同的化学成分和结晶格架构造。

1）高岭石类：高岭石类的结晶格架的每个晶胞分别由一个铝氢氧八面体层和硅氧四面体层组成，即为 1∶1 型（或称二层型）结构单位层，如图 4-4 所示。其两个相邻晶胞之间以 O^{2-} 和 OH^- 不同的原子层相接，则范德华键外，具有很强的氢键连接作用，使各晶胞间紧密连接，因而使高岭石类黏土矿物具有较稳固的结晶格架，水较难进入其晶胞内，所以水与这种矿物之间的作用比较弱。当然，在其晶格的断口，或由于离子同型置换，会有游离价的原子吸引部分水分子，而形成较薄水化膜，因而主要由这类矿物组成的黏性土的膨胀性和压缩性等均较小。

2）蒙脱石：蒙脱石类矿物的结晶格架与高岭石类不同，它的晶胞是由两个硅氧四面体层夹一个铝氢氧八面体层组成，为 2∶1 型（或称三层型）结构单位层，如图 4-5 所示。其相邻晶胞之间以相同的原子相接，只有分子键连接，且具有电性相斥作用。因此，其各晶胞之间的连接不仅极弱，且不稳固，晶胞间易于移动。水分子很容易在晶胞之间浸入（楔入），吸水时晶胞间距变宽，晶格膨胀；失水时晶格收缩。所以蒙脱石类黏土矿物与水作用很强烈，能在土粒外围形成很厚的水化膜，当土中蒙脱石含量较多时，土的膨胀性和压缩性等都将很大，强度则剧烈变小。

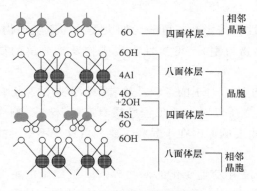

图 4-4　高岭石的结晶构造

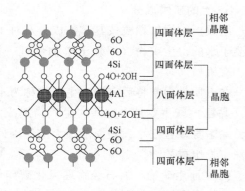

图 4-5　蒙脱石的结晶构造

3）伊利石类：伊利石类的晶胞与蒙脱石同属于 2：1 型结构单位层，不同的是其硅氧四面体中的部分离子常被 Al^{3+}、Fe^{3+} 所置换，因而在相邻晶胞间将出现若干一价正离子以补偿晶胞中正电荷的不足，并将相邻晶胞连接，如图 4-6 所示。所以伊利石类的结晶格架没有蒙脱石类那样活动，其亲水性及对土的工程性质影响界于蒙脱石和高岭石之间。

土中次生 SiO_2 和倍半氧化物等矿物的胶体活动性、亲水性及对土的工程性质影响，一般比黏土矿物要小。

（3）可溶性次生矿物　可溶性次生矿物又叫水溶盐，按其在水中的溶解度又分为易溶盐、中溶盐和难溶盐三类。常见的易溶盐有岩盐（NaCl）、钾盐（KCl）、芒硝（$NaSO_4 \cdot 10H_2O$）和苏打（$NaHCO_3$）等；常见的中溶盐是石膏（$CaSO_4 \cdot 2H_2O$）；常见的难溶盐有方解石（$CaCO_3$）和白云石（$CaCO_3 \cdot MgCO_3$）等。当土中含水少，次生矿物结晶土中含有一定数量的水溶盐时，矿物结晶沉淀，该类盐在土中起胶结作用；当土中含水多时，盐类溶解，土的连接随之破坏。所以，土中含有一定数量的水溶盐时，土的性质随矿物的结晶或溶解会发生很大变化。尤其是易溶盐和中溶盐，是土中的有害成分，工程建筑对其含量有一定要求。

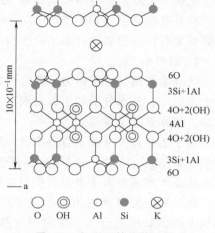

图 4-6　伊利石的晶体结构

（4）有机质　自然界一般土中，特别是淤泥质土中，通常都含有一定数量的有机质，当其在黏性土中的含量达到或超过 5%（在砂土中的含量达到或超过 3%）时，就开始对土的工程性质具有显著的影响。在天然状态下这种黏性土的含水量显著增大，呈现高压缩性和低强度等。

有机质在土中一般呈混合物与组成土粒的其他成分稳固地结合在一起，也有时以整层或透镜体形式存在，如在古湖沼和海湾地带的泥炭层和腐殖层等。有机质对土的工程性质影响实质，在于它比黏土矿物有更强的胶体特性和更高的亲水性。所以，有机质比黏土矿物对土性质的影响更剧烈。有机质对土的工程性质的影响程度，主要取决于下列因素：

1）有机质含量越高，对土的性质影响越大。

2）土的饱和度不同，有机质对土的性质影响不同。当含有机质的土体较干燥时，有机质可起到较强的粒间连接作用；而当土的含水量增大，有机质将使土粒结合水膜剧烈增厚，削弱土的粒间连接，使土的强度显著降低。

3）有机质的分解程度越高，影响越剧烈。

4）与有机质土层的厚度、分布均匀性及分布方式有关。

4.3.2　土的液相

水是土的基本组成部分之一，在一般黏性土中，特别是饱和软黏性土，水的体积常占据整个土体相当大的比例（一般为 50%～60%，甚至高达 80%）。土中细颗粒越多，即土的分散度越大，水对土性质的影响越大。所以，尤其对于黏性土，更需要重视研究土中水含量与其类别与性质。

土中的水以不同形式和不同状态存在于土中，不同类型的水对土的工程地质影响不同。根据水分子在土中存在的部位，可分为矿物成分水和孔隙中的水两大类。其中孔隙中水分为结合水和自由水（非结合水），结合水包括强结合水和弱结合水。

存在于土粒矿物结晶格架内部或参与矿物晶格构成的水，称为矿物内部结合水或结晶水，它只有在高温（140~700℃）下才能化为气态水而与土粒分离。所以，从对土的工程性质影响来看，应把矿物内部结合水和结晶水当作矿物颗粒的一部分。

1. 结合水

结合水是指受分子引力、静电引力吸附于土粒表面的土中水。这种吸引力高达几千到几万个大气压，使水分子和土粒表面牢固地黏结在一起。结合水不能传递静水压力，不能任意流动，其冰点低于零度。

由于土粒表面一般带有负电荷，形成电场，在土粒电场范围内的水分子和水溶液中的阳离子（如 Na^+、Ca^{2+}、Al^{3+}等）易被吸附在土粒表面。因为水分子是极性分子，它被土粒表面电荷或水溶液中离子电荷吸引而定向排列（见图4-7）。

在工程中可以利用土粒阳离子层的离子交换原理来改良土质，如用三价及二价离子（如 Fe^{3+}、Al^{3+}、Ca^{2+}、Mg^{2+}）处理黏土，使得它的扩散层变薄，从而增加土的稳定性，减少膨胀性，提高土的强度；有时，可用含一价离子的盐溶液处理黏土，使扩散层增厚，而大大降低土的透水性。

结合水因离颗粒表面远近不同，受电场作用力的大小不一样，可分为强结合水和弱结合水两类。

土粒的静电引力强度是随水分子与土粒表面的距离增大而减弱的，靠近土粒表面的水分子，受到土粒的强烈吸引（可达 1000~2000MPa）而失去自由活动能力，整齐地排列起来。这部分水称为强结合水，又叫吸着水。强结合水厚度很小，一般只有几个水分子层。它的特征是，没有溶解能力，不能传递静水压力，只有吸热变成蒸汽时才能移动，具有极大的黏滞度、弹性和抗剪强度。

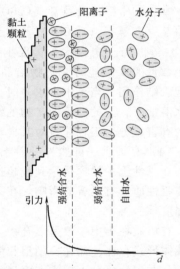

图4-7 土粒表面双电层、结合水及其所受静电引力变化示意

距离土粒表面稍远的水分子，受到土粒的吸引力减弱，有部分活动能力，排列疏松不整齐，这部分水叫弱结合水，又叫薄膜水。弱结合水厚度比强结合水大得多，且变化大，是整个结合水膜的主体，它仍然不能传递静水压力，没有溶解能力，冰点低于0℃。但水膜较厚的弱结合水能向邻近的较薄的水膜缓慢转移。当土中含有较多的弱结合水时，土则具有一定的可塑性。砂土比表面较小，几乎不具可塑性，而黏性土的比表面较大，其可塑性范围就大。弱结合水离土粒表面越远，其受到的静电引力越小，并逐渐过渡到非结合水。

2. 自由水

自由水指土粒孔隙中超出土粒表面静电引力作用范围的一般液态水。主要受重力作用控制，能传递静水压力和溶解盐分，在温度0℃左右冻结成冰。介于重力水和结合水之间的过渡类型水为毛细水。

（1）液态水　毛细水是土的细小孔隙中，因与土粒的分子引力和水与空气界面的表面张力共同构成的毛细力作用而与土粒结合，存在于地下水面以上的一种过渡类型水。毛细水主要存在于直径为 0.002~0.5mm 大小的毛细孔隙中。孔隙更细小者，土粒周围的结合水膜有可能充满孔隙而不能再有毛细水。粗大的孔隙则毛细力极弱，难以形成毛细水。故毛细水在砂土、粉土和粉质黏性土中含量较大。

毛细水按其所处部位和与重力水所构成的地下水面的关系可分为上升毛细水和悬挂毛细水两种形式。前者是从地下水面因毛细作用上升而形成的毛细水，下部与地下水面相连，并随地下水面升降一起发生升降变化，往往呈较稳定的毛细水带。后者为毛细力作用使下渗水流部分保持在毛细孔隙中，或地下水面以上原有毛细水带因地下水面急剧下降而脱离地下水从而仍保持在毛细孔隙中的水，悬挂在包气带中。

重力水是存在于较粗大孔隙中，具有自由活动能力，在重力作用下流动的水，为普通液态水。重力水流动时，产生动水压力，能冲刷带走土中的细小土粒，这种作用称为机械潜蚀作用。重力水还能溶滤土中的水溶盐，这种作用称为化学潜蚀作用。两种潜蚀作用都将使土的孔隙增大，增大压缩性，降低抗剪强度。同时，地下水面以下饱水的土重及工程结构的重力，因受重力水浮力作用，将相对减小。

（2）固态水　就是冰，以冰夹层、冰透镜体和细小冰晶等形式存在于土中，并将土粒胶结起来形成冻土，提高土的强度。但解冻后土的强度往往低于结冰前的强度。

（3）气态水　以水汽状态存在，严格地讲应属土的气相部分。气态水在气压差作用下，从压力大的地方向压力小的地方运动。土孔隙中的气态水和液态水在一定温度、压力条件下保持某种动平衡。若压力不变，温度升高时，一部分液态水蒸发为气态水；温度降低时，一部分气态水又凝结成液态水。

4.3.3　土的气相

气体也是土的组成部分之一，土中气体成分以 O_2、CO_2 及 N_2 为主，此外尚有 CH_4、H_2S 等，基本上与大气的成分一致。但土中各种气体的相对含量与大气有很大差别，土粒对气体的吸附强度依次为：$CO_2 > N_2 > O_2 > H_2$，因而导致 CO_2 在土中相对含量可高达 10%，而 CO_2 在大气中仅占 0.03%。

气体在土孔隙中有两种不同存在形式。一种是封闭气体，另一种是游离气体。游离气体通常存在于近地表的包气带中，与大气连通，随外界条件改变与大气有交换作用，处于动平衡状态，其含量的多少取决于土孔隙的体积和水的充填程度。它一般对土的性质影响较小，封闭气体通常是由于地下水面上升，而土的孔隙大小不一，错综复杂，使部分气体没能逸出而被水包围，与大气隔绝，呈封闭状态存在于部分孔隙内，对土的性质影响较大，如降低土的透水性和使土不易压实等。饱和黏性土中的封闭气体在压力长期作用下被压缩后，具很大内压力，有时可能冲破土层个别地方逸出，造成意外沉陷。

在淤泥和泥炭质土等有机土中，由于微生物的分解作用，土中聚积有某种有毒气体和可燃气体，如 CO_2、H_2S 和甲烷等。其中以 CO_2 的吸附作用最强，并埋藏于较深的土层中，含量随深度增大而增多。土中这些有害气体的存在不仅使土体长期得不到压密，增大土的压缩性，而且当开挖地下工程揭露这类土层时会严重危害人的生命安全（使人窒息或发生瓦斯爆炸）。

4.3.4 土的结构和构造

土的结构是指组成土的土粒大小、形状、表面特征及其联结关系和土粒排列等因素形成的综合特征。土的构造是指在一定土体中结构相对均一的土层单元的形态和组合特征。土的结构、构造特征首先与其形成环境和形成历史有关，其结构性质还与其组成成分有密切关系。当然，土的组成成分也是自然历史与环境的产物。

在黏性土中，土粒间除有结合水膜形成的联结（也称为水胶联结）外，往往还有其他盐类结晶、凝胶薄膜等联结存在，黏性土的一系列性质与结合水的类型和厚度的关系，只有在土的其他天然结构联结微弱或被破坏时，才能充分地表现出来。土的工程性质及其变化，除取决于其物质成分外，在较大程度上还与土粒间联结的性质和强度、层理特点、裂隙发育程度和方向，以及土质的其他均匀性特征等土的天然结构和构造因素有关。所以只有查明土的结构和构造特征，才能了解土的工程性质在土的不同方向和在一定地段或地区内的变化情况，从而全面评定相应建筑地区土体的工程性质。

1. 土的结构类型

土的结构按其颗粒排列和联结可分为两大基本类型：单粒（散粒）结构和集合体（团聚）结构。这两大类不同结构特征的形成和变化取决于土的颗粒组成、矿物成分及所处环境条件。

（1）单粒（散粒）结构 巨粒土和粗粒土通常具有单一颗粒相互堆砌在一起的单粒结构（见图 4-8）。这种结构是土粒由于重力作用堆积而形成的。巨粒土和粗粒土的颗粒较大。土粒间的分子引力相对很小，粒间几乎没有联结，或者联结很弱。巨粒土和粗粒土的性质主要取决于土粒大小和排列的松密；根据颗粒排列的紧密程度不同，单粒结构还可以分为松散结构和紧密结构两种类型。洪积的砂砾石层往往形成松散的单粒结构，海、湖边岸沉积的砂砾石层常呈紧密的单粒结构。松散结构的土孔隙较大，土粒位置不固定，在较大压力和动力荷载作用下，土粒易发生移动，引起土的变形。紧密结构的土，由于其土粒排列紧密，所以强度大，压缩性小。在动、静力荷载作用下不会产生较大的变形。

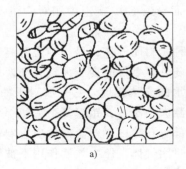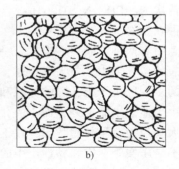

图 4-8 土的单粒结构

a）松散结构 b）紧密结构

在巨粒土和砾类土中，由于粗、细颗粒含量的不同，因而具有不同的结构形态。若粗粒物质含量高，相互间直接接触，而细粒物质充填在其孔隙中，称为粗石状结构（见图 4-9a）。若粗粒物质含量低，被包围在细粒物质中间而不能直接接触，则称为假斑状结构

（见图4-9b）。粗石状结构的土具有较高的强度，其透水性取决于粒间孔隙的填充程度及填充物的性质。假斑状结构土的工程地质性质主要取决于组成土的细粒物质的特点。

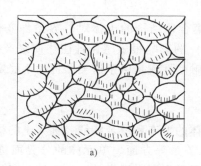 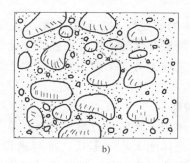

a)　　　　　　　　　　　　　　　　　　b)

图4-9　巨粒土、砾类土的结构

a）粗石状结构　b）假斑状结构

　　单粒结构的碎石土和砂土，虽然孔隙率较小，而孔隙大，透水性强，土粒间一般没有黏聚力，或者有非常小的黏聚力，但土粒相互依靠支承，内摩擦力大，并且受压力时土体积变化较小。再者，由于这类土的透水性强，孔隙水很容易排出，在荷载作用下特别是振动荷载作用下压密过程很快，同时产生较大的变形。因此，即使原来比较疏松，当建筑物结构封顶，地基沉降也告完成。所以，对于具有单粒结构的土体，一般情况（静力荷载作用）下不必担心它的强度和变形问题。

　　（2）集合体（团聚）结构　细粒土颗粒细小，具胶体特性，在水中一般都不能以单个颗粒沉积，而是凝聚成较复杂的集合体进行沉积，形成细粒土特有的团聚结构。

　　细粒土的团聚结构按土粒均匀与否可分为均粒和非均粒两种。均粒团聚结构又分为蜂窝状和絮状结构。蜂窝状结构是 $0.002 \sim 0.02$mm 土粒在水中下沉时相互联结形成的（见图4-10a）。絮状结构是粒径小于 0.002m 的土粒在水中凝聚形成的（见图4-10b）。非均粒团聚结构是由粉粒和砂砾之间充满黏粒团聚体所形成的结构（见图4-10c）。

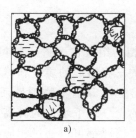 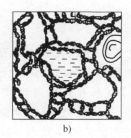 

a)　　　　　　　　　　b)　　　　　　　　　　c)

图4-10　细粒土团聚结构

a）蜂窝状结构　b）絮状结构　c）非均粒团聚结构

　　团聚结构不稳定，易受外界影响而发生变化，如受压缩、剪切、加热、干燥、浸湿等作用及水溶液的离子成分、浓度、pH值等变化的影响，都可以使结构发生变化而引起土的性质改变。具有集合体结构的土体，有如下特征：

　　1）孔隙度很大（可达50%～98%），而各单独孔隙的直径很小，特别是聚粒絮凝结构的孔隙更小，但孔隙度更大，因此，土的压缩性更大。

2）水容度、含水量很大，往往超过50%，而且因以结合水为主，排水困难，故压缩过程缓慢。

3）具有大的易变性——不稳定性。具有集合体结构的土体对外界条件变化（如加压、振动、干燥、浸湿及水溶液成分和性质变化等）的影响很敏感，且往往使之产生质的变化，故集合体结构又称为易变结构。如软黏性土的触变性就是由于这类结构的不稳定性而形成的一种特殊性质。

2. 土的构造

在一定土体中，结构相对均一的土层单元体的形态和综合特征，称为土的构造。它同样也包括土层单元体的大小、形状、排列和相互关系等方面。单元体的分界面称结构面或层面。单元体的形状多为层状、带状和透镜状，界面形态有平直的，也有波状起伏的。单元体的大小通常用厚度和延伸长度来表示。

土的构造是土在形成及变化过程中，与各种因素发生复杂的相互作用而形成的。所以每一种成因类型的土，大都有其所特有的构造。常见的土的构造有以下几种：

（1）层状构造　土层由不同颜色、不同粒径的土组成层理，平原地区的层理通常为水平层理。层状构造是细粒土的一个重要特征。

（2）分散构造　土层中土粒分布均匀，性质相近，如砂、卵石层为分散构造。

（3）结合状构造　在细粒土中掺有粗颗粒或各种结核，如含有疆石的粉质黏土，含砾石的冰碛土等。其工程性质取决于细粒土部分。

（4）裂隙状构造　土体中有很多不连续的小裂隙，有的硬塑与坚硬状态的黏土为此种构造。裂隙强度低，渗透性高，工程性质差，大大降低了土体的强度和稳定性，增大透水性，对工程不利。

■ 4.4　土的物理力学性质

4.4.1　土的三相比例指标

为了对土的基本物理性质有所了解，还需要对土的三相的组成情况进行数量上的研究。在不同成分和结构的土中，土的三相具有不同的比例。土的三相组成的质量和体积之间的比例关系，表现出土的质量性质、含水性和孔隙性（密实程度）等基本物理性质各不相同，并随着各种条件的变化而改变。例如，对同一成分和结构的土，地下水位的升高或降低，都将改变土中水的含量；经过压实，其孔隙体积将减小。这些情况都可以通过相应指标的具体数字反映出来。

表示土的三相比例关系的指标，称为土的三相比例指标，也称为土的基本物理性质，包括土的颗粒相对密度、重度、含水量、饱和度、孔隙比和孔隙率等。土的三相比例指标示意图如图4-11所示。

图中符号的意义如下：m_s为土粒质量；m_w为土中水质量；m为土的总质量，$m = m_s + m_w$；V_s为土粒体积；V_w为土中水体积，V_a为土中气体体积，V_v为土中孔隙体积，$V_v = V_w + V_a$；V为土的总体积，$V = V_s + V_a + V_w$。

1. 土颗粒密度与土粒相对密度

土颗粒密度是指固体颗粒的质量 m_s 与其体积 V_s 之比，即单位体积土粒的质量（g/cm³），即

$$\rho_s = \frac{m_s}{V_s} \qquad (4\text{-}2)$$

土颗粒的密度仅与组成土粒的矿物成分有关，与土的孔隙情况和含水多少

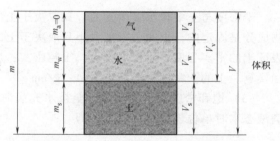

图 4-11　土的三相比例指标示意图

无关。一般为 $2.60\sim2.80$g/cm³（见表 4-2）。一般情况下，随有机质含量增多而减小，随铁镁质矿物增多而加大。土粒密度是实测指标。

表 4-2　各种主要类型的土颗粒密度

土的种类		砾类土	砂类土	粉土	粉质黏土	黏土
土粒密度/ （g/cm³）	常见值	2.65~2.75	2.65~2.70	2.65~2.70	2.68~2.73	2.72~2.76
	平均值	—	2.66	2.68	2.71	2.74

土粒质量与同体积的 4℃ 时纯水的质量之比，称为土粒相对密度 d_s，即

$$d_s = \frac{m_s}{V_s} \cdot \frac{1}{\rho_{w1}} \qquad (4\text{-}3)$$

式中，ρ_{w1} 为水在 4℃ 时单位体积的质量，通常取 1g/cm³。实用上，土粒相对密度在数值上就等于土粒密度，可在实验室内用比重瓶测量。

2. 土的密度

土的密度是指土的总质量与总体积之比，即单位体积土的质量（g/cm³）。根据土所处的状态不同，土的密度可分为天然密度、干密度和饱和密度三种。

（1）天然密度　天然状态下单位体积土的质量称天然密度，即

$$\rho = \frac{m}{V} = \frac{m_s + m_w}{V_s + V_v} \qquad (4\text{-}4)$$

式中，ρ 为土的天然密度（g/cm³）；m 为土的总质量（g）；V 为土的总体积（cm³）；m_s 为土中固体颗粒的质量（g）；m_w 为土中水的质量（g）；V_v 为土中孔隙体积（cm³）。

天然密度的大小取决于土的矿物成分、孔隙和含水情况，其数值一般为 $1.60\sim2.20$g/cm³（见表 4-3）。天然密度在数值上小于土粒密度，是一个实测指标，可在室内及野外直接测定，是工程地质计算中不可缺少的参数。

表 4-3　几种常见土天然密度的平均值

土的名称	砂土	粉土	粉质黏土	黏土
天然密度/（g/cm³）	1.40	1.60	1.60~1.75	1.80~2.00

（2）干密度　土的孔隙中完全无水时的密度，称为土的干密度（ρ_d），是指单位体积干土的质量，即

$$\rho_d = \frac{m_s}{V} \qquad (4\text{-}5)$$

干密度与土中含水多少无关，只取决于土的矿物成分和孔隙性。对于某一种土来说，矿物成分是固定的，土的干密度大小只取决于土的孔隙性，所以干密度能说明土中孔隙多少和表征土的密实程度。干密度越大，土越密实；反之则疏松。干密度可以实测，也可用其他指标换算。土的干密度一般为 $1.4 \sim 1.7 \mathrm{g/cm^3}$。

（3）饱和密度　土的孔隙完全被水充满时的密度称为饱和密度，是指土孔隙中全部充满液态水时单位体积土的质量，即

$$\rho_{sat} = \frac{m_s + V_v \rho_w}{V} \tag{4-6}$$

式中，ρ_w 为水的密度（$\mathrm{g/cm^3}$）。

土的饱和密度是土的密度中的最大值，是个计算指标，常见值为 $1.80 \sim 2.30 \mathrm{g/cm^3}$。

（4）浮密度（ρ'）　土的浮密度是土单位体积中土粒质量与同体积水的质量之差，即

$$\rho' = \frac{m_s - V_s \rho_w}{V} \tag{4-7}$$

3. 土的重度、干重度、饱和重度、浮重度

单位体积土的重力称为土的重度，即

$$\gamma = \frac{W}{V} = \frac{W_s + W_w}{V_s + V_v} \tag{4-8}$$

土的重度取决于土粒的重力、孔隙体积的大小和孔隙中水的重力，综合反映了土的组成和结构特征。对具有一定成分的土而言，结构越疏松，孔隙体积越大，重度值将越小。当土的结构不发生变化时，则重度随孔隙中含水数量的增加而增大。

土单位体积中固体颗粒部分的重力，称为土的干重度 γ_d，即

$$\gamma_d = \frac{W_s}{V} \tag{4-9}$$

在工程上常把干重度作为评定土体紧密程度的标准，以控制填土工程的施工质量。

土孔隙中充满水时的单位体积重力，称为土的饱和重度 γ_{sat}，即

$$\gamma_{sat} = \frac{W_s + V_v \gamma_w}{V} \tag{4-10}$$

在地下水位以下，单位土体积中土粒的重力扣除浮力后，即为单位土体积中土粒的有效重力，称为土的浮重度或水下重度 γ'，即

$$\gamma' = \frac{W_s - V_s \gamma_w}{V} \tag{4-11}$$

4. 土的含水量

自然界中土的干湿程度有很大差异，可用含水率和饱和度两个含水性指标来表示。

（1）含水率　土中所含水分的质量与固体颗粒质量之比称为含水率，常用百分率表示，即

$$w = \frac{m_w}{m_s} \times 100\% \tag{4-12}$$

对结构相同的土而言，含水率越大，说明土中水分越多。由于土层所处的自然条件和土层孔隙程度的不同，土的含水率差别极大。近代沉积的三角洲相软黏土或湖相黏土的含水率可达 50%~200%，坚硬黏土的含水率可小于 20%。一般砂类土的含水率不超过 40%，常见值为 10%~30%，细粒土的常见值为 20%~50%。

含水率是实测指标，是计算干密度、孔隙率和饱和度的重要数据，通常用烘干法测定。

土的孔隙中全被液态水充满时的含水率，称饱和含水率 w_{sat}，按下式计算：

$$w_{sat} = \frac{V_v \rho_w}{m_s} \times 100\% \tag{4-13}$$

饱和含水率既能反映土孔隙中充满普通液态水时的含水特性，又能反映土的孔隙率大小。因为对某一种土来说，土粒的质量是不变的，随着孔隙体积的增加，饱和含水率也增大。所以，饱和含水率是用质量比率来表征土的孔隙性的指标。

（2）饱和度　含水率是个绝对指标，只能表明土中水的含量，而不能反映土中孔隙被水充满的程度。土的饱和度是土中水的体积与孔隙体积的百分比值，能说明孔隙中水的充填程度，即

$$S_r = \frac{V_w}{V_v} \times 100\% \tag{4-14}$$

饱和度是一个计算指标。饱和度的范围为 0%~100%：当土处于干燥状态时，饱和度等于零；当土的孔隙全部被水充填时，饱和度等于 100%。在工程实际中，按饱和度的大小将含水砂土划分为稍湿的（$S_r \leqslant 50\%$）、很湿的（$50\% < S_r \leqslant 80\%$）和饱和的（$S_r > 80\%$）三种含水状态。工程研究中，通常将饱和度大于 95% 的天然黏性土视为完全饱和土；而砂土饱和度大于 80% 时就可以认为已达到饱和了。

5. 土的孔隙比和孔隙率

土中孔隙的大小、数量和连通情况等，称为土的孔隙性。土中孔隙的数量，通常用孔隙率和孔隙比来表示。它们只能反映土内孔隙总体积大小，而不能反映单个孔隙的大小，主要用来说明土的松密程度。

孔隙率是土中孔隙总体积与土的总体积之比，也叫孔隙度，常用百分率表示，即

$$n = \frac{V_v}{V} \times 100\% \tag{4-15}$$

孔隙比是土中孔隙总体积与土中固体颗粒总体积的比值，常用小数表示，即

$$e = \frac{V_v}{V_s} \tag{4-16}$$

孔隙率与孔隙比都是反映土孔隙性的指标，两个指标之间的关系为

$$n = \frac{e}{1+e} \times 100\% \tag{4-17}$$

$$e = \frac{n}{1-n} \tag{4-18}$$

土的孔隙率和孔隙比的大小，主要取决于土的粒度成分和结构。孔隙率和孔隙比都说明土中孔隙体积的相对数值。孔隙率直接说明土中孔隙体积占土体积的百分比值，概念非常清楚，但不便于工程应用，因地基土层在荷载作用下产生压缩变形时，孔隙体积（V_v）和土

工程地质

体总体积（V）都将变小，显然，孔隙率不能反映孔隙体积在荷载作用前后的变化情况。一般情况下，土粒体积（V_s），则可看作不变值，故孔隙比就能反映土体积变化前后孔隙体积的变化情况。因此，工程计算中常用孔隙比这一指标。

自然界土的孔隙率与孔隙比的数值取决于土的结构状态，故为表征土结构特征的重要指标。数值越大，土中孔隙体积越大，土结构越疏松；反之，结构越密实。孔隙率的常见值为 33%～50%，但新近沉积淤泥的孔隙率可达 80%。一般情况下，土的孔隙比值为 0.5～1.0，细粒土的孔隙比有时大于 1，淤泥的孔隙比可达 1.5 以上。

孔隙比说明了土的密实程度。根据孔隙比将砂土分为密实、中密、稀密和松散四种密实程度（见表 4-4）。孔隙比是研究土压缩性的必不可少的指标，也是确定细粒土地基承载力基本值的一个重要指标。

表 4-4　砂土按孔隙比的分类

土的名称	密实度			
	密实	中密	稀密	松散
砾砂土、粗砂土、中砂土	$e<0.60$	$0.60\leqslant e<0.75$	$0.75\leqslant e<0.85$	$e\geqslant 0.85$
细砂土、粉砂土	$e<0.70$	$0.70\leqslant e<0.85$	$0.85\leqslant e<0.95$	$e\geqslant 0.95$

6. 土的基本物理性质指标的换算关系

上述土的三相比例指标中，土粒相对密度 d_s、含水率 w 和重度 γ 三个指标是通过试验测得的。在测定这三个基本指标后，可导出其余各个指标。其换算关系见表 4-5。

表 4-5　土的基本物理性质指标相互换算表

换算	$w(\%)$	$\rho/(\mathrm{g/cm^3})$	d_s	$\rho_d/(\mathrm{g/cm^3})$	e	$n(\%)$	$S_r(\%)$
w	w	$\dfrac{100\rho}{\rho_d}-100$	$\dfrac{eS_r}{d_s}$	$\dfrac{S_r(d_s-\rho_d)}{d_s\rho_d}$	$\dfrac{100\rho(1+e)}{d_s}-100$	$\dfrac{nS_r}{d_s(100-n)}$	$\dfrac{eS_r}{(1+e)\rho_d}$
ρ	$(1+0.01w)\rho_d$	ρ	$\dfrac{d_s(1+0.01w)}{1+e}$	$\rho_d+\dfrac{0.01S_r e}{1+e}$	$\dfrac{eS_r(1+0.01w)}{(1+e)w}$	$\dfrac{nS_r(1+0.01w)}{100w}$	$\dfrac{0.01nS_r+(100-n)d_s}{100}$
d_s	$\dfrac{\rho(1+e)}{1+0.01w}$	$\dfrac{S_r\rho}{S_r(1+0.01w)-w\rho}$	d_s	$\dfrac{100\rho_d}{100-n}$	$\rho_d(1+e)$	$\dfrac{100\rho-0.01S_r n}{100-n}$	$\rho(1+e)0.01S_r e$
ρ_d	$\dfrac{nS_r}{100w}$	$\dfrac{\rho}{1+0.01w}$	$\dfrac{S_r d_s}{wd_s+S_r}$	ρ_d	$\dfrac{d_s}{1+e}$	$d_s(1-0.01n)$	$\dfrac{eS_r}{(1+e)w}$
e	$\dfrac{d_s(1+0.01w)}{\rho}-1$	$\dfrac{w\rho}{S_r(1+0.01w)-w\rho}$	$\dfrac{d_s-\rho}{\rho-0.01S_r}$	$\dfrac{d_s}{\rho_d}-1$	e	$\dfrac{100}{100-n}$	$\dfrac{w\rho_d}{S_r-w\rho_d}$
n	$100-\dfrac{100\rho}{d_s(1+0.01w)}$	$\dfrac{100w\rho}{S_r(1+0.01w)}$	$\dfrac{100(d_s-\rho)}{d_s-0.01S_r}$	$100-\dfrac{100\rho_d}{d_s}$	$\dfrac{100e}{1+e}$	n	$\dfrac{100w\rho_d}{S_r}$

4.4.2　无黏性土的物理状态指标

无黏性土一般指碎石土和砂土，粉土属于砂土和黏性土的过渡类型，但是物质组成、结构及物理力学性质主要接近砂土（特别是砂质粉土），故列入无黏性土的工程特征问题一并讨论。

所谓物理状态，对于无黏性土是指土的密实程度，对于黏性土则是指土的软硬程度或称为土的稠度。无黏性土的密实度是判定其工程性质的重要指标，它综合地反映了无黏性土颗粒的岩石和矿物组成、粒度组成（级配）、颗粒形状和排列等对其工程性质的影响。密实的无黏性土具有较高的强度，结构稳定，压缩性小；而疏松者则强度较低，稳定性差，压缩性较大。

　　密实度可用室内测试孔隙比确定相对密实度的方法、标准贯入试验等原位试验等方法来确定。相对密实度以最大孔隙比 $e_{\max}$ 与天然孔隙比 e 之差和最大孔隙比 $e_{\max}$ 与最小孔隙比 $e_{\min}$ 之差的比值 D_r 来表示，即

$$D_r = \frac{e_{\max}-e}{e_{\max}-e_{\min}}\tag{4-19}$$

式中，$e_{\max}$ 为最大孔隙比，即最疏松状态下的孔隙比；$e_{\min}$ 为最小孔隙比，即最紧密状态下的孔隙比；e 为孔隙比。

　　按相对密度可对砂土的密实程度进行分类，见表4-6。

表 4-6　砂土按相对密度分类

密实程度	疏松	中密	密实
相对密度	$0<D_r\leqslant0.33$	$0.33<D_r\leqslant0.67$	$0.67<D_r\leqslant1$

　　由于无论是按天然孔隙比 e 还是按相对密度 D_r 来评定砂土的紧密状态，都要采取原状砂样，经过土工试验测定砂土天然孔隙比。所以，目前国内外，已广泛使用标准贯入或静力触探试验于现场评定砂土的紧密状态。《岩土工程勘察规范》（2009年版）（GB 50021—2001）规定按标准贯入锤击数 N 值划分砂土紧密状态的标准，见表4-7。

表 4-7　按标准贯入锤击数 N 值确定砂土的密实度

密实程度	松散	稍密	中密	密实
N 值	$N\leqslant10$	$10<N\leqslant15$	$15<N\leqslant30$	$N>30$

4.4.3　黏性土的物理状态指标

1. 界限含水量

　　黏性土随着含水量的变化，可处于各种不同的物理状态，其工程性质也相应地发生很大的变化。当含水量很小时，黏性土比较坚硬，处于固体状态，具有较高的力学强度；随着土中含水量的增大，土逐渐变软，并在外力作用下可任意改变形状，即土处于可塑状态；若再继续增大土的含水量，土变得越来越软弱，甚至不能保持一定的形状，呈现流塑~流动状态。黏性土这种因含水量变化而表现出的各种不同物理状态称为土的稠度。黏性土能在一定的含水量范围内呈现出可塑性，这是黏性土区别于砂土和碎石土的一大特性，因此黏性土也称为塑性土。所谓可塑性，就是指土在外力作用下，可以揉塑成任意形状而不发生裂缝，并当外力解除后仍能保持既得形状的一种性能。

　　随着含水率的变化，黏性土由一种稠度状态转变为另一种稠度状态，相应转变点的含水率称为界限含水率，也称稠度界限。界限含水量是黏性土的重要特性指标，它们对于黏性土工程性质的评价及分类等有重要意义，而且各种黏性土有着各自并不相同的界限含水量。稠

度界限中最有意义的是塑限（w_P）和液限（w_L）。土由可塑状态转到流塑、流动状态的界限含水量称为液限 w_L（也称塑性上限或流限）；土由半固态转到可塑状态的界限含水量称为塑限 w_P（也称塑性下限），它们都以百分数表示。我国目前一般采用锥式液限仪来测定黏性土的液限；黏性土的塑限一般采用"搓条法"测定，详细测定方法可参考相关土力学书籍或《土工试验方法标准》（GB/T 50123—2019）。

2. 塑性指数和液性指数

黏性土可塑性的大小用塑性指数来表示。塑性指数是黏性土的液限和塑限之差，即尚处在可塑状态的含水率变化范围，用 I_P 表示，应用时通常将含水率的"%"符号省去。

$$I_P = w_L - w_P \tag{4-20}$$

塑性指数越大，意味着黏性土处于塑态的含水率变化范围越大，也就是土的可塑性越强；反之则可塑性越弱。塑性指数的大小与土的粒度成分、矿物成分和土中水的化学成分、浓度及 pH 值等因素有关。黏粒含量越高、越细小，矿物亲水性越强，则塑性指数越大。水溶液中阳离子价数越低，溶液浓度越小，塑性指数则越大。我国一般细粒土最常见的塑性指数为 5~30。

由于塑性指数在一定程度上综合反映了影响细粒土特征的各种因素，因此可以按塑性指数对黏性土进行分类。表 4-8 是《建筑地基基础设计规范》（GB 50007—2011）中黏性土的分类标准。

表 4-8　黏性土的分类

塑性指数 I_P	土的名称
$I_P > 17$	黏土
$10 < I_P \leqslant 17$	粉质黏土

液性指数是土的天然含水率和塑限的差值与液限和塑限差值之比，用小数表示，即

$$I_L = \frac{w - w_P}{w_L - w_P} = \frac{w - w_P}{I_P} \tag{4-21}$$

液性指数表征了细粒土在天然状态下的稠度状态。当土的天然含水率小于等于塑限时，$I_L \leqslant 0$，土处于坚硬状态；当天然含水率大于液限时，$I_L > 1$，土处于流动状态；当天然含水率介于液限和塑限之间时，$0 < I_L \leqslant 1$，土处于可塑状态。表 4-9 为《建筑地基基础设计规范》（GB 50007—2011）中用液性指数划分细粒土稠度状态的标准。

表 4-9　按液性指数数值对细粒土稠度状态的分类

液性指数	$I_L \leqslant 0$	$0 < I_L \leqslant 0.25$	$0.25 < I_L \leqslant 0.75$	$0.75 < I_L \leqslant 1.00$	$I_L > 1.00$
稠度状态	坚硬	硬塑	可塑	软塑	流塑

稠度状态反映了土层的强度和压缩性。对于同一种土来说，由于稠度状态不同，土层的强度和压缩性也不同。若土处于流动状态时，强度极低而压缩性很高；处于塑性状态时，具有较低的强度和较高的压缩性；处于坚硬状态时，具有较高的强度和较低的压缩性。应当指出，由于塑限和液限都是用扰动土进行测定的，土的结构已彻底破坏，而天然土一般在自重下已有很长的历史，具有一定的结构强度，以致土的天然含水量即使大于它的液限，一般也不会发生流塑。含水量大于液限只是意味着，若土的结构遭到破坏，它将转变为流塑、流动

状态。

4.4.4 土的力学性质

土的力学性质是指土在外力作用下所表现的性质,主要包括在压应力作用下体积缩小的压缩性和在剪应力作用下抵抗剪切破坏的抗剪性,其次是在动力荷载作用下所表现的性质。

当土体作为建筑物地基时,在建筑物荷载作用下会产生压缩变形,引起建筑物基础的沉降。当基础沉降量过大或产生不均匀沉降时,可能影响建筑物的正常使用,甚至引起建筑物开裂或倒塌。当土中剪应力超过土的抗剪强度时,则土中的一部分会相对另一部分发生滑动,从而危及建筑物安全。所以,在确定地基土的承载力时,必须详细研究土的压缩性和抗剪性。

无论是自然斜坡还是人工边坡的滑动及挡土结构物的移动等,都属于土内剪应力超过土本身所具有的抗剪强度而引起的失稳现象。因此,在评价斜坡和挡土结构物的稳定性时,必须认真地研究土的抗剪性,对土的抗剪强度估计偏高或偏低,会给工程带来破坏或浪费。

1. 土的压缩性及其指标

试验研究表明,在一般压力(100~600kPa)作用下,土粒和水的压缩与土的总压缩量之比是很微小的,因此完全可以忽略不计,所以把土的压缩看作土中孔隙体积的减小。此时,土粒调整位置,重新排列,互相挤紧。饱和土压缩时,随着孔隙体积的减小,土中孔隙水则被排出。

在荷载作用下,透水性大的饱和无黏性土,其压缩过程在短时间内就可以结束。然而,黏性土的透水性低,饱和黏性土中的水分只能慢慢排出,因此其压缩稳定所需的时间要比砂土长得多。土的压缩随时间而增长的过程,称为土的固结。饱和软黏性土的固结变形往往需要几年甚至几十年时间才能完成,因此必须考虑变形与时间的关系,以便控制施工加荷速率,确定建筑物的使用安全措施;有时地基各点由于土质不同或荷载差异,还需考虑地基沉降过程中某一时间的沉降差异。所以,对于饱和软黏性土而言,土的固结问题是十分重要的。

土的压缩试验与压缩定律将在土力学课程中详细讲解,本教材不做详细阐述。衡量土的压缩变形的指标有压缩系数(a)、压缩指数(C_c)、侧膨胀系数(泊松比μ)、压缩模量(E_s)等。

土的压缩性可利用土工试验成果绘制出孔隙比e与压力p的关系曲线,称为压缩曲线(见图4-12)。

在压缩曲线上,当压力的变化范围不大时,可将压缩曲线上相应一小段M_1M_2近似地用直线来代替。若M_1点的压力为p_1,相应的孔隙比为e_1;M_2点的压力为p_2,相应的孔隙比为e_2;则M_1M_2段的斜率可用下式表示,即

$$a = \mathrm{tg}\alpha = \frac{e_1 - e_2}{p_1 - p_1} \tag{4-22}$$

式中,a为压缩系数。同时,上式表明同一种土的压缩系数不是一个常数,而是随着所取压力变化范围的不同而改变的。

为了便于应用和比较,并考虑到一般建筑物地基通常受到的压力变化范围,一般采用压力间隔由$p_1 = 0.1$MPa增加到$p_2 = 0.2$MPa时所得的压缩系数a_{1-2}来评定土的压缩性。低压缩

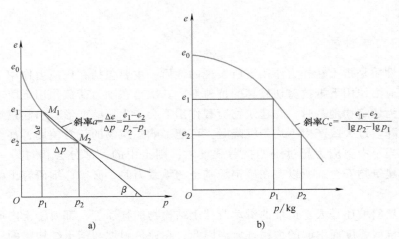

图 4-12　土的压缩曲线

a) e-p 曲线　　b) e-lg$p$ 曲线

性土，$a_{1-2} < 0.1\mathrm{MPa}^{-1}$；中压缩性土，$0.1\mathrm{MPa}^{-1} \leqslant a_{1-2} < 0.5\mathrm{MPa}^{-1}$；高压缩性土，$a_{1-2} \geqslant 0.5\mathrm{MPa}^{-1}$。

根据压缩试验资料，还可以求得另一个常用的压缩性指标——压缩模量 E_s。压缩模量是指土在有侧限条件受压时，在受压方向上的应力 σ_z 与相应的应变 ε_z 之间的比值，即

$$E_\mathrm{s} = \frac{\sigma_z}{\varepsilon_z} \tag{4-23}$$

式中，$\sigma_z = p_2 - p_1$；$\varepsilon_z = \dfrac{\Delta h}{h} = \dfrac{e_1 - e_2}{1 + e_1}$；$\sigma_z$、$\varepsilon_z$ 均可由压缩试验得到，将两式代入上式，得：

$$E_\mathrm{s} = \frac{p_2 - p_1}{e_1 - e_2}(1 + e_1) = \frac{1 + e_1}{a} \tag{4-24}$$

式中，a 为压力从 p_1 增加至 p_2 时的压缩系数；e_1 为压力 p_1 时的孔隙比。

在工程实际中，经常用与 $p_1 = 0.1\mathrm{MPa}$、$p_2 = 0.2\mathrm{MPa}$ 相对应的压缩模量来评价土的压缩性。低压缩性土 $E_\mathrm{s} > 15\mathrm{MPa}$；中压缩性土 $4\mathrm{MPa} < E_\mathrm{s} \leqslant 15\mathrm{MPa}$；高压缩性土 $E_\mathrm{s} \leqslant 4\mathrm{MPa}$。

土的泊松比是指土在无侧限条件下受压时，侧向膨胀应变 ε_x 与竖向压缩应变 ε_z 的比值，即

$$\mu = -\frac{\varepsilon_x}{\varepsilon_z} \tag{4-25}$$

土的 e-p 曲线改绘成半对数压缩曲线 e-lg$p$ 曲线时，它的后段接近直线（见图 4-12b）。其斜率 C_c 称为土的压缩指数，即

$$C_\mathrm{c} = \frac{e_1 - e_2}{\lg p_2 - \lg p_1} \tag{4-26}$$

同压缩系数 a 一样，压缩指数 C_c 值越大，土的压缩性越高。但 C_c 与 a 不同，它在直线段范围内并不随压力而变，试验时要求斜率确定得很仔细，否则出入很大。低压缩性土的 C_c 值一般小于 0.2，C_c 值大于 0.4 一般属于高压缩性土。采用 e-lg$p$ 曲线可分析研究应力历史对土的压缩性的影响，这对重要建筑物的沉降计算具有现实意义。

2. 土的抗剪强度

土的强度问题是土的力学性质的基本问题之一。在工程实践中，土的强度问题涉及地基承载力；路堤、土坝的边坡和天然土坡的稳定性，以及土作为工程结构物的环境时，作用于结构物上的土压力和山岩压力等问题。土体在通常应力状态下的破坏，表现为塑性破坏，或称剪切破坏，即在土的自重或外荷载作用下，在土体中某一曲面上产生的剪应力值达到了土对剪切破坏的极限抗力（这个极限抗力称为土的抗剪强度，其数值等于剪切破坏时滑动面上的剪应力），于是土体沿着该曲面发生相对滑移，土体失稳。所以，土的强度问题实质上是土的抗剪强度问题。

土的抗剪强度通常用直剪试验或三轴剪切试验测定。大量试验表明，在一般建筑物的荷载（$0.1 \sim 0.6$MPa）作用下，土的抗剪强度与法向压应力的关系曲线近似直线。无黏性土的抗剪强度曲线为一通过坐标原点的直线，其方程为

$$\tau_f = \sigma \tan\varphi \tag{4-27}$$

黏性土的抗剪强度曲线，是一条不通过坐标原点，与纵坐标有一截距 c 的近似直线，其方程为

$$\tau_f = \sigma \tan\varphi + c \tag{4-28}$$

式中，τ_f 为土的抗剪强度（MPa）；σ 为剪切面上的法向压力（MPa）；φ 为土的内摩擦角（°）；c 为土的黏聚力（MPa）。

以上公式说明，土的抗剪强度由土的内摩擦力 $\sigma \tan\varphi$ 和黏聚力 c 两部分组成；内摩擦力与剪切面的法向压力成正比，其比值为土的内摩擦系数 $\tan\varphi$。无黏性土的抗剪强度决定于与法向压应力成正比的内摩擦力 $\sigma \tan\varphi$，而土的内摩擦系数主要取决于土粒表面的粗糙程度和土粒交错排列的情况，土粒表面越粗糙，棱角越多和密实度越大，则土的内摩擦系数越大。黏性土的抗剪强度由内摩擦力和黏聚力组成。土的内摩擦力主要由土粒间结合水形成的水胶链接或毛细水联结组成。

3. 土的动力特性

前面所述为土体在静力荷载作用下的压缩性和抗剪强度等力学性质问题，而在震动或机器基础等的振动作用下，土体会发生一系列不同于静力作用下的物理力学现象。一般而言，土体在动力荷载作用下抗剪强度将有所降低，并且往往产生附加变形。

土体在动力荷载作用下抗剪强度降低及变形增大的幅度除取决于土的类别和状态等特性外，还与动荷载的振幅、频率及震动（或振动）加速度有关。

■ 4.5　土的工程分类

土的工程分类是从事土的工程性质研究的重要基础理论课题。研究制定一个既反映我国土质条件和多年建筑经验，又尽可能靠近国际上较为通用的分类标准，并切实可行的土的工程分类，是十分重要的。目前作为国家标准和应用较广的土的工程分类主要有《建筑地基基础设计规范》（GB 50007—2011）、《岩土工程勘察规范》（GB 50021—2001）（2009 年版）和《土的工程分类标准》（GB/T 50145—2007）的分类。这种分类方法简单明确，科学性和实用性强，多年来已被我国各工程界所熟悉和广泛应用。其划分原则与标准分述如下。

1. 按堆积年代划分

老堆积土：第四纪晚更新世 Q_3 及其以前堆积的土层，一般呈超固结状态，具有较高的结构强度。

一般堆积土：第四纪全新世（文化期以前 Q_4）堆积的土层。

新近堆积土：文化期以来新近堆积的土层 Q_4，一般呈欠压密状态，结构强度较低。

2. 土按地质成因分类（如前述）

土按地质成因可分为残积土、坡积土、洪积土、冲积土、淤积土、冰积土和风积土。

3. 按颗粒级配或塑性指数分类

《岩土工程勘察规范》（2009 年版）（GB 50021—2001）、《建筑地基基础设计规范》（GB 50007—2011）中的土按颗粒级配或塑性指数分类分为碎石土、砂土、粉土和黏性土。《土的工程分类标准》（GB/T 50145—2007）将土分为巨粒类土、粗粒类土、细粒类土。

（1）碎石土　粒径大于 2mm 的颗粒质量超过总质量 50% 的土。根据颗粒级配和颗粒形成，碎石土又可分为漂石、块石、卵石、碎石、圆砾和角砾，见表 4-10。

表 4-10　碎石土的分类

土的名称	颗粒形状	颗粒级配
漂石	圆形及亚圆形为主	粒径大于 200mm 的颗粒超过总质量的 50%
块石	棱角形为主	
卵石	圆形及亚圆形为主	粒径大于 20mm 的颗粒超过总质量的 50%
碎石	棱角形为主	
圆砾	圆形及亚圆形为主	粒径大于 2mm 的颗粒超过总质量的 50%
角砾	棱角形为主	

注：分类时应根据颗粒级配栏从上到下以最先符合者确定。

（2）砂土　粒径大于 2mm 的颗粒质量不超过总质量的 50%，粒径大于 0.075mm 的颗粒质量超过总质量的 50% 的土。根据颗粒级配按表 4-11 分为砾砂、粗砂、中砂、细砂和粉砂。

表 4-11　砂土的分类

土的名称	颗粒级配
砾砂	粒径大于 2mm 的颗粒质量占总质量的 25%～50%
粗砂	粒径大于 0.5mm 的颗粒质量占总质量的 50%
中砂	粒径大于 0.25mm 的颗粒质量占总质量的 50%
细砂	粒径大于 0.075mm 的颗粒质量占总质量的 85%
粉砂	粒径大于 0.075mm 的颗粒质量占总质量的 50%

（3）粉土　粒径大于 0.075mm 的颗粒质量不超过总质量的 50%，且塑性指数小于或等于 10 的土。必要时，可根据颗粒级配分为砂质粉土（粒径小于 0.005mm 的颗粒质量不超过总质量的 10%）和黏质粉土（粒径小于 0.005mm 颗粒质量等于或超过总质量的 10%），见表 4-12。

（4）黏性土　塑性指数大于 10 的土。根据塑性指数分为粉质黏土（$10 < I_P \leq 17$）和黏土（$I_P > 17$）。

表 4-12　粉土分类

土的名称	颗粒级配
砂质粉土	粒径小于 0.005mm 的颗粒含量不超过全重的 10%
黏质粉土	粒径小于 0.005 的颗粒含量超过全重的 10%

4. 土按有机质含量分类

可按有机质含量分为无机质土、有机质土、泥炭质土和泥炭，见表 4-13。

表 4-13　土按有机质含量分类

分类名称	有机质含量 W_u（%）	现场鉴别特征	说明
无机质土	$W_u < 5\%$	—	—
有机质土	$5\% \leqslant W_u \leqslant 10\%$	深灰色，有光泽。味臭。除腐殖质外尚含少量未完全分解的动植物体，浸水后水面出现气泡，干燥后体积有收缩	1. 如现场鉴别或有地区经验时，可不做有机质含量测定 2. 当 $w > w_L$，$1.0 \leqslant e < 1.5$ 时，称淤泥质土 3. 当 $w > w_L$，$e \geqslant 1.5$ 时为淤泥
泥炭质土	$10\% < W_u \leqslant 60\%$	深灰或黑色，有腥臭味。能看到未完全分解的植物结构，浸水体胀，有植物残渣浮于水中，干缩现象明显	可按地区特点和需要按 W_u 细分为： 弱泥炭质土：$10\% < W_u \leqslant 25\%$ 中泥炭质土：$25\% < W_u \leqslant 40\%$ 强泥炭质土：$40\% < W_u \leqslant 60\%$
泥炭	$W_u > 60\%$	除有泥炭质土特征外，结构松散，土质很轻，暗淡无光，干缩现象极为明显	泥炭土含水量有可能大于 100%

注：有机质含量 W_u 按灼失量试验确定。

■ 4.6　一般土的工程地质性质

1. 碎石土的工程地质性质

碎石土主要由岩石碎屑或石英、长石等原生矿物组成，颗粒粗大，呈单粒结构，常具有孔隙大、透水性强、压缩性低、抗剪强度高等特点，这些性质又与粗粒的含量及孔隙中充填物的性质和数量有关。典型流水沉积的碎石土分选较好，孔隙中充填物主要为砂粒，且数量较少，故透水性很强，压缩性很低，强度很高。基岩风化和山坡堆积的碎石土则分选性较差。孔隙中充填大量砂粒、粉粒和黏粒等细小颗粒，其透水性相对较弱，抗剪强度较低，压缩性稍高。总的说来，碎石土是一般建筑物的良好地基。但由于其透水性强，粒间无联结力，常存在坝基、渠道、水库等的渗漏，基坑及地下坑道涌水，边坡坍塌、失稳等一系列工程地质问题。碎石是较好的填方材料。

2. 砂类土的工程地质性质

砂类土主要由石英、长石及云母等原生矿物构成，一般没有联结，呈单粒结构，具有透水性强、压缩性低、强度较高等特点。这些性质与砂粒大小和密度有关。粗、中砂土一般工程地质性质较好，可作为一般建筑物的良好地基，但可能产生涌水或渗漏等工程地质问题。细砂土、粉砂土的工程地质性质相对较差，尤其是受振动时易产生液化，基坑开挖时也易产生流砂，这些都会危及建筑物的安全。细砂土、粉砂土一般不宜用作混凝土骨料。

3. 黏性土的工程地质性质

黏性土中黏粒含量较高，且常含有亲水性黏土矿物，具有水胶联结和团聚结构，孔隙微小而多。常因含水量不同呈不同的稠度状态，压缩速率小，压缩量大，抗剪强度主要取决于黏聚力，内摩擦角较小。黏性土的工程地质性质主要取决于其联结和密实度，即与黏粒含量、稠度、孔隙比有关。常因黏粒含量增多，黏性土的塑性、胀缩性、压缩性、透水性和抗剪强度等变化明显。稠度影响最大，近流态和软塑态的土，有较高的压缩性和较低的抗剪强度。而固态或硬塑态的土，其压缩性较低，抗剪强度较高。

■ 4.7 特殊土的工程地质性质

特殊土是指某些具有特殊物质成分与结构，工程地质性质也比较特殊的土。特殊土具有常见的一般土不具备的特性。我国幅员辽阔，地质条件复杂，有些土类由于地质、地理环境、气候条件、成分及次生变化等原因而各具有与一般土类显著不同的特殊工程地质性质，当其作为建筑地基及建筑环境时，如果不针对其特殊性采取相应的治理措施，就会造成工程事故。因此，了解特殊土的工程地质特性是岩土工程勘察所必需的。我国的特殊土主要包括湿陷性黄土、红黏土、软土、冻土、膨胀土、盐渍土和污染土等。

4.7.1 湿陷性黄土

1. 黄土及湿陷性黄土的概念

黄土是一种特殊的第四纪陆相松散堆积物。黄土有如下基本特征：颜色多呈黄色、淡灰黄色或褐黄色；颗粒组成以粉土粒（特别是粗粉土粒，粒径为 $0.01 \sim 0.05mm$）为主，占 $60\% \sim 70\%$，粒度大小较均匀，黏粒含量较少，一般仅占 $10\% \sim 20\%$；含碳酸盐、硫酸盐及少量易溶盐；含水量小，一般仅含 $8\% \sim 20\%$；孔隙比大，一般在 1.0 左右，且具有肉眼可见的大孔隙；具有垂直节理，常呈现直立的天然边坡。一般认为，具有上述特征，没有层理的风成黄土为原生黄土；而与之相似，但缺少个别特征的土，称为黄土状土。典型黄土和黄土状土统称黄土类土，简称黄土。

我国黄土从早更新世开始堆积，经历了整个第四纪，直到目前还没有结束。按地层时代及其基本特征，黄土可分为三类，即老黄土、新黄土和近代堆积黄土。各类黄土的主要特征见表4-14。

表 4-14 不同黄土主要特征

年代特征	颜色	土层特征	姜石及包含物	古代填层	沉积环境及层位	开挖情况
近代堆积黄土 Q_4^2	浅至深褐色，暗黄或灰黄等	多虫孔及植物根孔，孔壁常有白色粉末状碳酸盐结晶，结构松软呈蜂窝状	少量小姜石及砾石，有时混有人类活动遗物	无	山前、山脚坡积洪积扇表层，古河道及已堵塞的湖塘、沟谷和河流泛滥区	开挖极为容易，进度很快

（续）

年代特征		颜色	土层特征	姜石及包含物	古代填层	沉积环境及层位	开挖情况
新黄土	次生黄土 Q_4^3	褐黄至黄褐等	具有孔性,有虫孔及植物根孔,土质较均匀,稍密至中密	少量小姜石及砾石和人类活动遗物	有埋藏土,呈浅灰色,或无埋藏土	河流两岸阶地沉积	锹挖容易,但进度较慢
	马兰黄土 Q_3	浅黄至灰黄等	具有孔性,有虫孔及植物根孔,铅直节理发育,土质较均匀,易产生陷穴和天然桥,结构较疏松,稍密至中密	少量细石姜石,零星分布	浅部有埋藏土,一般为浅灰色	阶地、塬坡表部及其过渡地带其下为 Q_2 黄土	锹挖较容易
老黄土	离石黄土 Q_2	深黄、棕黄及微红等	少量大孔或无,土质繁密,块状节理发育,抗蚀力强,土质较均匀,不见层理,下部有砂土等粗颗粒	上部有姜石,少而小,古土壤层下姜石粒径 $5\sim20cm$,成层分布或成钙质胶结	有几层至十几层,上部间距 $3\sim4m$,下部 $1\sim2m$,每层厚约 $1m$	下部为 Q_1 黄土	用铁锹开挖较费力
	午城黄土 Q_1	微红及橙红等	不具大孔性,土质紧密至坚硬,颗粒均匀,柱状节理发育,不见层理,有时夹杂砂砾石等粗颗粒	姜石含量较 Q_2 少,成层及零星分布于土层内,粒径 $1\sim3cm$	古土壤层不多,呈棕红及褐色	下与第三纪红黏土或砂砾层接触	用铁锹开挖很困难

黄土和黄土状土在天然含水量时一般呈坚硬或硬塑状态,具有较高的强度和低的或中等压缩性。但部分黄土遇水浸湿后,有的即使在其自重作用下也会产生剧烈而大量的沉陷（称为湿陷性）,强度也随之迅速降低。天然黄土在上覆土的自重压力作用下,或在上覆土的自重压力与附加压力共同作用下,受水浸湿后土的结构迅速破坏而显著附加下沉的,称为湿陷性黄土。否则,称为非湿陷性黄土。非湿陷性黄土的工程地质性质接近一般黏性土,因此,分析、判断黄土是否属于湿陷性的、其湿陷性强弱程度、地基湿陷类型和湿陷等级,是黄土地区工程勘察与评价的核心问题。

2. 黄土湿陷性的影响因素

黄土湿陷性强弱与其微结构特征、颗粒组成、化学成分等因素有关。在同一地区,土的湿陷性又与其天然孔隙比和天然含水量有关,并取决于浸水程度和压力大小。

黄土中骨架颗粒的大小、含量和胶结物的聚集形式对黄土湿陷性的强弱有着重要影响。骨架颗粒越多,彼此接触,则粒间孔隙大,胶结物含量较少,成薄膜状包围颗粒,粒间联结脆弱,因而湿陷性越强;相反,骨架颗粒较细,胶结物丰富,颗粒被完全胶结,则粒间联结牢固,结构致密,湿陷性弱或无湿陷性。

黄土中黏粒含量越多,并均匀分布在骨架颗粒之间,则具有较大的胶结作用,土的湿陷性越弱。

黄土中的盐类,如以较难溶解的碳酸钙为主而具有胶结作用时,湿陷性减弱,而石膏及易溶盐含量越大,土的湿陷性越强。

天然孔隙比和天然含水量是影响黄土湿陷性的主要物理性质指标。黄土的天然孔隙比越大，则湿陷性越强。黄土的湿陷性随其天然含水量的增加而减弱。

在一定的天然孔隙比和天然含水量情况下，黄土的湿陷变形量随浸湿程度和压力增加而增大，但当压力增加到某一个定值以后，湿陷量却又随着压力的增加而减少。

黄土的湿陷性从根本上与其堆积年代和成因有密切关系。按成因而言，风成原生黄土及暂时性流水作用形成的洪积、坡积黄土均具有大的孔隙性，且可溶盐未充分溶滤，故均具有较大的湿陷性，而冲积黄土一般湿陷性较小或无湿陷性。此外，同一堆积年代和成因的黄土的湿陷性强烈程度与其所处环境条件有关。如在地貌上的分水岭地区，地下水位深度越大的地区的黄土，湿陷性越大；埋藏深度越小而土层厚度越大的，湿陷影响越强烈。

3. 黄土的湿陷性评价

在湿陷性黄土地区进行工程建设，正确评价地基的湿陷性，具有重大实际意义。黄土地基的湿陷性评价一般包括下述三方面：判定地基土是湿陷性的还是非湿陷性的；判定场地是自重湿陷性的还是非自重湿陷性的；判定湿陷性黄土地基的湿陷等级。

反映黄土湿陷性的主要指标有湿陷系数、自重湿陷系数、湿陷起始压力等。评价黄土湿陷性的方法很多，但归纳起来有间接的和直接的两种方法。

（1）间接方法　根据黄土的物质成分及物理力学指标，大致说明黄土湿陷的可能性。塑性指数小于 12、含水率与塑限之比小于 1.2、孔隙比大于 0.8、干密度小于 $1.5g/cm^3$ 的黄土，具有湿陷性。尤其是含水率与塑限之比小于 1.0、孔隙比大于 1.0 的黄土，湿陷性最明显。而含水率与塑限之比大于 1.2、孔隙比小于 0.8、干密度大于 $1.5g/cm^3$ 的黄土，湿陷性微弱或无湿陷性。总之，低塑性、低含水量、低密度的黄土，常具有湿陷性。

（2）直接方法

1）湿陷性系数。湿陷系数是保持天然湿度和结构的单位厚度试样在一定压力作用下受水浸湿后所产生的湿陷量，用 δ_s 表示。湿陷系数 δ_s 应按下式计算：

$$\delta_s = \frac{h_p - h_p'}{h_0} \qquad (4\text{-}29)$$

式中，h_p 为保持天然的湿度和结构的试样，加至一定压力时，下沉稳定后的高度；h_p' 为加压下沉稳定后的试样，在浸水饱和条件下，附加下沉稳定后的高度；h_0 为试样的原始高度。

δ_s 值越大，说明黄土的湿陷性越强烈，但在不同压力下，黄土的 δ_s 是不一样的。测定湿陷系数时的试验压力，应按照土样深度和基底压力确定。土样深度应自基础底面算起，基底标高不确定时，自地面下 1.5m 算起。基底压力小于 300kPa 时，基底下 10m 以内的土层应用 200kPa，10m 以下至非湿陷性黄土层顶面，应用其上覆土的饱和自重压力。基底压力不小于 300kPa 时，宜采用实际基底压力，当上覆土的饱和自重压力大于实际基底压力时，应用其上覆土的饱和自重压力。对压缩性较高的新近堆积黄土，基底下 5m 内宜采用 100～150kPa，5～10m 和 10m 以下至非湿陷黄土层顶层面，应分别用 200kPa 和上覆土的饱和自重压力。《湿陷性黄土地区建筑标准》（GB 50025—2018）规定，判定黄土湿陷性的标准是：$\delta_s < 0.015$，为非湿陷性黄土；$\delta_s \geq 0.015$，为湿陷性黄土。

工程实际中还规定（一般压力为 200kPa 作用下）：$\delta_s \leq 0.03$，为轻微湿陷性；$0.03 < \delta_s \leq 0.07$，为中等湿陷性；$\delta_s > 0.07$，为强湿陷性。

2）自重与非自重湿陷性黄土的判别。湿陷性黄土受水浸湿后，在其自重压力下发生湿陷的，称为自重湿陷性黄土；在其自重压力和附加压力共同作用下才发生湿陷的，称为非自重湿陷性黄土。

单位厚度的环刀试样，在上覆土的饱和自重压力作用下，下沉稳定后，试样浸水饱和所产生的附加下沉，称为黄土自重湿陷系数，即

$$\delta_{zs} = \frac{h_z - h_z'}{h_0} \tag{4-30}$$

式中，h_z 为保持天然的湿度和结构的试样，加压至该试样上覆土的饱和自重压力时，下沉稳定后的高度；h_z' 为加压稳定后的试样，在浸水饱和条件下，附加下沉稳定后的高度；h_0 为土样的原始高度。

根据自重湿陷量判别：当 $\delta_{zs}<0.015$ 时为非自重湿陷性黄土；$\delta_{zs} \geq 0.015$ 时为自重湿陷性黄土。

测定自重湿陷系数时的饱和自重压力，通常是自地面算起，至该土样的顶面为止的上覆土层的饱和自重压力。

3）黄土场地湿陷类型。目前，建筑场地的湿陷类型划分有两种方法：一是按计算自重湿陷量 Δ_{zs} 划分，有时还需要结合场地地貌、地质条件和当地建筑经验综合判定；二是按实测自重湿陷量 Δ_{zs}' 划分。当实测或计算自重湿陷量小于或等于 70mm 时，定为非自重湿陷性黄土场地；当实测或计算自重湿陷量大于 70mm 时，定为自重湿陷性黄土场地；当出现矛盾时，应按自重湿陷量的实测值判定。

自重湿陷量的实测值可在工程现场通过试坑浸水试验测定。现场试坑浸水判别建筑场地湿陷类型的方法虽然能比较直接反映现场情况，但由于耗水量较多，浸水时间较长（一个月以上），有的不具备浸水试验条件，有的受工期限制，故只有对新建地区的甲、乙类重要的建筑工程才宜进行，而对一般工程只用计算自重湿陷量判定。

自重湿陷量 Δ_{zs} 应根据不同深度土样的自重湿陷系数 δ_{zs}，按下式计算：

$$\Delta_{zs} = \beta_0 \sum_{i=1}^{n} \delta_{zsi} h_i \tag{4-31}$$

式中，δ_{zsi} 为第 i 层土在上覆土的饱和（$S_r>0.85$）自重压力下的自重湿陷系数；h_i 为第 i 层土的厚度（cm）；β_0 为因土质地区而异的修正系数，缺乏实测资料时，陇西地区可取 1.5，陇东、陕北、晋西地区可取 1.2，关中地区可取 0.9，对其他地区可取 0.5。

计算自重湿陷量时，应自天然地面（当挖、填方的厚度和面积较大时，自设计地面）算起，至其下部全部湿陷性黄土层的底面为止，其中自重湿陷系数小于 0.015 的土层不应累计。用计算自重湿陷量确定建筑场地的湿陷类型比较简便，不受现场条件限制，缺点是土样易受扰动，尤其地层不均匀时，试验误差较大。

4）黄土地基的湿陷量及湿陷等级划分。湿陷性黄土地基湿陷的强烈程度，以按分级湿陷量划分的湿陷等级表示。湿陷等级高地基受水浸湿时可能发生的湿陷变形大，对建筑物的危害性也较严重；湿陷性等级低，地基受水浸湿时可能发生的湿陷变形小，对建筑物的危害也较轻。分级湿陷量的大小取决于基础底面下各黄土层的湿陷性质（即湿陷系数），并与累计湿陷量的计算深度有关。

湿陷性黄土地基，受水浸湿饱和至下沉稳定为止的总湿陷量，按《湿陷性黄土地区建筑标准》（GB 50025—2018）规定，可用下式计算，即

$$\Delta_s = \sum_{i=1}^{n} \alpha\beta\delta_{si}h_i \tag{4-32}$$

式中，δ_{si} 为第 i 层土的湿陷系数；h_i 为第 i 层土的厚度（cm）；β 为考虑地基土的侧向挤出和浸水概率等因素的修正系数，基底下 5m（或压缩层）深度内可取 1.5，5m 以下，在非自重湿陷性黄土场地，可不计算，在自重湿陷性黄土场地，可按式（4-31）中的 β_0 值取用；α 为不同深度地基土浸水概率系数，按地区经验取值，无地区经验时，根据基础底面下深度 z 确定，$0 \leqslant z \leqslant 10$ 时 $\alpha = 1.0$，$10 < z \leqslant 20$ 时 $\alpha = 0.9$，$20 < z \leqslant 25$ 时 $\alpha = 0.6$，$z > 25$ 时 $\alpha = 0.5$。

总湿陷量应自基础底面（初步勘察时，自地面下 1.5m）算起；在非自重湿陷性黄土场地，累计至基底下 10m（或压缩层）深度止；在自重湿陷性黄土场地，对甲、乙类建筑，应按穿透湿陷性土层的取土勘探点，累计至非湿陷性土层顶面止，对丙、丁类建筑，当基底下的湿陷性土层厚度大于 10m 时，其累计深度可根据工程所在地区确定，但陇西、陇东和陕北地区不应小于 15m，其他地区不应小于 10m。其中湿陷系数或自重湿陷系数小于 0.015 的土层不应累计。《湿陷性黄土地区建筑标准》（GB 50025—2018）中规定，根据基底下各土层累计的总湿陷量和计算自重湿陷量的大小，判定湿陷性黄土地基的湿陷等级，见表 4-15。

表 4-15　湿陷性黄土地基的湿陷等级　　　　　　　　（单位：mm）

总湿陷量 Δ_s/mm	非自重湿陷性场地	自重湿陷性场地	
	$\Delta_{zs} \leqslant 70mm$	$70mm < \Delta_{zs} \leqslant 350mm$	$\Delta_{zs} > 350mm$
$50 < \Delta_s \leqslant 100$	I（轻微）	I（轻微）	II（中等）
$100 < \Delta_s \leqslant 300$		II（中等）	II（中等）
$300 < \Delta_s \leqslant 700$	II（中等）	II（中等）或III（严重）	III（严重）
$\Delta_s > 700$	II（中等）	III（严重）	IV（很严重）

注：当湿陷量的计算值 $\Delta_s > 600mm$、自重湿陷量的计算值 $\Delta_{zs} > 300mm$ 时，可判断为 III 级，其他情况可判断为 II 级。

5）湿陷起始压力。使黄土出现明显湿陷所需的最小外部压力，称为黄土的湿陷起始压力（p_{sh}）。湿陷性黄土受水浸湿后，如作用在其上的压力不大时，则只产生压密变形。当压力达到一定数值时，土的结构发生剧烈破坏，变形速度和数量都突然剧增，此时即为湿陷变形，对应的压力即为湿陷起始压力。黄土湿陷起始压力大小与很多因素有关，常常是随土的密度、黏粒含量、含水率及埋藏深度的增加而增大。黄土湿陷起始压力，可采用室内浸水压缩试验或现场浸水饱和载荷试验来测定。经常从浸水压缩试验所绘制的湿陷系数 δ_s 与压力 p 的关系曲线上求得，曲线上与 $\delta_s = 0.015$ 相对应的压力，即为黄土的湿陷起始压力。

4. 湿陷性黄土地基处理措施

湿陷性黄土地基的变形包括压缩变形和湿陷变形两种。压缩变形是在土的天然含水量下由于建筑物的荷载所引起，随时间增长而逐渐衰减，并很快趋于稳定（一般在建筑物竣工后半年到一年内稳定）。当基底压力不超过地基土的容许承载力时，地基的压缩变形很小，大都在其上部结构的容许变形值范围以内，不会影响建筑物的安全和正常使用。湿陷变形是由于地基被水浸湿所引起的一种附加变形，往往是局部和突然发生的，而且很不均匀，对建筑物的破坏性较大，危害较严重。因此，在湿陷性黄土地区，为了确保建筑物的安全和正常

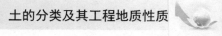

使用，必须对湿陷性黄土进行改良和处理。

湿陷性黄土地区，国内外采用的地基处理方法有重锤表层夯实、强夯、垫层、灰土挤密桩、预浸水、水下爆破、化学加固和桩基础等。我国又以重锤夯实、土（或灰土）垫层、土（或灰土）桩挤密和桩基础用得较多，经验也较丰富。强夯法近年来也得到了推广，其他方法用得很少。化学加固法多用于湿陷事故的处理。

（1）灰土垫层 灰土垫层是处治湿陷性黄土地基的传统方法，它具有一定的胶凝强度和水稳定性，在基础压力作用下以一定的刚性角（$\phi \approx 34°$）向外扩散应力，因而常做刚性基础的底脚。灰土垫层的厚度一般为 $1 \sim 3m$，有时其下改用素土垫层（约 $1/3 \sim 2/3$ 垫层厚度），以节约造价。若湿陷性黄土层或其他软弱土层不厚，且有较好的下卧层时，采用灰土垫层可获得良好的经济效益。

（2）重锤表层夯实 重锤表层夯实是在基坑（槽）内的基础底面标高以上待夯实的天然土层上进行。它与土垫层相比，可少挖土方工程量，而且不需回填，其夯实土层和土垫层作用基本相同。

重锤表层夯实适用于处理饱和度不大于60%的湿陷性黄土地基。一般采用 $2.5 \sim 3t$ 的重锤，落距 $4 \sim 4.5m$，可以消除基底下 $1.2 \sim 1.75m$ 的黄土湿陷性。在夯实层范围内，土的物理力学性质获得显著改善：平均干重度明显增大，压缩性降低，湿陷性消除，透水性减弱，承载力提高。非自重湿陷性黄土地基，其湿陷起始压力值较大，当用重锤处理部分湿陷性黄土层后，即可减少甚至消除地基的湿陷变形。因此，在非自重湿陷性黄土场地采用重锤表层夯实的优越性更为明显。

（3）强夯法 将 $8 \sim 40t$ 的重锤（最重的达 $200t$）起吊到 $10 \sim 20m$ 高处（最大的达 $40m$）而后自由下落，对土进行强力夯实，以提高其强度，降低其压缩性和消除其湿陷性。它是在重锤夯实基础上发展起来的一种新的地基处理方法。目前在我国应用越来越广泛，其施工简单，效率高，工期短。

（4）灰土挤密桩 处理大厚度湿陷性黄土地基方法之一，灰土挤密桩的作用是挤密桩周围的土体，降低或消除成桩深度内地基土湿陷性，提高承载力。经灰土挤密桩处理后的地基，具有较高的承载力和较小的变形量，适用于处理新近堆积黄土和湿陷性黄土地基，处理深度可达 $5 \sim 15m$，处理后复合地基的标准承载力可达 $150 \sim 250kPa$，压缩模量 $E_s = 25 \sim 36kPa$。

灰土挤密桩一般适用于加固地下水位以上湿陷性黄土地基。地基土的含水量是灰土挤密桩加固效果的关键，以控制到最优含水量为佳。

（5）灌注桩和预制桩 湿陷性黄土地区采用桩基础的目的，是将桩穿过湿陷性黄土层，落在其下坚实的非湿陷性土层中，以便安全支承从上部结构传来的荷载。按施工方法可分为打入式钢筋混凝土预制桩和就地浇注的钢筋混凝土灌注桩。在选择桩的类型时，除考虑场地的湿陷类型、湿陷性黄土层厚度和持力层土的物理力学性质和容许承载力外，还要考虑地下水位、施工现场与既有建筑物的距离、地下管网的分布情况及施工条件等。

我国湿陷性黄土地区采用桩基础十几年来的工程实践证明，桩基础虽增加了钢材和水泥用量，造价较高，但安全可靠，能确保地基受水浸湿时不发生湿陷事故。因此，对于荷载大或地基受水浸湿可能性大的主要建筑物，采用桩基础是合理的。

（6）化学加固法 将一种或多种化学溶液，通过注液管，以外加压力或自流方式轮番注入土中，溶液本身或溶液与土中化学成分产生化学反应，生成凝胶，将松散的土粒或土粒集合体胶结成为整体，从而提高土的强度，消除湿陷性，降低透水性。在建筑物地基处理、地下构筑物（如隧道、矿井）和水坝地基的防渗、堵漏工程中应用较多。

除上述几种方法外，预浸水、热加固、水下爆破、电火花加固等，也曾用于湿陷性黄土地基的处理。

4.7.2 软土

软土是指天然孔隙比大于或等于 1.0，且天然含水量大于液限的细粒土。软土是一类土的总称，可将它细分为淤泥、淤泥质土、泥炭和泥炭质土等。具体划分标准见表 4-16。

表 4-16　软土的分类标准

土的名称	划分标准	备注
淤泥	$e \geqslant 1.5, w > w_L$ 或 $I_L > 1$	e—天然孔隙比
淤泥质土	$1.0 \leqslant e < 1.5, w > w_L$ 或 $I_L > 1$	w—天然含水量
泥炭	$W_u > 60\%$	w_L—液限 I_L—液性指数
泥炭质土	$10\% < W_u \leqslant 60\%$	W_u—有机质含量

1. 软土的工程地质性质

软土普遍具有天然含水率大、孔隙比高、持水性高、压缩性高、强度低等特点，并且有蠕变性、触变性等特殊的工程地质性质，工程地质条件较差。具体表现在：

（1）地质特征　软土的颜色多为灰绿、灰黑色，手摸有滑腻感，能染指，有机质含量高时有腥臭味。颗粒成分主要为黏粒及粉粒，黏粒含量高达 60% ~ 70%。矿物成分中除粉粒中的石英、长石、云母外，黏土矿物主要是伊利石，高岭石次之。软土中常有一定量的有机质，可高达 8% ~ 9%。常具有典型的海绵状或蜂窝状结构，其孔隙比大、含水量高、透水性小、压缩性大，是软土强度低的重要原因。具层理构造，软土、薄层粉砂、泥炭层等相互交替沉积，或呈透镜体相间沉积，形成性质复杂的土体。

（2）工程地质性质

1）高含水量和高孔隙性。软土的天然含水量总是大于液限。据统计：软土的天然含水量一般为 30% ~ 70%，山区软土有时高达 200%。天然含水量随液限的增大成正比增加。天然孔隙比在 1 ~ 2 之间，最大达 3 ~ 4。其饱和度一般大于 95%，因而天然含水量与其天然孔隙比呈直线变化关系。软土的高含水量和高孔隙性特征是决定其压缩性和抗剪强度的重要因素。

2）低渗透性。软土渗透系数的数量级一般为 $10^{-8} ~ 10^{-4}$ cm/s，而大部分滨海相和三角洲相软土地区，由于该土层中夹有薄层或极薄层粉砂、细砂、粉土等，故在水平方向的渗透性较垂直方向要大得多。由于该类土渗透系数小、含水量大且呈饱和状态，这不但延缓其土体的固结过程，而且在加荷初期，常易出现较高的孔隙水压力，对地基强度有显著影响。

3）高压缩性。软土的压缩系数大，一般 $a_{1-2} = 0.5 ~ 1.5$ MPa^{-1}，最大可达 4.5 MPa^{-1}；压缩指数 C_c 为 0.35 ~ 0.75，压缩性随着土的液限和含水量的增大而增大。

4）低强度。软土的抗剪强度小且与加荷速度及排水固结条件密切相关。软土的天然不排水抗剪强度一般小于 20kPa，其变化范围为 5~25kPa，有效内摩擦角为 12°~35°，固结不排水剪内摩擦角 $\varphi_{cu} = 10°~20°$，软土地基的承载力常为 40~80kPa。

5）较显著的触变性和蠕变性。触变性是指软土尤其是海滨相软土一旦受到扰动（振动、搅拌、挤压或搓揉等），原有的结构破坏，土的强度明显降低或很快变成稀释状态，而当扰动停止后，强度又逐渐恢复的性能。触变性的大小，工程上常用灵敏度 S_t 来表示，一般 S_t 为 3~4，个别可达 8~9 或更高。故软土地基在振动荷载下，易产生侧向滑动、沉降及基底向两侧挤出等现象。根据灵敏度的大小，可将饱和黏性土划分为：低灵敏土（$1<S_t\le 2$）；中灵敏土（$2<S_t\le 4$）；高灵敏土（$S_t>4$）。

蠕变性是指在长期恒定应力作用下，软土将产生缓慢的剪切变形，并导致抗剪强度的衰减；在固结沉降完成之后，软土还可能继续产生可观的次固结沉降。蠕变对地基沉降有较大影响，对斜坡、堤岸、码头及地基稳定性不利。上海等地许多工程的现场实测结果表明：当土中孔隙水压力完全消散后，建筑物仍会继续沉降。

6）不均匀性。由于沉积环境的变化，土质均匀性差。

2. 软土地基处理方法

软土具有压缩性高、强度低等特性，因此变形问题是软土地基的一个主要问题，表现为建筑物的沉降量大且不均匀、沉降速率大及沉降稳定历时较长等特点。

在软土地基上修建建筑物时，应考虑上部结构与地基的共同工作，确定应采取的建筑措施、结构措施和地基处理方法，以减少软土地基上建筑物的不均匀沉降。常用的措施如下：

1）表层有密实土层（软土硬壳层）时，应充分利用其作为天然地基的持力层，"轻基浅埋"。

2）减少建筑物作用于地基的压力，如采用轻型结构、轻质墙体、空心构件，设置地下室或半地下室等。

3）铺设砂垫层，采用砂井、砂井预压、电渗法等促使土层排水固结，以提高地基承载力。当黏土中夹有薄砂层或互层时，更有利于采用砂井预压加固的办法来减小土的压缩性，提高地基承载力。

4）遇有局部软土和暗埋的塘、沟、谷、洞等情况，应查清其范围，根据具体情况，采取基础局部深埋、换土垫层、短桩、基础梁跨越等办法处理。

5）施工时，应注意对软土基坑的保护、减少扰动。

6）同一建筑物有不同结构形式时必须妥善处理（尤其在地震区），对不同的基础形式，上部结构必须断开。因为在地震中，软土上各类基础的附加下沉量是不同的。

7）对建筑物附近有大面积堆载或相邻建筑物过近时，可采用桩基。

8）在建筑物附近或建筑物内开挖深基坑时，应考虑边坡稳定及降水所引起的问题。

9）在建筑物附近不宜采用深井取水，必要时应通过计算确定深井的位置及限制抽水采取回灌的措施。

总之，软土地基的变形和强度问题都是工程中必须十分注意的，尤其是变形问题，过大的沉降造成了软土地区大量的工程事故。因此，在软土地区进行设计与施工时，必须从地基、建筑、结构、施工、使用等各方面全面地综合考虑，采取相应的措施，减小地基的不均匀沉降，保证建筑物的安全和正常使用。

4.7.3 红黏土

1. 基本概念

红黏土是指在亚热带湿热气候条件下，碳酸盐类岩石及其间夹的其他岩石，经强烈化学风化作用和红土化作用形成的高塑性黏土。红黏土一般呈褐红、棕红等颜色，液限大于50%。水再搬运后仍保留其基本特征，液限大于45%的坡积、洪积黏土，称为次生红黏土，在相同物理指标情况下，其力学性能低于红黏土。红黏土是红土的一种主要类型。它广泛分布在我国云贵高原、四川东部、两湖和两广北部一些地区，是一种区域性的特殊土。

红黏土的一般特点是天然含水量和孔隙比很大，但其强度高、压缩性低，工程性能良好。它的物理力学性质具有独特的变化规律，不能用其他地区的、其他黏性土的物理、力学性质相关关系来评价红黏土的工程性能。

2. 红黏土的工程地质特征

（1）成分和结构特征　红黏土的颗粒细而均匀，黏粒含量很高，尤以粒径小于0.002mm的细黏粒为主。矿物成分以黏土矿物为主，主要为高岭石、水云母类、胶体SiO_2及赤铁矿、三水铝土矿等组成，不含或极少含有机质。

红黏土由于黏粒含量较高，常呈蜂窝状和棉絮状结构，颗粒之间具有较牢固的铁质或铝质胶结。红黏土中常有很多裂隙、结核和土洞存在，从而影响土体的均一性。

（2）工程性质

1）天然含水量高，一般为40%～60%，有的高达90%。

2）密度小，天然孔隙比大，一般为1.4～1.7，最高2.0，具有大孔性。

3）高塑性。液限一般为60%～80%，高达110%；塑限一般为40%～60%，高达90%；塑性指数一般为20～50。

由于塑限很高，所以尽管天然含水量高，一般仍处于坚硬或硬可塑状态，液性指数一般小于0.25。但是其饱和度一般在90%以上，因此，甚至坚硬黏土也处于饱水状态。

4）一般呈现较高的强度和较低的压缩性，固结快剪内摩擦角$\varphi = 8° \sim 18°$，黏聚力$c = 40 \sim 90kPa$，压缩系数$a_{0.2-0.3}$为$0.1 \sim 0.4MPa^{-1}$，变形模量E_0为$10 \sim 30MPa$，最高可达50MPa，载荷试验比例界限$p_0 = 200 \sim 300kPa$。

5）不具有湿陷性，具有明显的收缩性，膨胀性轻微。失水后原状土的体缩率一般为7%～22%，最高可达25%，扰动土可达40%～50%；浸水后多数膨胀性轻微，膨胀率一般均小于2%，个别较大些。某些红黏土因收缩或膨胀强烈而属于膨胀土类。

6）土层分布不均。红黏土的厚度受下伏基岩起伏的影响而变化很大，尤其是水平方向变化大。

7）上硬下软。一般情况下，红黏土的表层压缩性低，强度较高，稳定性好，属良好的地基地层。但在接近下伏基岩面的下部，随着含水量的增大，土体成软塑或流塑状，强度明显变低。

8）裂隙性。红黏土天然状态下呈致密状，无层理，表部呈坚硬、硬塑状态，失水后，土体开裂，破坏了土体的完整性，减低土的总体强度。

3. 红黏土的地基承载力

红黏土具有强度较高、压缩性小的特点，是较好的地基土。但是，在红黏土地区进行建筑时也常出现一些问题，应加以注意。一是红黏土有胀缩性，有的红黏土膨胀收缩较明显，膨胀力可达180kPa。二是红黏土受所处的位置和形成条件等因素影响，其性质与厚度变化较大。沿深度方向上，红黏土的含水率、孔隙比、压缩系数随深度的增加都有较大的增高，稠度状态由坚硬、硬塑变为可塑、软塑，强度大幅度降低。在水平方向上，地势较高处，红黏土的含水率和压缩性较低，强度较高；而地势低洼处则相反。在岩溶发育的石灰岩地区，红黏土厚度变化往往很大，易造成地基的不均匀沉陷。因此，不能将红黏土视作均质体，应按其稠度状态和成分不同，将其划分为不同的土质单元，然后分别予以评价。三是强烈的失水收缩使红黏土表层裂隙很发育，破坏了土体的完整性，降低了土体强度，增强了透水性，这对于浅埋基础或边坡的稳定性都有影响。红黏土中常有"土洞"存在（与下伏碳酸盐类岩石的岩溶关系密切），对建筑物地基稳定性极为不利。因此在确定地基承载力时应注意以下几点：

1）按地区的不同，随埋深变化的湿度和上部结构情况分别确定红黏土地基承载力。

2）为有效地利用红黏土作为天然地基，针对其强度具有随深度递减的特征，在无冻胀影响地区、无特殊地质地貌条件和无特殊使用要求的情况下，基础宜尽量浅埋，把上层坚硬或硬可塑状态的土层作为地基的持力层，既可充分利用表层红黏土的承载能力，又可节约基础材料，便于施工。

3）对于一般建筑物，地基承载力往往由地基强度控制，而不考虑地基变形。但由于地形和基岩面起伏往往造成在同一建筑地基上各部分红黏土厚度和性质很不均匀，从而形成过大的差异沉降，成为天然地基上建筑物产生裂缝的主要原因。在这种情况下，按变形计算地基对于合理地利用地基强度，正确反映上部结构及使用要求具有特别重要的意义，特别对五层以上建筑物及重要建筑物应按变形计算地基。同时，还须根据地基、基础与上部结构共同作用原理，适当配合加强上部结构刚度的措施，提高建筑物对不均匀沉降的适应能力。

4）不论按强度还是按变形考虑地基承载力，必须考虑红黏土物理力学性质指标的垂直向变化，划分土质单元，分层统计、确定设计参数，按多层地基进行计算。

4.7.4 膨胀土

1. 基本概念

膨胀土又称为胀缩土，是指含有大量的强亲水性黏土矿物成分，随含水量的增加而膨胀，随含水量的减少而收缩，具有明显膨胀和收缩特性的细粒土。膨胀土的判定需根据《膨胀土地区建筑技术规范》（GB 50112—2013）的有关规定进行判断，详见规范有关条文。

在我国，膨胀土分布很广，如云南、广西、贵州、湖北、湖南、河北、河南、山东、山西、四川、陕西、安徽等省、自治区不同程度地都有分布，其中尤以云南、广西、贵州及湖北等省、自治区分布较多。

膨胀土一般强度较高，压缩性低，易被误认为较好的天然地基，忽略了当土体受水浸湿和失水干燥后，土体具有膨胀和收缩特性的问题。在膨胀土地区进行工程建筑，如果不采取必要的设计和施工措施，会导致大批建筑物的开裂和损坏，并往往造成坡地建筑场地崩塌、滑坡、地裂等严重的不稳定因素。

2. 膨胀土的工程地质特征

（1）土质特征 膨胀土中黏粒含量较高，常达35%以上。多由高分散的黏土颗粒组成，矿物成分以蒙脱石和伊利石为主，高岭石含量较少。膨胀土一般呈红、黄、褐、灰白等色，具斑状结构，常含铁、锰或钙质结核；多呈坚硬-硬塑状态，结构致密，土内分布有网状裂隙，斜交剪切裂隙越发育，膨胀性越严重。膨胀土多由细腻的胶体颗粒组成，断口光滑，土内常包含钙质结核和铁锰结核，呈零星分布，有时也富集成层。

（2）膨胀土的物理、力学及膨胀性指标

1）天然含水量接近或略小于塑限，变化幅度为 3%～6%。故一般呈坚硬或硬塑状态。

2）天然孔隙比小，变化范围常为 0.50～0.80。

3）自由膨胀量一般超过 40%，也有超过 100% 的。

4）关于膨胀土的强度和压缩性。膨胀土在天然条件下一般处于硬塑或坚硬状态，强度较高，压缩性较低，但这种土往往由于干缩、裂隙发育呈现不规则网状与条带状结构，破坏了土体的整体性，降低了承载力，并可使土体丧失稳定性。因此对浅基础、重荷载的情况不能单纯从"平衡膨胀力"的角度，或小块试样的强度考虑膨胀土地基的整体强度问题。同时，当膨胀土的含水量急剧增大（如由于地表浸水或地下水位上升）或土的原状结构扰动时，土体强度会骤然降低，压缩性增高。这显然是土的内摩擦角和黏聚力都相应减小及结构强度破坏的缘故。已有国内外技术资料表明，膨胀土被浸湿后，其抗剪强度将减小 1/3～2/3。而由于结构破坏，将使抗剪强度减小 2/3～3/4，压缩系数增大 1/4～2/3。

（3）膨胀土的判别　膨胀土的判别是解决膨胀土问题的前提，确认了膨胀土及其胀缩性等级，才可能有针对性地研究，确定需要采取的防治措施。膨胀土的判别方法，应采用现场调查与室内物理性质和胀缩性试验指标鉴定相结合的原则。首先必须根据土体及其埋藏、分布条件的工程地质特征和建于同一地貌单元的既有建筑物的变形、开裂情况做初步判断；然后根据试验指标进一步验证，综合判别。《膨胀土地区建筑技术规范》（GB 50112—2013）规定，具有下列工程地质特征的场地，且自由膨胀率大于或等于 40% 的土，应判为膨胀土：

1）裂隙发育，常有光滑面和擦痕，有的裂隙中充填着灰白、灰绿色黏土。在自然条件下呈坚硬或硬塑状态。

2）多出露于二级或二级以上阶地、山前和盆地边缘丘陵地带，地形平缓，无明显的陡坎。

3）常见浅层塑性滑坡、地裂、新开挖坑（槽）壁易发生坍塌等。

4）建筑物裂缝随气候变化而张开和闭合。

3. 影响膨胀土胀缩性的主要因素

影响土体胀缩变形的主要内在因素有土的黏粒含量和蒙脱石含量、土的天然含水量和密实度及结构强度等。黏粒含量越多，亲水性强的蒙脱石含量越高，土的膨胀性和收缩性就越大；天然含水量越小，可能的吸水量越大，故膨胀率越大，但失水收缩率则越小。同样成分的土，吸水膨胀率将随天然孔隙比的增大而减小，而收缩则相反；但是，土的结构强度越大，土体抵制胀缩变形的能力也越大。当土的结构受到破坏以后，土的胀缩性随之增强。

影响土体胀缩变形的主要外部因素为气候条件、地形地貌及建筑物地基不同部位的日照、通风及局部渗水影响等各种引起地基土含水量剧烈或反复变化的各种因素。

4. 膨胀土的防治措施

（1）防水保湿措施　防止地表水下渗和土中水分蒸发，保持地基土湿度稳定，控制胀缩变形。在建筑物周围设置散水坡，设水平和垂直隔水层；加强上下水管道防漏措施及热力管道隔热措施；建筑物周围合理绿化，防止植物根系吸水造成地基土不均匀收缩；选择合理的施工方法，基坑不宜暴晒或浸泡，应及时处理夯实。

（2）地基土改良措施 地基土改良的目的是消除或减少土的胀缩性能，常采用：

1）换土法，挖除膨胀土，换填砂、砾石等非膨胀性土。

2）压入石灰水法，石灰与水相互作用产生氢氧化钙，吸收周围水分，氢氧化钙与二氧化碳形成碳酸钙，起胶结土粒的作用。钙离子与土粒表面阳离子进行离子交换，使水膜变薄脱水，使土的强度和抗水性提高。

膨胀土的胀缩性对建（构）筑物的沉降和稳定性影响很大，所以在膨胀土地基上建设重大工程项目一般都需进行膨胀性试验。

4.7.5 盐渍土

1. 盐渍土的概念和分类

《岩土工程勘察规范》（GB 50021—2001）（2009 年版）规定，将地表不深的土层中，平均易溶盐含量大于 0.3%，并具有溶陷、盐胀、腐蚀等工程特性的土，称为盐渍土。盐渍土在干旱、半干旱地区均有分布。我国盐渍土主要分布在江苏北部、河北、河南、山西、松辽平原西部和北部，以及西北和内蒙古等地区。

盐渍土按照主要含盐矿物成分可分为有石膏盐渍土、芒硝盐渍土等。盐渍土按其含盐化学成分和含盐量分类，见表 4-17 和表 4-18。

表 4-17　盐渍土按含盐化学成分分类

盐渍土名称	$\dfrac{c(\mathrm{Cl}^-)}{2c(\mathrm{SO}_4^{2-})}$	$\dfrac{2c(\mathrm{CO}_3^{2-})+c(\mathrm{HCO}_3^-)}{c(\mathrm{Cl}^-)+2c(\mathrm{SO}_4^{2-})}$
氯盐渍土	>2	—
亚氯盐渍土	2~1	—
亚硫酸盐渍土	1~0.3	—
硫酸盐渍土	<0.3	—
碱性盐渍土	—	>0.3

注：表中 $c(\mathrm{Cl}^-)$ 为氯离子在 100g 土中所含毫摩数，其他离子同。

表 4-18　盐渍土按含盐量分类

盐渍土名称	平均含盐量(%)		
	氯及亚氯盐	硫酸及亚硫酸盐	碱性盐
弱盐渍土	0.3~1	—	—
中盐渍土	1~5	0.3~2	0.3~1
强盐渍土	5~8	2~5	1~2
超盐渍土	>8	>5	>2

2. 盐渍土的工程地质特性

盐渍土液相中含盐溶液，固相中含有结晶盐，尤其是易溶结晶盐。它们的相转变对土的大部分物理指标具有影响。

1）物理力学性质的变化性。盐渍土中的盐遇水溶解后，土的物理和力学性质指标会发

工程地质

生变化，强度指标明显降低。

2）具有溶陷性。盐渍土中的可溶盐浸水后溶解、流失，致使土体结构松散，在土的饱和自重压力或在一定压力作用下产生溶陷。

3）盐胀性。盐胀作用是盐渍土由于温度场变化产生体积膨胀。这种由于盐胀引起的地基变形的大小，取决于土中硫酸钠含量及土中温度和湿度的变化。

4）腐蚀性。其腐蚀程度与盐类的成分和建筑结构所处的环境条件有关。

5）吸湿性。在潮湿地区，氯盐渍土体极易吸湿软化，强度降低；在干旱地区，氯盐渍土体易压实。氯盐渍土吸湿深度一般仅限于地表，约为0.1m。

4.7.6 冻土

冻土又称为含冰土，是温度低于零度并含有固态水的土。温度升高，水中冰融，称为融土，所含水分比其冻结前增加很多。土中水的冻结与融化是土温降低与升高的反映，是土体热动态变化导致土中水物理状态的变化。冻土与融土是对立的统一，它在一定的气候条件下相互转化。

土中水的冻融与气候条件有关，土体内的热动态导致水的物理状态发生变化。冻结和融化具有季节性的土，称"季节冻土"，在我国华北、东北、西北和西南高山区广泛分布；沈阳、北京、太原、兰州和四川甘孜以北，厚度都超过1m，高山区和黑龙江北部可超过2m。含有固态水，且冻结状态持续两年或两年以上的土，称为"多年冻土"，我国大兴安岭北部、青藏高原和新疆高山地区断续地分布着岛状多年冻土，厚度1~2m不等，最厚达60m。

冻土常由土粒、冰、水和气体四相构成复杂的综合体，比一般三相土有更复杂的工程地质性质。由于冰的存在，使冻土具有特殊的结构和特殊的性质。冻结时，土中水结冰膨胀，土体增大，土层隆起；融化时，土中冰融化成水，土体缩小，土层沉降。这样冻胀隆起和融化沉降，引起建筑物的变形和破坏，称为"冻害"。

冻土具冻胀性，冻胀产生很大冻胀力。如建筑物重量和外加锚固力不能克服地基土的冻胀力，建筑物便被抬高。地基土往往不均匀，冻结程度也便不一致，这便可能使建筑物各部分被抬高的程度不同，产生不均匀变形，超过容许值，建筑物就被破坏。这种冻胀性破坏，是季节性冻土区建筑物的主要冻害。不同地区土的冻胀程度不同，其大小一般用冻胀率来表示。冻胀率系指土冻胀后膨胀的体积与冻胀前体积的百分比。冻胀率越大，土的冻胀性越强。按土的冻胀率，可将土划分为四类：

1）不冻胀土。冻胀率小于1%。大多碎石类土和砂类土属之，黏性土处于坚硬状态又无地下水补给也属之。这类土在冻胀或融化后，变形较小，对建筑物基本无危害。

2）弱冻胀土。冻胀率为1%~3.5%。黏性土天然含水量小于塑限，有地下水补给，或天然含水量虽大于塑限但小于塑限加5，无地下水补给，均属之。这类土一般无冰夹层，冻结或融化后土的性质变化不大，导致地表隆起或下沉不明显；最不利的是可能产生地表细小裂缝，但不影响建筑物安全。

3）冻胀土。冻胀率为3.5%~6%。这类土的原始含水量和孔隙比都较大，天然含水量比塑限大5%~9%，冻结时水分迁移明显，土中形成冰夹层，地表有明显隆起；融化时土的结构扰动，含水很多，融沉变形明显。砌置深度过浅的建筑物，可能产生裂缝而损坏。冻结深度较大地区，对非采暖房还会因切向冻胀力而产生变形。

4）强冻胀土。冻胀率大于6%。土的天然含水量大于塑限加9，冻结时水分迁移明显，土中形成较多冰夹层，地表有明显隆起，融化时土的结构常被扰动，甚至处于流态，下沉明显，浅埋的建筑物产生严重破坏。

冻土区常见的工程地质问题主要表现为热融沉陷、热融滑塌、热融泥流等方面，还有一些工程地质问题（如冻胀、翻浆、沼泽、湿地等），虽不是多年冻土地区特有，但在多年冻土地区有很大的特殊性，并且能达到很大的规模。

1）道路边坡及基底稳定问题：在融沉性多年冻土区开挖道路路堑，会使多年冻土上限下降，由于融沉可能产生基底下沉，边坡滑塌；如果修筑路堤，则多年冻土上限上升，路堤内形成冻土结核，发生冻胀变形，融化后，路堤外部沿冻土上限发生局部滑塌。

【二维码4-1 热融滑塌】

2）建筑物地基问题：桥梁、房屋等建筑物地基的主要工程地质问题包括冻胀、融沉及长期荷载作用下的流变，以及人为活动引起的热融下沉等问题。

3）冰丘和冰锥：多年冻土区的冰丘、冰锥和季节冻土区类似，但规模更大，而且可能延续数年不融。

【二维码4-2 冻胀】

冻土病害的防治措施主要包括排水、保温、换填土和物理化学法，具体见表4-19。

表4-19 冻土病害的防治措施

防治措施	具 体 内 容
排水	水是影响冻胀融沉的重要因素,必须严格控制土中水分。在地面修建一系列排水沟、排水管,用于拦截地表周围汇流的水,汇集、排除建筑物周边和内部的水,防止这些地表水渗入地下。在地下修建盲沟、渗沟等拦截周围流下来的地下水,降低地下水位,防止地下水向地基上聚集
保温	应用各种保温隔热材料,防止地基土温度受人为因素和建筑物的影响,最大限度地防止冻胀融沉。如在基坑或路堑的底部和边坡上或在填土路堤底面上铺设一定厚度的草皮、泥炭、苔藓、炉渣或黏土,都有保温隔热作用,使多年冻土上限保持稳定
换填土	用粗砂、砾石、卵石等不冻胀土代替天然地基的细颗粒冻胀土,是最常用的防止冻害的措施。一般基底砂垫层厚度为0.8~1.5m,基侧为0.2~0.5m。在铁路路基下常用这种砂垫层,但在砂垫层上要设置0.2~0.3m厚的隔水层,以免地表水渗入基底
物理化学法	在土中加某种化学物质,使土粒、水和化学物质相互作用,降低土中水的冰点,使水分转移受到影响,从而削弱和防止土的冻胀

冻土的冻融性对建（构）筑物的沉降和稳定性影响很大。所以在冻土地基上建设重大工程项目一般都需进行冻融性试验。

4.7.7 填土

1. 填土的基本概念及分类

填土是一定的地质、地貌和社会历史条件下，人为堆填和倾倒而形成的处于地表面的土层。由于人类活动方式的差异，导致填土层的组成成分及其工程性质等均表现出一定的复杂

青藏铁路精神

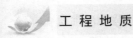

性和多样性。

《岩土工程勘察规范》（GB 50021—2001）（2009 年版）规定，根据填土的堆填方式和成因等因素的不同，把填土划分为素填土、杂填土、冲填土和压实填土四类。

（1）素填土　主要为碎石、砂土、粉土和黏性土，不含杂质或杂质很少。按其组成成分的不同，分为碎石素填土、砂性素填土、粉性素填土和黏性素填土。素填土经分层压实者，称为压实填土。

（2）杂填土　杂填土为含有大量建筑垃圾、工业废料或生活垃圾等杂物的填土。根据其组成物质成分和特征的不同分为：建筑垃圾土，主要由碎砖、瓦砾、朽木等建筑垃圾夹土石组成，有机质含量较少；工业废料土，由工业废渣、废料，如矿渣、煤渣、电石渣等夹少量土石组成；生活垃圾土，由居民生活中抛弃的废物，如炉灰、菜皮、陶瓷片等杂物夹土类组成，一般含有机质和未分解的腐殖质，组成物质混杂、松散。

对以上各类杂填土的大量试验研究认为，以生活垃圾和具腐蚀性及易变性的工业废料为主要成分的杂填土，一般不宜作为建筑物地基；以建筑垃圾或一般工业废料为主要成分的杂填土，采用适当的措施进行处理后可作为一般建筑物地基，当其均匀性和密实度较好，能满足建筑物对地基承载力要求时，可不做处理直接利用。

（3）冲填土　由水力充填泥砂形成的填土。在我国几条主要的江河两岸及沿海岸边都分布有不同性质的冲填土。冲填土也称为吹填土。

（4）压实填土　按一定标准控制材料成分、密度、含水量，分层压实或夯实而成。

2. 填土的工程地质问题

（1）素填土　影响素填土的工程性质较多，包括密实度、土及块石岩性、块石含量、含水率、块石磨圆度、均匀性等。在堆填过程中，未经人工压实者，一般密实度较差，但堆积时间长，由于土的自重压密作用，如堆填时间超过 10 年的黏性土，超过 5 年的粉土，超过 2 年的砂土，均具有一定的密实度和强度，可以作为一般建筑物的天然地基。

素填土地基的不均匀性，反映在同一建筑场地内，填土的各指标（干重度、强度、压缩模量）一般均具有较大的分散性，因而防止建筑物不均匀沉降问题是利用填土地基的关键。

对于压实填土应保证压实质量，保证其密实度。

（2）杂填土

1）不均匀性。杂填土的不均匀性表现在颗粒成分、密实度和平面分布及厚度的不均匀性。杂填土颗粒成分复杂，有天然土颗粒，碎砖，石块及人类生产、生活所抛弃的各种垃圾，而且有些成分是不稳定的，如某些岩石碎块的风化或炉渣的崩解及有机质的腐烂等。由于杂填土颗粒成分复杂，排列无规律，而瓦砾、石块、炉渣间常有较大空隙，且充填程度不一，造成杂填土密实程度的特殊不均匀性。杂填土的分布和厚度往往变化悬殊，且杂填土的分布和厚度变化一般与填积前的原始地形密切相关。

2）工程性质随堆填时间而变化。堆填时间越久，则土越密实，其有机质含量相对减少，堆填时间较短的杂填土往往在自重的作用下沉降尚未稳定。杂填土在自重下的沉降稳定速度决定于其组成颗粒大小、级配、填土厚度、降雨及地下水情况。一般认为，填龄达五年左右其性质才逐渐趋于稳定，承载力则随填龄增大而提高。

3）由于杂填土形成时间短，结构松散，干或稍湿的杂填土一般具有浸水湿陷性，这是杂填土地区雨后地基下沉和局部积水引起房屋裂缝的主要原因。

4）含腐殖质及水化物问题。以生活垃圾为主的填土，其中腐殖质的含量常较高，随着有机质的腐化，地基的沉降将增大；以工业残渣为主的填土，要注意其中可能含有水化物，因而遇水后容易发生膨胀和崩解，使填土的强度迅速降低，地基产生严重的不均匀变形。

（3）冲填土

1）冲填土的颗粒组成和分布规律与所冲填泥砂的来源及冲填时的水力条件有着密切的关系。在大多数情况下，冲填的物质是黏土和粉砂，在吹填的入口处，沉积的土粒较粗，顺出口方向则逐渐变细。

2）冲填土的含水量大，透水性弱，排水固结差，一般呈软塑或流塑状态。特别是当黏粒含量较多时，水分不易排出，土体形成初期呈流塑状态，后来土层表面虽经蒸发干缩龟裂，但下面土层仍处于流塑状态，稍加扰动即发生触变现象。因此冲填土多属未完成自重固结的高压缩性的软土。而在越近于外围方向，组成土粒越细，排水固结越差。

3）冲填土一般比成分相同的自然沉积饱和土的强度低，压缩性高。冲填土的工程性质与其颗粒组成、均匀性、排水固结条件及冲填形成的时间均有密切关系。含砂量较多的冲填土的固结情况和力学性质较好；评估含黏土颗粒较多的冲填土地基的变形和承载力时，应考虑欠固结的影响，桩基则应考虑桩侧负摩擦力的影响。

4.7.8　污染土

1. 污染土的概念及特征

污染土是指由于污染物质的侵入，使土的成分、结构和性质发生了显著变异的土。污染土的定名可以在土的原分类定名前冠以"污染"二字，如污染中砂、污染黏土等。

污染物质通过多种途径进入地基土后，不断积累，如果超过土的自净能力，就会引起污染，造成地基土的组成、结构和功能发生变化。地基土中污染物质主要有无机污染物，如重金属汞、镉、铜、锌、铬等，非金属砷、硒等，放射性元素铯、锶等；有机污染物，如酚、氰化物、石油、有机性洗涤剂。此外，城市污水和医院污水中有一些有害微生物。污染土主要由于在工厂生产过程中，某些对土有腐蚀作用的废渣、废液渗漏进入地基或场区，引起场地土发生化学变化。污染源主要有制造酸碱的工厂、石油化纤厂、煤气工厂、污水处理厂及燃料库和某些轻工业（如印染、造纸、制革等）工厂。此外，金属矿、冶炼厂、铸钢厂、弹药库等场地的地基土也可能受到污染，由于采选矿过程中"三废"排放也会导致其周围环境土的污染。农业土壤主要是由于化肥及农药施用等导致土壤的污染。污染土的主要特征如下：

1）污染土经污染腐蚀后，往往会变软，其状态由硬塑或可塑变为软塑，有的变为流塑。污染土的颜色也与正常土不同，有的呈黑色、褐色、灰色等，有的呈棕红、杏红，有铁锈斑点，取决于污染物的种类。

2）土层被污染后，颗粒分散，表面粗糙，甚至出现局部空穴，建筑物本身也出现不均匀沉降。

2. 污染土物理力学性质变化

土被污染时，土颗粒间的胶结盐类被溶蚀，胶结强度被破坏，盐类在水作用下溶解流失，土孔隙比和压缩性增大，抗剪强度降低。土颗粒本身的腐蚀，在腐蚀后形成的新物质在土的孔隙中产生相变结晶而膨胀，并逐渐溶蚀或分裂碎化成小颗粒，新生成含结晶水的盐类，在干燥条件下，体积增大而膨胀，浸水收缩，经反复交替作用，土质受到破坏。地基土遇酸碱等腐蚀性物质，与土中的盐类形成离子交换，从而改变土的性质。

地基土经污染腐蚀后出现如下两种变形特征：

1）使地基土的结构破坏而形成沉陷变形，如腐蚀的产物为易溶盐，在地下水中流失或使土变成稀泥。

2）引起地基土的膨胀，腐蚀后的生成物具有结晶膨胀性质，如氢氧化钠、生石灰埋入地基内等。

近年来的研究表明，土的工程力学强度与土壤中污染物含量、赋存形态、土体性质（如粒径、稠度、含水率）等因素有密切关系。同时受外部环境（温度、地下水渗流、干湿循环、碳化等）的影响显著。

地基土受污染后，土的性质会发生很大变化。研究受污染土的基本性质有两种不同的目的：一是为了人们的健康和农业；二是为了工程。前者以卫生为出发点，偏重于对土壤肥力和人的健康有关的有毒微量元素方面的研究；后者是从工程的安全出发，着重于由腐蚀引起的地基土工程特性的变化的研究。前者虽不是岩土工程师的主要任务，但常常作为岩土工程师进行防护设计的一种标准和要求。

3. 污染土的防治处理措施

1）采取防护措施，尽量减少腐蚀介质泄漏到地基中，使地基土的腐蚀减少到最低限度。如使地面废水沟、排水沟、散水坡经常保持畅通，必要时采取完全隔离污染源的措施。

2）换土措施。将已被污染的土清除，换填未污染的土。对挖出来的污染土应及时处理，以免造成新的污染。

3）采用桩基或水泥搅拌等加固以穿透污染土层，并且对混凝土桩身采取相应的防腐蚀措施。

4）对金属结构物的表面用涂料层与腐蚀介质隔离的方法进行防护。

5）根据土的性质，采取适当的加固措施和防止再次污染措施。

 思考题

1. 按照土的成因，土可以分为哪几类？各类土的基本特征如何？

2. 什么叫土的结构？不同土的结构有什么特征？

3. 如何理解土的三相组成？

4. 土中水的存在形式有哪些？其对土的工程性质有何影响？

5. 无黏性土和黏性土的物理状态指标有哪些？

6. 土的力学指标包括哪些？

7. 为什么说无黏性土的紧密状态和黏性土的塑性指数与液性指数是综合反映它们各自工程性质特征的指标？

8. 我国工程土是如何分类？

9. 碎石土、砂类土和黏性土的一般工程地质特征是什么？具有什么样的工程地质性质？

10. 什么是特殊土？

11. 黄土为什么是特殊土？黄土的湿陷性如何评价？

12. 软土、红黏土、膨胀土、盐渍土、冻土、填土和污染土的工程地质特征有哪些？其工程性质如何？

13. 软土的地基处理方法有哪些？

14. 如何评价膨胀土的膨胀性？

第 5 章 岩石与岩体的工程地质性质

■ 5.1 概述

岩是良好的建筑物天然地基，也是常规建筑材料或建筑介质，岩石和岩体的工程地质性质对建筑物的安全稳定起着重要作用。岩石的工程地质性质包括物理性质、水理性质、力学性质等，这些性质受岩石的地质特征和水、风化等因素影响。

岩体是指在一定工程范围内，由包含软弱结构面的各类岩石所组成的具有不连续性、非均质性和各向异性的地质体。岩体是在漫长的地质历史过程中形成的，并赋存于一定的地质环境（地应力、地下水、地温）中。岩体的工程性质首先取决于各种结构面的性质，其次才是组成岩体的岩石性质。

结构面是指存在于岩体中的各种不同成因、不同特征的地质界面，结构体是指岩体被结构面切割后形成的岩石块体。结构面和结构体的排列与组合特征形成了岩体结构。岩体的稳定性、岩体的变形与破坏，主要取决于岩体内各种结构面的性质及其对岩体的切割程度。岩体稳定性分析与评价是工程建设中十分重要的问题。

■ 5.2 岩石的物理性质及水理性质

5.2.1 岩石的物理性质

1. 岩石的密度与重度

岩石的密度是指岩石单位体积的质量。它除与岩石矿物成分有关外，还与岩石孔隙发育程度及孔隙中含水情况密切相关。岩石孔隙中完全没有水存在时的密度，称为干密度。岩石中孔隙全部被水充满时的密度，称为岩石的饱和密度。

工程中，通常用相对密度来表示岩石的密度，即单位体积岩石固体部分的质量与同体积水的质量（4℃）之比。岩石相对密度大小，决定于组成岩石的矿物的相对密度及其在岩石中的相对含量。测定岩石相对密度，需将岩石研磨成粉末烘干后，再用比重瓶法测定。

岩石的重度是指单位体积岩石的重力，即

$$\gamma = \frac{W}{V} \tag{5-1}$$

式中，W 为岩石试件重力；V 为岩石试件的体积（包括孔隙体积）。

按岩石的含水状况不同，重度可分为天然重度、干重度（γ_d）和饱和重度。岩石孔隙中完全没有水存在时的重度称为干重度。岩石中的孔隙完全被水充满时的重度，则称为岩石的饱和重度。岩石的天然重度决定于组成岩石的矿物成分、孔隙大小程度及其含水情况。

2. 孔隙率

岩石孔隙率指岩石孔隙和裂隙体积与岩石总体积之比，以百分数表示，即

$$n = \frac{V_n}{V} = \frac{G - \gamma_d}{G} \times 100\% \tag{5-2}$$

式中，V 为岩石体积；V_n 为岩石孔隙总体积；γ_d 为干重度。

孔隙率分为开口孔隙率和封闭孔隙率，两者之和总称孔隙率。由于岩石的孔隙主要是由岩石内颗粒间的孔隙和细微裂隙构成，所以孔隙率是反映岩石致密程度和岩石力学性能的重要参数，孔隙率越大，岩石中的孔隙和裂隙就越多，岩石的力学性能就越差。

3. 孔隙比

岩石孔隙比 e 是指孔隙的体积 V_V 与固体的体积 V_S 的比值。根据岩样中三相体的相互关系，孔隙比 e 与孔隙率 n 存在着如下关系：

$$e = \frac{n}{1-n} \tag{5-3}$$

5.2.2　岩石的水理性质

岩石水理性质是指岩石与水相互作用时所表现的性质，通常包括岩石的吸水性、透水性、软化性和抗冻性等。

1. 吸水性

岩石在一定试验条件下的吸水性能称为岩石吸水性。它取决于岩石孔隙体积大小、开闭程度和分布情况。岩石吸水性通常用吸水率、饱和吸水率和饱水系数表征。

岩石吸水率（ω_a）是指岩石试件在一个大气压力下和室温条件下自由吸入水 48h 的质量（m_o）与岩石试件烘干质量（m_s）之比，以百分数表示，即

$$\omega_a = \frac{m_o - m_s}{m_s} \times 100\% \tag{5-4}$$

岩石饱和吸水率（ω_a）是指岩石试件在高压（15MPa）或真空条件下吸入水的质量（m_p）和岩样干质量（m_s）之比，用百分数表示，反映孔隙发育程度，可间接判定岩石抗冻性和抗风化能力。

岩石饱水系数（k_s）是指岩石吸水率（ω_a）与饱水率（ω_{sat}）之比，即

$$k_s = \frac{\omega_a}{\omega_{sat}} \tag{5-5}$$

2. 透水性

岩石能被水透过的性能称为岩石透水性。水只沿连通孔隙渗透。岩石透水性大小可用渗透系数（K）表示，它主要决定于岩石孔隙的大小、数量、方向及其相互连通情况。

3. 软化性

岩石浸水后强度降低的性质称为岩石软化性。岩石软化性与岩石孔隙性、矿物成分、胶

结物质等有关。岩石软化性大小常用软化系数（k_d）来表示，即

$$k_d = \frac{R_w}{R_d} \tag{5-6}$$

式中，R_w 为岩石饱水状态的抗压强度（kPa）；R_d 为岩石干燥状态的抗压强度（kPa）。

软化系数小于 1。通常认为，岩石 $k_d > 0.75$，软化性弱，抗风化和抗冻性能强；$k_d \leqslant 0.75$，是强软化岩石，工程地质性质较差。

4. 抗冻性

岩石抵抗冻融破坏的性能称为岩石的抗冻性。岩石浸水后，当温度降到 0℃ 以下时，其孔隙中的水将冻结，体积增大 9%，产生较大的膨胀压力，使岩石的结构和联结发生改变，直至破坏。反复冻融，将使岩石强度降低，可用强度损失率（抗冻系数）和质量损失率表示岩石的抗冻性能。抗冻系数是指岩石冻融试验后干抗压强度（σ_{cd2}）与冻融前干抗压强度（σ_{cd1}）之比，以百分数表示。质量损失率（K_m）是指冻融前后岩样干质量之差与冻融前干质量的比值，以百分数表示。抗冻系数小于 75% 的岩石，认为是非抗冻的。

5. 崩解性

岩石与水相互作用时失去黏结性并变成完全丧失强度的松散物质的性质称为岩石的崩解性。这种现象是由于水化过程中削弱了岩石内部的结构联结引起的，常见于由可溶盐和黏土质胶结的沉积岩地层中。岩石崩解性一般用岩石的耐崩解性指数表示，可在实验室内通过干湿循环试验确定。对于极软的岩石及耐崩解性低的岩石，还应根据其崩解物的塑性指数、颗粒成分与用耐崩性指数划分的岩石质量等级等进行综合考虑。

■ 5.3 岩石的力学性质

岩石在外力作用下所表现出来的性质称为岩石的力学性质，包括岩石的变形和强度特性。研究岩石的力学性质主要是研究岩石的变形特性、破坏方式和强度大小。

5.3.1 岩石的变形特性

岩石在外力作用下产生变形，且其变形性质分为弹性、弹塑性、塑性和脆性等形式。弹性岩石在外力作用下（一定限度内）发生弹性变形，即除去外力能完全恢复原来的形状和尺寸。塑性岩石在外力作用下发生变形，而除去外力不能完全恢复原来的形状和尺寸，残留下一部分永久变形。脆性岩石在外力作用下无显著变形就破坏。弹塑性岩石受力后至破坏前所产生的弹性变形小于塑性变形。岩石试件在单轴压缩试验下的受力和破坏状态如图 5-1 所示。

岩石的几种典型单轴应力-应变曲线如图 5-2 所示。

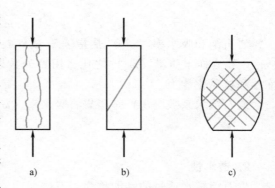

图 5-1 岩石试件在单轴压缩试验下
的受力和破坏状态

a）劈裂破坏   b）单斜面剪切破坏

c）多个共轭斜面剪切破坏

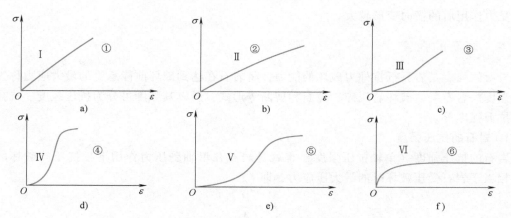

图 5-2　岩石的几种典型单轴应力-应变曲线

a）玄武岩　b）粉砂岩　c）砂岩　d）大理岩　e）片岩　f）岩盐

Ⅰ—弹性的　Ⅱ—弹塑性的　Ⅲ—塑-弹性的　Ⅳ—塑弹-塑性的　Ⅴ—塑-弹-塑性的　Ⅵ—弹塑蠕变性的

单向无侧限逐级维持荷载法应力-应变关系根据 σ-ε 曲率的变化，可将岩石变形过程划分为四个阶段。

（1）孔隙裂隙压密阶段（图 5-3 中的侧段）　岩石中原有的微裂隙在荷载作用下逐渐被压密，曲线呈上凹形，曲线斜率随应力增大而逐渐增加，表示微裂隙的变化开始较快，随后逐渐减慢。A 点对应的应力称为压密极限强度。对于微裂隙发育的岩石，本阶段比较明显，但致密坚硬的岩石很难划出这个阶段。

（2）弹性变形至微破裂稳定发展阶段（图 5-3 中的 AB 段）　岩石中的微裂隙进一步闭合，孔隙被压缩，原有裂隙基本上没有新的发展，也没有产生新的裂隙，应力与应变基本上成正比关系，曲线近于直线，岩石变形以弹性为主。B 点对应的应力称为弹性极限强度。

（3）塑性变形阶段至破坏峰值阶段（图 5-3 中的 BC 段）　当应力超过弹性极限强度后，岩石中产生新的裂隙，同时已有裂隙也有新的发展，应变的增加速率超过应力的增加速率，应力-应变曲线的斜率逐渐降低，并呈曲线关系，体积变形由压缩转变为膨胀。应力增加，裂隙进一步扩展，岩石局部破损，且破损范围逐渐扩大形成贯通的破裂面，导致岩石"破坏"。C 点对应的应力达到最大值，称为峰值强度或单轴抗压强度。

（4）破坏后峰值跌落阶段至残余强度阶段（图 5-3 中 C 点以后）　岩石破坏后，经较大变形，应力下降到一定程度开始保持常数，D 点对应的应力为残余强度。

由于大多数岩石的变形具有不同程度的弹性性质，且工程实践中建筑物所能作用于岩石的压应力远远低于其单轴抗压强度。因此，可在一定程度上将岩石看作准弹性体，一般用弹性模量和泊松比两个弹性参数表征其变形特征。弹性模量是在单轴压缩条件下，轴向压应力和轴向应变之比。岩石的弹性模量越大，变形越小，说明岩石抵抗变形的能力越高。泊松比是岩石在轴向压力作用下，横向应变与轴向应变的比。泊松比越大，表示

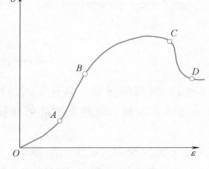

图 5-3　单向逐级维持荷载法

岩石受力作用后的横向变形越大。

5.3.2 岩石的强度

岩石的强度是岩石抵抗外力破坏的能力，将岩石在达到破坏前能承受的最大应力称为岩石的强度。岩石受力破坏有压碎、拉断和剪断等形式，所以其强度可分为抗压强度、抗拉强度和抗剪强度等。

1. 岩石的抗压强度

岩石的抗压强度（单轴抗压强度）也就是岩石在单轴受压力作用下抵抗压碎破坏的能力，相当于岩石受压破坏时的最大压应力，即

$$R_c = \frac{P}{A} \tag{5-7}$$

式中，R_c 为抗压强度（kPa）；P 为岩石受压破坏时的轴向力（kN）；A 为试样受压面积（m^2）。

2. 岩石的抗拉强度

岩石试件在单向拉伸荷载作用下所能承受的最大拉应力就是岩石的抗拉强度，以 R_t 表示。即

$$R_t = \frac{P_t}{A} \tag{5-8}$$

式中，R_t 为岩石的抗拉强度（MPa）；P_t 为试件被拉断时的拉力（N）；A 为试件的横截面积（mm^2）。

岩石的抗拉强度远小于抗压强度，不少岩石的抗拉强度小于 20MPa。

3. 岩石的抗剪强度

岩石的抗剪强度是岩石抵抗剪切破坏的能力，相当于岩石受剪切破坏时，沿剪切破坏面的最大剪应力。由于岩石的组成成分和结构与构造比较复杂，在应力作用下剪切破坏的形式主要有三种，如图 5-4 所示。

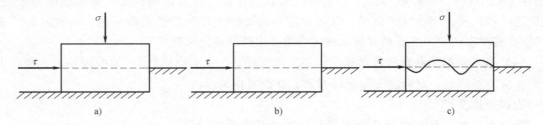

图 5-4 岩石的三种受剪方式

a）抗剪断试验 b）抗切试验 c）弱面抗剪切试验

（1）抗剪断强度 具有牢固的结晶结构和胶结紧密的岩石，受力剪切破坏时，沿一定剪切面剪切断裂，这种类型的剪切强度，称为抗剪断强度，其结果为

$$\tau_f = \sigma \tan\varphi + c \tag{5-9}$$

式中，c 为内聚力，φ 为内摩擦角。

（2）抗剪切强度 具有结构性软弱滑动面的岩石，受力剪切破坏时沿软弱结构面剪切

破坏的剪应力，称为抗剪切强度。这种剪切破坏，剪切面上往往无正应力的作用。因为抗剪切强度比抗剪断强度小得多，所以这类岩石在受力作用下，只能沿软弱结构面破裂，不可能出现抗剪断强度。

试验结果为

$$\tau_f = c \qquad (5\text{-}10)$$

式中，c 为剪切面上的抗摩擦阻力。

（3）抗剪切摩擦强度　指岩石与岩石相互接触面间，或岩石与其他材料接触面间，在正应力作用下相互摩擦的强度，试验结果为

$$\tau_f = \sigma \tan\varphi \qquad (5\text{-}11)$$

式中，φ 为岩石间的摩擦角。

5.3.3 影响岩石力学特性的主要因素

1. 矿物成分

岩石是由矿物组成的，岩石的矿物成分对其物理力学性质产生直接影响。如石英岩的抗压强度比大理岩要高很多，这是因为石英的强度比方解石高。值得注意的是，在分析和评价岩石的工程地质性质时，应注意可能降低岩石强度的因素。如花岗岩中的黑云母含量过高，石灰岩、砂岩中黏土类矿物含量过高等。黑云母是硅酸盐类矿物中硬度低、解理最发育的矿物之一，容易遭受风化剥落，也易于发生次生变化，最后成为强度较低的铁氧化物和黏土类矿物。

2. 结构

岩石的结构特征是影响岩石物理力学性质的重要因素。根据岩石的结构特征，岩石可分为：结晶类岩石，如岩浆岩、变质岩和部分沉积岩；胶结物联结的岩石，如沉积岩中的碎屑岩。

结晶联结类的岩石，岩石结晶颗粒结合力强，孔隙度小，结构致密，相对密度大，吸水率变化范围小，比胶结的岩石具有更高的强度和稳定性。此外，矿物结晶颗粒的大小对强度的影响显著。

胶结联结是矿物碎屑由胶结物联结在一起，这类岩石的强度和稳定性主要决定于胶结物的成分和胶结形式，同时也受碎屑成分的影响，变化较大。比如，硅质胶结的强度和稳定性高，泥质胶结的强度和稳定性低，铁质和钙质胶结介于二者之间。常见的胶结形式有基底胶结、孔隙胶结和接触胶结，一般而言，基底胶结的岩石孔隙度小，强度和稳定性完全取决于胶结物的成分。

3. 构造

构造对岩石物理力学性质的影响，主要由矿物成分在岩石分布的不均匀性和岩石结构的不连续性所决定。

岩石所具有的片状构造、板状构造、千枚状构造、片麻状构造及流纹构造往往使矿物成分在岩石中的分布极不均匀。一些强度低、易风化的矿物，多沿一定方向富集或呈条带状分布，或成局部的聚集体，从而使岩石的物理力学性质在局部发生很大变化。

4. 水的作用

岩石被水饱和后会使岩石的强度降低，当岩石受到水的作用时，水沿着岩石汇总的孔隙

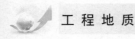

浸入，水能削弱矿物颗粒间的联结，使得岩石的强度受到影响。水对岩石强度的影响在一定程度上是可逆的，当岩石干燥后，其强度仍然可恢复。但干湿循环反复作用，出现化学溶解、结晶膨胀等，使岩石的结构状态发生改变，岩石强度降低，那么强度便不可恢复了。

5. 风化作用

岩石长期暴露在地表或浅埋地下，经过一系列物理、化学和生物风化作用，结构逐渐破碎、疏松，或矿物发生次生变化。风化作用促使岩石中原有裂隙进一步扩大，并产生新的风化裂隙；使矿物颗粒间的联结松散；岩石的结构、构造和整体性遭到破坏，孔隙率增大，吸水性和透水性增高，强度和稳定性大为降低。

■ 5.4 岩体的结构类型及工程地质评价

岩体通常指地质体中与工程建设有关的那部分岩石，处于一定的应力状态，被各种结构面所分割，具有一定的结构和构造。岩体具有一定的结构特征，由岩体中不同类型的结构面及其在空间的分布和组合状态所确定。因此，其基本组成是结构面和由结构面所围限的岩块。

岩体结构是指岩体内岩块的组合排列形式，它主要由结构面和结构体两个基本要素组成。岩体结构特征是指结构面、结构体的形状、规模、性质及组合关系的特征。

5.4.1 结构面

1. 结构面的概念与分类

结构面是指岩体中具有一定方向、力学强度相对较低、两向延伸（或具一定厚度）的地质界面（或带），如岩层层面、软弱夹层、各种成因的断裂、裂隙等。由于这种界面中断了岩体的连续性，故又称为不连续面。简而言之，就是分割岩体的任何地质界面，统称为结构面。

岩体的结构面是在岩体形成的过程中或生成以后漫长的地质历史时期中产生的。不同成因的结构面，具有不同的工程地质特性。按成因可把结构面分为原生结构面、构造结构面和次生结构面三类，各类结构面的地质类型、主要特征及工程地质评价见表 5-1。

1）原生结构面是在岩石形成过程中形成的结构面，其特征与岩石的成因密切相关。

2）构造结构面是构造运动过程中形成的破裂面。

3）次生结构面是岩体形成以后，在外营力作用下产生的。

另外，结构面按破裂面的受力类型可分为剪性结构面和张性结构面两类，已在节理一节予以阐述，不再赘述。

2. 结构面的特征

在工程实践中，对结构面特征的研究十分重要。结构面的规模、形态、连通性、充填物的性质及密集程度均对结构面的物理力学性质有很大影响。结构面的研究内容主要包括：结构面的产状、密集程度、延续性、粗糙度、张开度、充填情况等方面。

（1）结构面的产状 结构面的产状用倾向、倾角和走向表示。其中应特别注意结构面方位与工程构筑物方位间的关系。它往往对岩体稳定性和构筑物的安全起重要作用。

（2）结构面的密集程度 结构面的密集程度反映了岩体的完整性，通常用结构面间距和线密度来表示结构面的密集程度。

表 5-1　结构面的地质类型、主要特征及工程地质评价

成因类型	地质类型	主要特征			工程地质评价
		产状	分布	性质	
原生结构面	沉积结构面	1. 层理层面 2. 软弱夹层 3. 不整合面、假整合面 4. 沉积间断面	一般与岩层产状一致，为层间结构面	海相岩层中此类结构面分布稳定，陆相岩层中呈交错状，易尖灭	层理层面、软弱夹层等结构面较为平整；不整合面及沉积间断面多由碎屑泥质物质构成，且不平整	国内外较大的坝基滑动及滑坡很多由此类结构面所造成
	火成结构面	1. 侵入体与围岩接触面 2. 岩脉、岩墙接触面 3. 原生冷凝节理	岩脉受构造结构面控制，而原生节理受岩体接触面控制	接触面延伸较远，比较稳定，而原生节理往往短小密集	与围岩接触面可具熔合及破坏两种不同的特征，原生节理一般为张裂面，较粗糙不平	一般不造成大规模岩体破坏，但有时与构造断裂配合，也可形成岩体的滑移，如有的坝肩局部滑移
	变质结构面	1. 片理 2. 片岩软弱夹层	产状与岩层或构造方向一致	片理短小，分布极密，片岩软弱夹层延展较远，具固定层次	结构面光滑平直，片理在岩层深部往往闭合成隐蔽结构面，片岩软弱夹层，含片状矿物，呈鳞片状	在变质较浅的沉积岩，如千枚岩等路堑边坡常见塌方，片岩夹层有时对工程及地下洞体稳定也有影响
构造结构面		1. 节理（X 形节理、张节理） 2. 断层 3. 层间错动 4. 羽状裂隙、劈理	产状与构造线呈一定关系，层间错动与岩层一致	张性断裂较短小，剪切断裂延展较远，压性断裂规模巨大	张性断裂不平整，常具次生充填，呈锯齿状，剪切断裂较平直，具羽状裂隙，压性断裂具多种构造岩，往往含断层泥、糜棱岩	对岩体稳定影响很大，在许多岩体破坏过程中，大都有构造结构面的配合作用。此外常造成边坡及地下工程的塌方、冒顶
次生结构面		1. 卸荷裂隙 2. 风化裂隙 3. 风化夹层 4. 泥化夹层 5. 次生夹泥层	受地形及原结构面控制	分布上往往呈不连续状透镜体，延展性差，且主要在地表风化带内发育	一般为泥质物充填，水理性质很差	在天然及人工边坡上造成危害，有时对坝基、坝肩及浅埋隧洞等工程亦有影响，但一般在施工中予以清基处理

1）线密度 K：指单位长度（m）上结构面的条数。一般线密度是取一组结构面法线方向上，平均每米长度上的结构面数目。线密度的数值越大，说明结构面越密集。不同量测方向的 K 值往往不等，因此，两垂直方向的 K 值之比，可以反映岩体的各向异性程度。

2）结构面间距 d：在生产实践中，经常用结构面的间距表征岩体的完整程度。结构面间距是指同一组结构面的平均间距。它和结构面线密度间是倒数关系。我国水电部门推荐的节理发育程度分级见表 5-2。

表 5-2　节理发育程度分级

分级	I	II	III	IV
节理间距/m	>2	0.5～2	0.1～0.5	<0.1
节理发育程度	不发育	较发育	发育	极发育
岩体完整性	完整	块状	碎裂	破碎

（3）结构面的延续性　延续性是指结构面的展布范围和大小。结构面与整个岩体或工程构（建）筑范围的相对大小是延续性研究的重点。可根据露头中对结构面可追索的长度进行描述，见表 5-3。

表 5-3　节理延续性描述

描述	延续长度/m	描述	延续长度/m
延续性很差	<1	延续性好的	10～30
延续性差	1～3	延续性很好的	>30
中等延续性	3～10		

（4）结构面的粗糙程度　决定结构面力学性质的重要因素，但其重要程度随充填物厚度和类型的不同而不同。研究结构面粗糙程度时，首先应考虑其起伏形态，自然界中结构面的几何形状非常复杂，大体上可分为五种类型，见表 5-4。

表 5-4　结构面的形态分类

形态种类	结构面形态	结构面特征
a	平直状	包括大多数层面、片理和剪切破裂面等
b	波状起伏	如具有波痕的层面、轻度挠曲的片理、呈舒缓波状的压性及压扭性结构面
c	锯齿状	如多数张性和张扭性结构面
d	台阶状	结构面如台阶形状
e	不规则状	其结构面曲折不平，如沉积间断面、交错层理及沿原有裂隙发育的次生结构面等

一般用起伏度和粗糙度表征结构面的形态特征。结构面的形态对结构面抗剪强度有很大的影响，一般平直光滑的结构面有较低的摩擦角，粗糙起伏的结构面则有较高的摩擦角，抗剪强度也较高。

（5）结构面的张开度和充填情况　指结构面的两壁离开的距离，可分为三级，见表 5-5。

表 5-5　按结构面张开度的分类

张开度	标准描述	
<0.1mm	很严密的	
0.1～0.25mm	严密的	闭合的
0.25～0.5mm	局部张开的	

（续）

张开度	标准描述	
0.5~2.5mm	张开的	开裂的
2.5~10mm	中等宽度的	
10~100mm	很宽的	
100~1000mm	极宽的	张开的
>1000mm	洞穴式的	

闭合结构面的力学性质取决于结构面两壁的岩石性质和结构面粗糙程度。微张的结构面，因其两壁岩石之间常常多处保持点接触，抗剪强度比张开的结构面大。张开的和宽张的结构面，抗剪强度主要取决于充填物的成分和厚度，一般充填物为黏土时，强度要比充填物为砂质时的更低，而充填物为砂质者，强度又比充填物为砾质者更低。

（6）结构面的组数 在研究结构面时，把方位相近的结构面归为一组。结构面组数的多少是决定岩体形状的主要因素，它与间距一起决定了岩石块体的大小和整个岩体的结构类型。

（7）软弱夹层 所谓软弱夹层是指在坚硬岩层中夹有力学强度低、泥质或炭质含量高，遇水易软化、延伸较长和厚度较薄的软弱岩层。软弱夹层是具有一定厚度的特殊的岩体软弱结构面。它与周围岩体相比，具有显著低的强度和显著高的压缩性，或具有一些特有的软弱特性。它是岩体中最薄弱的部位，常构成工程中的隐患，应予以特别注意。从成因上，软弱夹层可划分为原生的、构造的和次生的软弱夹层。

【二维码 5-1
软弱夹层】

原生软弱夹层是与周围岩体同期形成，但性质软弱的夹层；构造软弱夹层主要是沿原有的软弱面或软弱夹层经构造错动而形成，也有的是沿断裂面错动或多次错动而成，如断裂破碎带等；次生软弱夹层是沿薄层状岩石、岩体间接触面、原有软弱面或较弱夹层，由次生作用（主要是风化作用和地下水作用）参与形成的。各种软弱夹层的成因类型及其基本特征见表5-6。

3. 结构面分级

不同类型结构面的规模大小不一。大者如延展数十千米，宽度达数十米的破碎带；小者如延展数十厘米至数十米的节理，甚至是很微小的不连续裂隙。它们对工程的影响是不一样的，有时小的结构面对岩体稳定也可起控制作用。一般情况下，结构面按其特征分为三级，见表5-7。

表 5-6 软弱夹层成因类型及其基本特征

成因类型	地质类型	基本特征
原生软弱夹层	沉积软弱夹层	产状与岩层相同，厚度较小，延续性较好，也有尖灭者。含黏土矿物多，细薄层理发育，易风化、泥化、软化，抗剪强度低
	火成软弱夹层	成层或透镜体，厚度小，易软化，抗剪强度低
	变质软弱夹层	产状与层理一致，层薄，延续性较差，片状矿物多，呈鳞片状，抗剪强度低

（续）

成因类型	地质类型			基本特征
构造软弱夹层	多为层间破碎软弱夹层			产状与岩层相同,延续性强,在层状岩体中沿软弱夹层发育。物质破坏,呈鳞片状,往往含条带状分布的泥质
次生软弱夹层	风化夹层	夹层风化		产状与岩层一致,或受岩体产状制约,风化带内延续性好,深部风化减弱,物质松散,破碎,含泥,抗剪强度低
		断裂风化		沿节理、断层发育,产状受其控制,延续性不强,一般仅限于地表附近,物质松散,破碎,含泥,抗剪强度低
	泥化夹层	夹层泥化		产状与岩层相同,沿软弱层表部发育,延续性强,但各段泥化程度不一。软弱面泥化,面光滑,抗剪强度低
		次生夹层	层面	产状受岩层制约,延续性差。近地表发育,常呈透镜体,物质细腻,呈塑性,甚至呈流态,强度甚低
			断裂面	产状受原岩结构面制约,常较陡,延续性差,物质细腻,结构单一,物理力学性质差

表 5-7 结构面等级分类

级序	结构面特征	工程地质意义	代表性结构面
Ⅰ级 (断层型或充填型结构面)	连续或近似连续,有确定的延伸方向,延伸长度一般大于 100m,有一定厚度的影响带	破坏了岩体的连续性,构成岩石力学作用边界,控制岩体变形破坏的演化方向、稳定性及计算边界条件	断层面或断层破碎带 软弱夹层 某些贯通性结构面
Ⅱ级 (裂隙型或非充填型结构面)	近似连续,有确定的延伸方向,延伸长度数十米,可有一定的厚度或影响带	破坏了岩体的连续性,构成岩石力学作用边界,可能对块体的剪切边界形成一定的控制作用	长大缓倾裂隙 长大裂隙密集带 层面 某些贯通性结构面
Ⅲ级 (非贯通型岩体结构面)	硬性结构面,短小、随机断续分布,延伸长度米级至十余米,具有统计优势方向	破坏岩体的完整性,使岩石力学性质具有各向异性特征,影响岩体变形破坏的方式,控制岩体的渗流等特征	各类原生和构造裂隙

5.4.2 结构体

岩体中被结构面切割而产生的单个岩石块体叫结构体,由于各种成因结构面的组合,在岩体中可形成大小、形状不同的结构体（见图 5-5）。

受结构面组数、密度、产状、长度等影响,岩体中结构体的形状和大小是多种多样的,但根据其外形特征可大致归纳为柱状、块状、板状、楔形、菱形和锥形六种基本形态。当岩体强烈变形破碎时,也可形成片状、碎块状、鳞片状等形式的结构体。

结构体形状、大小、产状和所处位置不同,其工程稳定性大不一样。当结构体形状、大小相同,但产状不同,在同一工程位置,其稳定性不同;当结构体形状、大小、产状都相同,在不同工程位置,其稳定性也不相同。

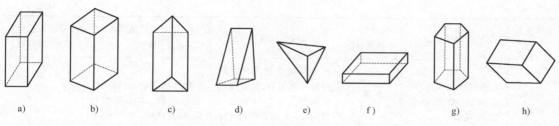

图 5-5　结构体的类型

a）方柱（块）体　b）菱形柱体　c）三棱柱体　d）楔形体　e）锥形体
f）板状体　g）多角柱体　h）菱形块体

结构体的大小，可用体积裂隙率来表示，定义为：岩体单位体积内的总裂隙（裂隙数/m³），表达式为

$$J_V = \frac{1}{s_1} + \frac{1}{s_2} + \cdots + \frac{1}{s_n} = \sum_{i=1}^{n} \frac{1}{s_i} \tag{5-12}$$

式中，s_i 为岩体内第 i 组结构面的间距；$1/s_i$ 为该组结构面的裂隙数（裂隙数/m³）。

根据 J_V 值的大小可将结构体的块度进行分类，见表5-8。

表 5-8　结构体块度（大小）分类

块度描述	巨型块体	大型块体	中型块体	小型块体	碎块体
体积裂隙数 J_V（裂隙数/m³）	<1	1~3	3~10	10~30	>30

5.4.3　岩体的工程地质特性

1. 一般岩体的工程地质特性

岩体的工程地质性质首先取决于岩体结构类型与特征，其次才是组成岩体的岩石的性质（或结构体本身的性质）。譬如，散体结构的花岗岩岩体的工程地质性质往往比层状结构的页岩岩体的工程地质性质要差。因此，在分析岩体的工程地质性质时，必须首先分析岩体的结构特征及其相应的工程地质性质，其次分析组成岩体的岩石的工程地质性质，有条件时配合必要的室内和现场岩体（或岩块）的物理力学性质试验，加以综合分析，才能确切地把握和认识岩体的工程地质性质。不同结构类型岩体的工程地质性质，见表5-9。

表 5-9　岩体结构类型分类及工程地质特征

岩体结构类型	岩体地质类型	主要结构体形状	结构面发育情况	岩土工程特征	可能发生的岩土工程问题
整体状结构	均质，巨块状岩浆岩、变质岩，巨厚层沉积岩、正变质岩	巨块状	以原生构造节理为主，多呈闭合型，裂隙结构面间距大于1.5m，一般不超过1~2组，无危险结构面组成的落石掉块	整体强度高，岩体稳定，可视为均质弹性的各向同性体	不稳定结构体的局部滑动或坍塌，深埋洞室的岩爆

（续）

岩体结构类型	岩体地质类型	主要结构体形状	结构面发育情况	岩土工程特征	可能发生的岩土工程问题
块状结构	厚层状沉积岩、正变质岩，块状岩浆岩、变质岩	块状、柱状	只具有少量贯穿性较好的节理裂隙，裂隙结构面间距为0.7～1.5m，一般为2～3组，有少量分离体	整体强度较高，结构面互相牵制，岩体基本稳定，接近弹性各向同性体	
层状结构	多韵律的薄层及中厚层状沉积岩、副变质岩	层状、板状、透镜体	有层理、片理、节理，常有层间错动面	接近均一的各向异性体，其变形及强度特征受层面及岩层组合控制，可视为弹塑性体，稳定性较差	不稳定结构体可能产生滑塌，特别是岩层的弯张破坏及较弱岩层的塑性变形
碎裂状结构	构造影响严重的破碎岩层	碎块状	断层、断层破碎带、片理、层理及层间结构面较发育，裂隙结构面间距为0.25～0.5m，一般在3组以上，由许多分离体形成	完整性破坏较大，整体强度很低，并受断裂等软弱结构面控制，多呈弹塑性介质，稳定性很差	易引起规模较大的岩体失稳，地下水加剧岩体失稳
散体状结构	构造影响剧烈的断层破碎带、强风化带、全风化带	碎屑状、颗粒状	断层破碎带交叉，构造及风化裂隙密集，结构面及组合错综复杂，并多充填黏性土，形成许多大小不一的分离岩	完整性遭到破坏，稳定性极差，岩体属性接近松散体介质	易引起规模较大的岩体失稳，地下水加剧岩体失稳

岩体结构类型如图 5-6 所示。

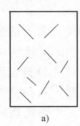
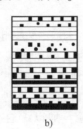

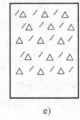

a) b) c) d) e)

图 5-6 岩体结构类型

a）整体状结构 b）层状结构 c）块状结构 d）碎裂状结构 e）散体状结构

2. 特殊岩体工程性质

自然界的岩石和岩体的成分及性状千差万别，但对工程而言，有一些岩体特别值得注意。这类岩石有两种情况：一是在工程作用下表现为低强度和大变形，性质介于岩石和土之间，"似岩非岩，似土非土状"；二是在工程环境下易"劣化"，具有膨胀性、崩解性、易溶解、易风化等性质，有些岩石兼有上述两种性质，称为特殊岩体。这类岩石的成因、成分和结构极为多样，测试、评价和工程处理都相当困难，经常对工程设计和工程安全起控制作用，特别是边坡和地下工程，因而也是勘察、设计、施工、检验、监测的重点。

这类工程性质较差的特殊岩体可按地质成因和成分进行分类，也可按工程特性分类。本书仅从实用出发，对我国常见的几种类型做简要介绍。

（1）软岩　这类岩石的成分以泥质居多，我国《工程岩体分级标准》（GB/T 50218—2014）和《岩土工程勘察规范》（GB 50021—2001）规定，饱和单轴极限抗压强度小于 5MPa 的称为极软岩，5~15MPa 的称为软岩。中新生界沉积类泥质岩分布最广。它们富含黏土矿物，特别是膨胀性黏土矿物，因此，多数泥质岩强度低、变形大、易崩解、耐久性差，易于膨胀和风化，对工程不利。根据对南京长江三桥地基中泥岩力学性质的研究，发现该泥岩裂隙发育，失水干裂，浸水软化崩解，岩石重度为 23.19kN/m^3，含水率为 6%~8%，其天然单轴抗压强度为 1.86~4.168MPa，刚度和强度均随侧压增加而增加，破坏压力和弹性模量均随侧压增加呈线性增长。三轴试验结果表明，该泥岩的应力、应变发展分四个阶段（典型曲线如图 5-7 所示）：①裂隙闭合阶段，孔隙压密，曲线呈上凹形态；②弹性变形阶段，应力、应变呈线性；③微裂隙扩大阶段，曲线下凹形态，呈双曲线；④微裂隙贯通，达峰值强度，表现为塑性变形破坏。

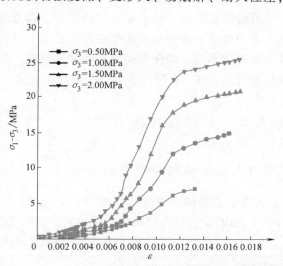

图 5-7　某岩样不同侧压力下泥岩主应力差-应变曲线

影响泥质岩工程特性的主要因素：一是含水率，对其强度、模量、风化崩解有显著影响；二是蒙脱石含量，同样影响其强度、模量，特别是膨胀性；三是层理、页理、劈理等结构面密度，造成岩体各向异性显著，结构面是决定岩石工程性状的主要因素。

泥质岩在工程中产生的主要问题是边坡易风化、失稳，巷道常发生大变形、持续变形和"四面来压"，巷道越深，变形越大，支护越困难。何满潮提出了"软岩软化临界荷载"和"软化临界深度"的概念，即超过了临界荷载或临界深度，软岩将发生大变形、大地压，巷道将难以支护。但作为一般建筑物地基，在快速封闭条件下，性质并不算"劣"，承载力还相当高。天然状态下泥质岩完整且比较坚固，但开挖暴露后，失去水分，体积收缩，裂隙扩大，崩解成碎块状，其强度或承载力会大大下降。故边坡和地下工程开挖后如不及时封闭，可出现吸水软化，逐渐剥落和失稳的现象。

（2）膨胀岩　膨胀岩的成因类型可分为：泥质岩类膨胀岩；含硬石膏、无水芒硝类膨胀岩；断层泥类膨胀岩；含黄铁矿等硫化物类膨胀岩。我国对膨胀岩土的研究始于 20 世纪 50 年代末，20 世纪 70 年代对建筑地基膨胀土的研究成为热点，20 世纪 80 年代以后膨胀土研究扩大到边坡、路堤及作为填筑材料的改性研究。

泥质岩中的黏土矿物，有蒙脱石、伊利石、高岭石、绿泥石、混层矿物等多种类型，它们具有不同的晶格特征、不同的比表面积、不同的物理化学特性，吸水能力差别很大。黏土矿物是控制泥质岩变形和强度性质、崩解和膨胀性质的内在因素，而蒙脱石含量是其中最重要的控制因素。蒙脱石的比表面积为 810m^2/g，伊利石为 67~100m^2/g，高岭石的比表面积则更低。已有研究表明，膨胀岩与非膨胀岩之间的蒙脱石含量界限为 8%~

10%，除了油页岩等强胶结岩石外，通常岩石中有效蒙脱石含量< 10%为非膨胀，10%～15%为弱膨胀，15%～25%为中等膨胀，大于25%为强膨胀。黏土和泥质岩的膨胀有两种类型：一类是粒间膨胀，由静电吸水产生，为一般黏土矿物共有，通常不会发生与膨胀有关的工程问题；另一类是晶格膨胀，因干燥晶层收缩和吸力势增高，在潮湿环境下水作为晶格的一部分进入矿物晶层，产生很大的膨胀力和膨胀量。在各类黏土矿物中，以钠蒙脱石膨胀量为最大。

值得注意的是，同一膨胀岩的活性、膨胀性、崩解性的显现与干燥失水程度有密切关系。未经扰动和未失水的膨胀性泥岩在水中可长期保持其天然性状而不发生崩解，但随着干燥失水程度增加，膨胀和崩解特性强烈显现。阴干样品与天然湿度样品相比，膨胀力和膨胀变形量可增大5～10倍，这就是干燥活化效应。

■ 5.5 工程岩体的分级

5.5.1 岩体按坚硬程度的分类

《岩土工程勘察规范》（GB 50021—2001）（2009年版）对岩石按抗压强度大于30MPa与小于30MPa划分为硬质岩与软质岩，同时按岩石坚硬程度等级的定性分类见表5-10。

表5-10 岩石坚硬程度等级的定性分类

坚硬程度等级		饱和单轴抗压强度/MPa	定性鉴定	代表性岩石
硬质岩	坚硬岩	$f_r > 60$	锤击声清脆，有回弹，震手，难击碎；浸水后，大多无吸水反应	未风化～微风化的：花岗岩、正长岩、闪长岩、辉绿岩、玄武岩、安山岩、片麻岩、硅质岩、石英岩、硅质胶结的砾岩、石英砂岩、硅质石灰岩等
	较硬岩	$30 < f_r \leq 60$	锤击声较清脆，有轻微回弹，稍震手，较难击碎；有轻微吸水反应	1. 中等（弱）风化的坚硬岩 2. 未风化～微风化的：熔结凝灰岩、大理岩、板岩、白云岩、石灰岩、钙质砂岩、粗晶大理岩等
软质岩	较软岩	$15 < f_r \leq 30$	锤击声不清脆，无回弹，较易击碎；浸水后，指甲可刻出印痕	1. 强风化的坚硬岩 2. 中等（弱）风化的较坚硬岩 3. 未风化～微风化的：凝灰岩、千枚岩、砂质泥岩、泥灰岩、泥质砂岩、粉砂岩、砂质页岩等
	软岩	$5 < f_r \leq 15$	锤击声哑，无回弹，有凹痕，易击碎；浸水后，手可掰开	1. 强风化的坚硬岩 2. 中等（弱）风化～强风化的较坚硬岩 3. 中等（弱）风化的较软岩 4. 未风化的泥岩、泥质页岩、绿泥石片岩、绢云母片岩等
极软岩		$f_r \leq 5$	锤击声哑，无回弹，有较深凹痕，手可捏碎；浸水后，可捏成团	1. 全风化的各种岩石 2. 强风化的软岩 3. 各种半成岩

根据《工程岩体分级标准》（GB/T 50218—2014），岩石按风化程度划分时，风化程度应按表5-11划分。

表 5-11　岩石风化程度划分

风化程度	风化特征	风化程度参数指标	
		波速比（K_v）	风化系数（K_f）
未风化	岩石结构构造未变,岩石新鲜	0.9~1.0	0.9~1.0
微风化	岩石结构构造、矿物成分和色泽基本未变,部分裂隙面有铁锰质渲染或略有变色	0.8~0.9	0.8~0.9
中等（弱）风化	岩石结构构造部分破坏,矿物成分和色泽较明显变化,裂隙面风化较剧烈	0.6~0.8	0.4~0.8
强风化	岩石结构构造大部分破坏,矿物成分和色泽明显变化,长石、云母和铁镁矿物已风化蚀变	0.4~0.6	—
全风化	岩石结构构造完全破坏,已崩解和分解成松散土状或砂状,矿物全部变色,光泽消失,除石英颗粒外的矿物大部分风化蚀变为次生矿物	0.1~0.4	—

注：1. 波速比（K_v）为风化岩石与新鲜岩石压缩波速度之比。

2. 风化系数 K_f 为风化岩石与新鲜岩石饱和单轴抗压强度之比。

3. 泥岩和半成岩可不进行风化程度划分。

4. 花岗岩类,可采用标准贯入试验划分,$N \geqslant 50$ 为强风化；$50 > N \geqslant 30$ 为全风化；$N < 30$ 为残积土。

5.5.2　岩体按完整程度的分类

《工程岩体分级标准》（GB/T 50218—2014）对岩体的完整程度分类见表 5-12。

表 5-12　岩体完整程度的分类

完整程度	结构面发育程度		主要结构面结合程度	主要结构面类型	相应结构面类型
	组数	平均间距/m			
完整	1~2	>1.0	结合好或结合一般	节理、裂隙、层面	整体状或巨厚层状结构
较完整	1~2	>1.0	结合差	节理、裂隙、层面	块状或厚层状结构
	2~3	1.0~0.4	结合好或结合一般		块状结构
较破碎	2~3	1.0~0.4	结合差	节理、裂隙、劈理、层面、小断层	裂隙块状或中厚层状结构
	≥3	0.4~0.2	结合好		镶嵌碎裂结构
			结合一般		薄层状结构
破碎	≥3	0.4~0.2	结合差	各种类型结构面	裂隙块状结构
		≤0.2	结合一般或结合差		碎裂结构
极破碎	无序		结合很差		散体状结构

5.5.3　工程岩体基本质量分级

1. BQ 分级（规范推荐方法）

岩体基本质量分级按《工程岩体分级标准》（GB/T 50218—2014）分级见表 5-13。

岩体基本质量指标 BQ,应根据分级因素的定量指标 R_c 的兆帕数值和岩体完整性指数 K_v ［K_v 值为岩体弹性纵波速度（km/s）和岩石弹性纵波速度（km/s）比值的平方］,按下式计算：

$$BQ = 100 + 3R_c + 250K_v \qquad (5\text{-}13)$$

式中，R_c 为岩石饱和单轴抗压强度。值得注意的是：当 $R_c > 90K_v + 30$ 时，应以 $R_c = 90K_v + 30$ 和 K_v 代入计算 BQ 值；当 $K_v > 0.04R_c + 0.4$ 时，应以 $K_v = 0.04R_c + 0.4$ 和 R_c 代入计算 BQ 值。

表 5-13 岩体按 BQ 的分类

岩体基本质量级别	岩体基本质量的定性特征	岩体基本质量指标（BQ）
I	坚硬岩，岩性完整	>550
II	坚硬岩，岩体较完整 较坚硬岩，岩体完整	550~451
III	坚硬岩，岩体破碎 较坚硬岩，岩体较完整 较软岩，岩体完整	450~351
IV	坚硬岩，岩体破碎 较坚硬岩，岩体较破碎~破碎 较软岩，岩体较完整~较破碎 软岩，岩体完整~较完整	350~251
V	较软岩，岩体破碎 软岩，岩体较破碎~破碎 全部极软岩及全部极破碎岩	≤250

根据岩石取芯岩样完整性质量指标 RQD 对岩石进行质量划分见表 5-14。

表 5-14 岩石质量分类

RQD	>90	75~90	50~75	25~50	≤25
岩石质量	好的	较好的	较差的	差的	极差的

其中

$$RQD = \frac{10cm \text{ 以上岩芯累计长度}}{\text{钻孔长度}} \times 100\% \qquad (5\text{-}14)$$

值得注意的是，以上分级仅仅是岩体的初步定级，对工程岩体进行详细定级时，应在岩体基本质量分级的基础上，结合不同类型工程特点，根据地下水状态、初始应力状态、工程轴线或工程走向线的方位与主要结构面产状的组合关系等修正因素，确定各类工程岩体质量指标。具体的修正方法可参考《工程岩体分级标准》（GB/T 50218—2014）相应规定，本书不再做详细讲解。

2. Q 系统分类法

1974 年挪威学者巴顿、利恩与伦德提出了 Q 系统分类方法。该分类方法主要考虑了岩体质量指标 RQD、节理组数 J_n、节理面粗糙度 J_r、节理蚀变程度 J_a、裂隙水影响因素 J_w 及地应力影响因素 SRF 6 项指标。其计算公式为

$$Q = \frac{RQD}{J_n} \frac{J_r}{J_a} \frac{J_w}{SRF} \qquad (5\text{-}15)$$

其中岩体质量指标 RQD 根据钻孔岩芯长度统计得出，其余 5 项指标都给出了相应的表格，可以查表得出（可参考相应的资料，本书不做详细阐述）。在 Q 分类系统中，岩体质量指标 Q 值的范围为 0.001~1000，据此将岩体分为 9 级。

■ 5.6 结构岩体稳定性的赤平极射投影分析法

岩体稳定性分析是岩体工程中的重要研究内容之一，边坡、地基、洞室等不同类型的工程岩体对稳定性分析的需求不同，故可采用定性或定量的不同岩体稳定性分析方法。常用定性或定量分析方法有自然历史分析法、工程地质类比法、力学计算法（含极限平衡法和数值模拟）、图解法等。

对于结构岩体而言，其失稳破坏往往是一部分不稳定的结构体沿着某些结构面拉开，并沿着另外一些结构面向着一定的临空面滑移的结果，这就揭示了切割面、滑动面和临空面是岩体稳定性破坏必备的边界条件。因此，需对岩体结构要素（结构面和结构体）进行分析，弄清岩体滑移的边界条件是否具备，才可以对岩体的稳定性做出评价判断。这是岩体稳定性结构分析的基本内容和实质。岩体稳定性结构分析的步骤：①对岩体结构面的类型、产状及其特征进行调查、统计、分类研究；②对各种结构面及其空间组合关系等进行图解分析，在工程实践中多采用赤平极射投影的图解分析方法分析；③根据上述分析，对岩体的稳定性做出评价。

5.6.1 赤平极射投影的基本原理

赤平极射投影简称赤平投影，是用二维的平面图形来表达三维空间几何要素的一种投影方法。其特点是只反映物体的线和面的产状和角距关系，而不涉及具体位置、长短大小和距离远近。从而把复杂的数学运算简化为作图方法，不仅可以提高工效，而且直观简便，其精度又能满足要求，许多涉及线与面空间关系的问题都可以用赤平极射投影的方法加以解决，或者将问题加以简化，从而广泛应用于天文学、地图学、晶体学、构造地质学，以及洞室及边坡等岩体工程。值得注意的是，赤平极射投影虽然可以相当准确地表示物体的几何要素或矢量线段的空间方位和角距关系，但不能表现线段的长度和面积的大小，为获得某种数值解，还需要用数学分析方法与其他图解的方法与之相配合。

1. 赤平极射投影原理

赤平极射投影是利用一个球作为投影工具，把要投影的平面或通过球心或不通过球心与球相截，从球的南极或北极发出射线，在球的赤道平面上进行投影，如图 5-8 所示。因目的不同，

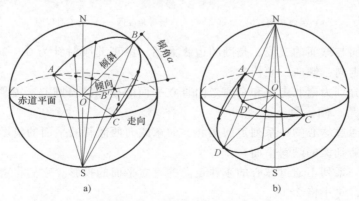

图 5-8 赤平极射投影原理图解

a）上半球投影　b）下半球投影

投影的发射点（极点）有时为南极，只投影上半球的物体，称上半球投影（见图5-8a）；有时为北极，只投影下半球的物体，称下半球投影（见图5-8b）；若以一极点同时投影上、下两半球物体时，则可能部分将投影到赤平面之外。所以实际应用中一般只从一极投影相对半球的物体，如在构造地质学中多采用下半球投影，而在工程地质学中分析边坡岩体、隧道围岩稳定性时多采用上半球投影。以下主要以上半球投影为例介绍。

为了准确、迅速地作图或量度方向，可采用投影网。常用的有吴尔福网（简称为吴氏网，也称为等角距网，见图5-9a）和旋密特网（也称为等面积网，见图5-9b），以及据其改换形式而成的极等角度网（见图5-9c）和极等面积网（也称为赖特网，见图5-9d）。吴尔福网与施密特网基本特点相同，下面以吴尔福网为例介绍投影网，主要包括如下要素：

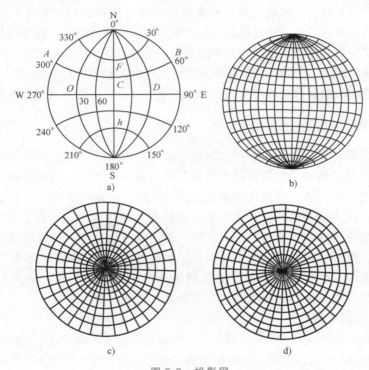

图5-9 投影网

a）吴尔福网 b）旋密特网 c）极等角度网 d）极等面积网

基圆：赤平面与球面的交线，是网的边缘大圆。由正北顺时针为0°~360°，每小格2°，表示方位角，如走向、倾向、倾伏向等。

两个直径：分别为南北走向和东西走向直立平面的投影。自圆心一基圆为90°→0°，每小格2°，表示倾角、倾伏角。

经线大圆：通过球心的一系列走向南北、向东或向西倾斜的平面的投影。自南北直径向基圆代表倾角由陡到缓的倾斜平面。

纬线小圆：一系列不通过球心的东西走向的直立平面的投影。它们将南北向直径、经线大圆和基圆等分，每小格2°。

可见，使用赤平投影网可以直接求解平面、线段及矢量等要素的空间角距关系，其精确度可达正负1°，与罗盘的测量精度相当。

2. 基本作图方法

为把赤平极射投影应用于岩体稳定的分析中，首先应熟悉赤平投影网的面和线等基本作图法。用吴尔福网作一已知结构面的赤平投影，设该结构面的产状为200°∠20°，作图步骤如下：

1）将透明纸蒙在吴尔福网上，用针固定网心，在透明纸上标出 N、E、S、W 方位。

2）从 N 点顺时针数到200°方位角，得到 A 点即结构面倾向点。

3）转动透明纸将与下伏吴尔福网上的 W 点重合，从吴尔福网上的 E 点开始向 O 点方向数20°得到一点 C，过点 C 画一个大圆弧 BCD，这就是结构面的空间半赤平投影，如图 5-10 所示。

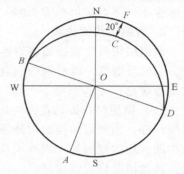

图 5-10　作一已知平面的赤平投影

5.6.2　结构岩体稳定性的赤平极射投影分析

如前所述，赤平极射投影（可简称"赤平投影"）可用于定性评价结构岩体的稳定性分析。下面以边坡岩体为例，介绍岩体稳定的结构分析方法。

从边坡岩体的结构特点来看，分析边坡岩体的主要任务是：初步判断岩体结构的稳定性和推断稳定倾角，同时为进一步进行定量分析提供边界条件及部分参数。诸如确定滑动面、切割面、临空面的方位及其组合关系，确定不稳定结构体（滑动体）的形态、大小及滑动的方向等。按边坡岩体内结构面组数的多少，可分为一组、两组、三组和多组结构面边坡。

1. 一组结构面边坡

一组结构面边坡多见于层状岩体，结构面即为岩层层面，其稳定性可分如下两种情况进行讨论：

（1）水平结构面　边坡岩体内只有一组水平或近水平产状的结构面，边坡的稳定性一般较好，但如果是软硬岩石互层可能由于差异风化而形成凹凸不平的边坡面，从而降低边坡的稳定性。

（2）倾斜结构面　边坡岩体的稳定性决定于结构面的产状和边坡临空面的产状之间的组合关系，其赤平投影分析如图 5-11 所示。

1）当岩层（结构面）的走向与边坡的走向一致时，在赤平极射投影图上，可分为三种情况：当结构面投影弧弧形与边坡投影弧弧形的方向相反时，边坡属于稳定边坡（见图 5-11a）；当二者的方向相同，而结构面的投影弧弧形位于坡面投影弧之外时，边坡属于不稳定边坡（见图 5-11b）；二者的方向相同且结构面的投影弧

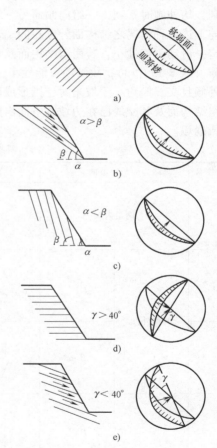

图 5-11　一组结构面的赤平投影分析
a）反倾　b）顺层（岩层倾角小于坡脚）
c）顺层（岩层倾角大于坡脚）
d）结构面和边坡的交角大于 40°
e）结构面和边坡的交角小于 40°

弧形位于边坡面投影弧之内时，边坡属于基本稳定（见图 5-11c）。

2）当岩层（单一结构面）走向与边坡走向斜交时，边坡的稳定性与结构面和边坡的交角大小有关，工程实践表明：当交角大于 40°时（见图 5-11d），一般较稳定，坚硬岩层滑动可能性小；而当交角小于 40°时（见图 5-11e），边坡岩体不很稳定，可能产生局部滑动。

2. 两组结构面边坡

两组结构面边坡指边坡岩体内有两组产状不同、相互斜交的结构面，如 X 形断裂的组合，或岩层面与一组断裂的组合等。其稳定性的赤平投影（见表 5-15）可分为如下两种情况进行讨论：

（1）两组结构面的走向与边坡走向一致或基本一致　当两组结构面均内倾时，边坡稳定性较好；当两组结构面均外倾时，情况与前述一组结构面外倾相似，但岩体更破碎些；当结构面一组内倾而另一组外倾且外倾结构面倾角 β 小于坡角 α 时，边坡赤平投影分析不稳定，其他情况稳定性较好。

（2）两组结构面与边坡走向斜交　一般说来，当两组结构面均内倾时对边坡稳定较有利，均外倾时不利，一组内倾而另一组外倾时，则边坡稳定性受外倾结构面控制，其评价原则与上述各种情况之结构面外倾相同。若两组结构面及其交线均内倾时（表 5-15 中 1），边坡稳定，滑动可能性小；若两组结构面及其交线均外倾且交线倾角大于坡角时，因交线未在边坡出露（表 5-15 中 3），故滑动可能性小，但要注意深层滑动的可能性；若两组结构面及其交线均外倾且交线倾角小于坡角时，则形成对边坡十分不利的形态的结构体（表 5-15 中 2），此时两组结构面及其交线已在边坡临空面出露，当其他条件具备时，分离体即沿交线下滑而形成滑动或崩塌。

表 5-15　两组结构面边坡稳定性的赤平投影分析

序号	结构面与边坡的关系	平面图	剖面图	赤平投影图	边坡稳定情况
1	两组内倾				较稳定，坚硬岩石滑动可能性小
2	两组外倾　$\beta<\alpha$				不稳定，较破碎，易滑动
3	两组外倾　$\beta>\alpha$				较稳定，可能深层滑动
4	一组内倾一组外倾　$\beta<\alpha$				不稳定，较易滑动
5	一组内倾一组外倾　$\beta>\alpha$				可能产生深层滑动，内斜结构面倾角越小越易滑动

3. 三组结构面

三组结构面边坡的稳定情况与三组结构切割岩体所形成的结构体形式有关。其中不稳定的结构体主要有楔形、菱形、槽形等。这些结构体的底面成为滑动面，侧面较陡立时，一般属于拉裂面或具部分滑动性质。当底面在边坡有临空面出露且倾角大于结构体本身的内摩擦角时，边坡不稳定。

4. 多组结构面

在强风化带，构造破碎带，片理发育的结晶片岩和层理、节理十分发育的页岩地带，常见到边坡多组结构面切割，结构面纵横交错，结构体形式复杂多样，岩体十分破碎，边坡稳定性很差。此时，对于坚硬岩体，可以先用赤平投影法找出最不稳定的滑动体或结构面，然后用实体比例投影法确定不稳定滑动的边界条件，最后在工程地质分析的基础上采用力学计算方法进一步求得边坡的安全系数。对于极软弱和风化破碎的岩体边坡，则可借鉴土质边坡的分析评价方法进行稳定性分析，请参考土力学的相关知识。

 思　考　题

1. 岩石有哪些物理性质？影响岩石工程性质的因素有哪些？
2. 岩石力学性质有哪些？影响岩石力学特性的因素有哪些？
3. 岩石和岩体有何区别与联系？
4. 什么是岩体结构面和结构体？结构面对岩体工程特性的影响如何？岩体的工程地质特性有哪些？
5. 工程岩体如何分级？岩体的基本质量等级如何评价？
6. 如何运用赤平极射投影分析定性评价岩体稳定性？
7. 如何运用赤平极射投影表达岩体结构面？
8. 岩体的强度是由哪些因素决定的？

第6章 地下水及其工程地质问题

与气候一起变化：水（上）　与气候一起变化：水（下）

■ 6.1 地下水概述

　　地下水是指赋存和运移于地面以下岩土空隙中的水，狭义上指赋存于地下水面以下饱和含水层中的重力水。地下水分布很广，同时具有资源、生态环境因子、灾害因子、地质营力与信息载体的功能。一方面它是人类宝贵的自然资源，可作为重要水源；但另一方面，它也是地质环境的组成部分，与岩土体相互作用，使岩土体的强度和稳定性降低，产生各种不良的自然地质现象和工程地质现象。如滑坡、岩溶、潜蚀、建筑材料腐蚀和道路冻胀等，给工程的建设和正常使用带来危害。因此，地下水是工程地质分析、评价和地质灾害防治中的一个极其重要的影响因素。在工程地质中研究地下水，主要是研究其水文地质条件，即地下水的类型、埋藏、补给、径流、排泄条件，岩土的渗透性及地下水对工程的影响等。

6.1.1 水在岩土中的存在形式

　　根据岩土中水的物理力学性质的不同，岩土中的水一部分以结晶水的形式存在于固体颗粒内部的矿物中；另一部分以液态或固态的形式存在于岩土空隙中，可分为气态水、结合水、重力水和毛细水。其中重力水和毛细水对地下水的工程特性有较大影响。因此本书仅讨论这两种类型的地下水。

　　1. 重力水

　　当岩土中的空隙完全被水饱和时，岩土颗粒之间除结合水以外的水都是重力水，它不受固体颗粒静电引力的影响，可在重力作用下运动。一般所指的地下水就是重力水，它具有液态水的一般特征，可传递静水压力。重力水能产生浮托力、孔隙水压力。流动的重力水在运动过程中会产生动水压力。重力水具有溶解能力，对岩土产生化学潜蚀，导致岩土的成分及结构的破坏。

　　2. 毛细水

　　岩土中的细小孔隙（一般指直径小于1mm的孔隙和宽度小于0.25mm的裂隙）称为毛管孔隙。由于毛细力的作用而充满在岩土毛管孔隙中的水称为毛细水，也叫作毛管水。

　　毛细水同时受重力和毛细力的作用，可传递静水压力，并可被植物吸收。在地下水面以上，由于毛细力的作用，一部分水沿细小孔隙上升，可以在地下水面以上形成毛细水带。毛细水上升的高度和快慢决定于土颗粒的大小。土颗粒越细，毛细水上升高度越大，上升速度越快。粗砂中的毛细水上升速度较快。

毛细水的工程意义主要有：

1）产生毛细压力，对于砂土特别是细砂、粉砂，由于毛细压力作用使砂土具有一定的黏聚力（称假黏聚力）。

2）毛细水对土中气体的分布与流通有一定影响，常常导致气体封闭。

3）当地下水位埋深较浅时，由于毛细水上升，可助长地基土的冰冻现象；使地下室潮湿；危害房屋基础及公路路面；促使土的沼泽化、盐渍化。

6.1.2　岩土的水理性质

岩土的水理性质是指与水分的储容和运移相关的岩石性质。水进入岩土后，因孔隙大小不同，岩土中水的存在形式也不同，那么岩土能够容纳、保持、释放或允许透过的性能也有所不同，因此具有不同的容水性、持水性、给水性和透水性等水理性质。

1. 岩土的含水性

岩土含水的性质叫含水性。通常岩土能容纳和保持水分多少的表示方法有两种：

1）容水度：岩土孔隙完全被水充满时的含水量称为容水度，即岩土孔隙所能容纳的最大的水的体积与岩土体积之比，以小数表示。

2）持水度：岩土在重力作用下仍能保持一定水量的性能称为持水性。持水度即受重力作用时，岩土能够保持的水的体积与岩土总体积之比。岩土颗粒表面积越大，结合水含量越多，持水度越大。

2. 岩土的给水性

饱水岩土在重力作用下，能够自由排除一定水量的性能称为给水性，通常用给水度来衡量其大小。给水度是指饱水岩土在重力作用下能出水的体积与岩土体积的比值。给水度的大小与有效孔隙度有关，可通过抽水试验确定。

3. 岩土的透水性

岩土允许重力水渗透的能力称为透水性，通常用渗透系数（K）表示。岩土透水能力的大小，不仅取决于岩土孔隙的大小，也与孔隙的多少、形状、连通程度有关。根据透水能力的大小，可将岩土划分为透水岩石、弱透水岩石和不透水岩石。但值得注意的是，岩石的透水性能的划分是相对的，需结合工程实际需要进行划分。

■ 6.2　地下水的物理性质和化学成分及性质

在漫长的地质年代里，地下水与周围介质相互作用，溶解了介质中的可溶盐分及气体，从而获得各种物质成分。同时，地下水经受着各种物理的和化学的作用，随时随地改变着原始成分，使其化学成分复杂化。因此，地下水是一种复杂的溶液。分析和研究其物理性质和化学成分，对于阐明地下水的来源和运动方向，对于利用地下水、防治地下水的危害、指导水化学找矿、查明地下水污染、为地下水管理提供科学依据等方面，都具有重要意义。

6.2.1　物理性质

地下水的物理性质是指地下水的重度、温度、颜色、透明度、味道、气味、导电性及放射性等物理特性的总和。它们在一定程度上反映了地下水的化学成分及其存在、运动的地质环境。纯净的地下水应是无色、无味、无臭味和透明的。当含有某些化学成分和悬浮物时，其物理性质会改变。如含 H_2S 的水为翠绿色，含 Fe^{3+} 的为褐黄色，含 Fe^{2+} 的为灰蓝色；含 $NaCl$ 的水咸，含 $CaCO_3$ 的水清凉爽口；含 $Ca(OH)_2$ 和 $Mg(HCO_3)_2$ 的水称为甜水；含 $MgCl_2$ 和 $MgSO_4$ 的水为苦味。

地心之火（1）

（1）地下水的温度　主要受大气温度及埋藏深度控制。由于地下水的补给来源和埋藏深度、循环路径等不同，地下水的温度变化很大。近地表的地下水温度更易受气温的影响。

1）变温带：通常在日常温带以上（埋藏深度 3~5m 以内）的水温，呈现周期性的日变化，年常温带以上（埋藏深度 50m 以内）的水温，则呈现周期性的年变化。

地心之火（2）

2）常温带：在年常温带，水温的变化很小，一般不超过 1℃。

3）增温带：年常温带以下，地下水的温度则随深度的增加而递增，其变化规律决定于地热增温级。地热增温级是地温梯度的倒数，是指在常温带以下，温度每升高 1℃ 时所增加的深度，其值随地质条件变化，一般为 30~33m/℃。利用上述原理，可求出任意深度地下水的温度，其计算公式为

地心之火（3）

$$T_H = t_b + (H-h)/G \qquad (6-1)$$

式中，T_H 为 H 深度处的地下水温度；t_b 为年平均气温；H 为地下水的埋藏深度；h 为年常温带深度；G 为地热增温级。同理，根据水温可求出该温度下地下水循环的深度，即 $H = G(T_H - T_b)h$。

受特殊地质、构造条件的制约，地下水的温度变化很大，从零下几摄氏度到大于 100℃。通常按照水的属性及人的感受程度，把地下水温度分为 7 级，见表 6-1。37℃ 是人的体温，42℃ 是人的一般耐受温度。

地心之火（4）

表 6-1　地下水温度分级

类别	非常冷的水	极冷的水	冷水	温水	热水	极热水	沸腾水
温度/℃	<0	0~4	4~20	20~37	37~42	42~100	>100

（2）透明度　地下水多半是透明的。当水中含有矿物质、机械混合物、有机质及胶体时，地下水的透明度就改变了，根据透明度可将地下水分为透明、微浑的、浑浊的和极浑浊的四级。

（3）密度　地下水的密度取决于地下水中的其他物质成分含量，当地下水比较纯净时，其密度接近 $1g/cm^3$，当地下水溶有较多的其他化学物质时，其密度则可达 $1.2~1.4g/cm^3$。

（4）导电性　地下水的导电性取决于地下水中溶解的电解质的数量和性质。离子越多，价数越高，则水的导电性越强。

6.2.2　化学成分及化学性质

1. 化学成分

地下水是一种复杂溶液，在其赋存与运移过程中，不断与其周围岩土体发生一系列作用，从而使其富含各种不同的离子、气体、胶体、有机质和微生物等。这些化学成分有的大量存在于水中，有的含量微弱，这主要是与各种元素在水中的溶解度及其在地壳中的含量有关。此外，随着人类活动的加剧，人类活动造成的污染使其化学成分更加复杂。地下水中常

见的化学成分见表6-2。

表 6-2　地下水的化学成分

元素及成因成分	水中元素富集条件	化学元素
气体	火成活动,生物成因 空气成因,化学成因 放射性成因	O_2、N_2、CO_2、CH_4、H_2S、HCl、HF、H_2S、SO_3 等;惰性气体 Ar、Ne、He、Kr、Xe、Rn、Th、O_3、N_2O、SO_2、SO_3、Cl 等
主要离子、分子微量元素(含量<10^{-3}%)	各种成因	Cl^-、SO_4^{2-}、HCO_3^-、CO_3^{2-}、NO_3^-、Na^+、K^+、Ca^{2+}、Mg^{2+}、H^+、NH_4^{4+}、$H_3SiO_4^-$、Fe^{2+}、Fe^{3+} 及有机质等
	各种成因:在黄铁矿、铜矿及其他矿床氧化带中随 pH 值降低而发生的金属元素的富集,在油、气田和其他有机物聚积的地区中富集碘铵,富集金属元素,结晶岩地区地下水发生 Li、F、Br、硅酸及其他微量元素富集作用	Li、Be、F、Ti、V、Cr、Mn、Co、Ni、Cu、Zn、Ge、As、Se、Br、Rb、Sr、Zr、Nb、Mo、Ag、Cd、Sn、Sb、I、Ba、W、Au、Hg、Pb、Bi、Tb、U、Ra 等
胶体	正胶体	Fe(OH)$_3$、Al(OH)$_3$、Cd(OH)$_2$、Cr(OH)$_3$、Ti(OH)$_4$、Zr(OH)$_4$、Ce(OH)$_3$
	负胶体	黏性胶体、腐殖质,SiO_2、MnO_2、SnO_2、V_2O_3、Sb_2S_3、PbS、As_2S_3 等硫化物胶体
有机质(细菌)	生命代谢产物,生命死亡分解腐殖酸和雷酸细菌等	高分子有机化合物、腐殖酸(雷酸,C:44%;H:53%;O:40%;N:15%)、藻类介质、细菌、腐殖物质、地沥青,酚、酞、脂肪酸,环烷酸

注:此表引自沈照理主编的《水文地质学》,有改动。

2. 化学性质

（1）总矿化度　总矿化度指水中离子、分子和各种化合物的总量,以 g/L 表示。它表明水中含盐量的多少,即水的矿化程度,故又简称为矿化度。矿化度的计算方法有两种:一种是按化学分析所得的全部离子、分子及化合物总量相加求得;另一种是按将水样在 105～110℃温度下蒸干后所得的干涸残余物的含量来表示。后者,干涸残余物的含量常作为核对阴阳离子总和的一个指标。但这两种方法所得的总矿化度常常不相等。这是因为当水样经过蒸干烘烤后,有近一半的 HCO_3^- 分解生成 CO_2 及 H_2O。因此,利用分析结果计算干涸残余物时,应采取分析的重碳酸离子含量之半数。

水的矿化度（含盐量）与水的化学成分之间有密切关系,也是表征地下水化学成分的重要标志。在通常情况下,低矿化度的水常以 HCO_3^- 为主要成分,称为重碳酸盐水;中等矿化度的水常以 SO_4^{2-} 为主要成分,称为硫酸盐水;高矿化度的水则往往以 Cl^- 为主要成分,称为氯化物水。

高矿化水能降低混凝土的强度,腐蚀钢筋,促使混凝土分解,故拌和混凝土时不允许用高矿化水,处于高矿化水环境中的混凝土也应注意采取防护措施。

（2）酸碱性（pH 值）　地下水的酸碱性主要取决于水中的氢离子浓度。以溶液中 H^+ 浓度的负对数来表示溶液的酸碱性,称为溶液的 pH 值,即 $pH = -\lg[H^+]$。根据地下水中 pH 值的大小,将水分成五级,见表6-3。

表6-3　地下水按酸碱度的分类

酸碱度	强酸性水	弱酸性水	中性水	弱碱性水	强碱性水
pH 值	<5	5~7	7	7~9	>9

（3）硬度　硬度通常分为总硬度、暂时硬度和永久硬度。水中 Ca^{2+}、Mg^{2+} 的总含量称为总硬度。将水煮沸后，水中一部分 Ca^{2+}、Mg^{2+} 的重碳酸盐失去 CO_2 而生成碳酸盐沉淀下来，致使水中 Ca^{2+}、Mg^{2+} 的含量减少，由于煮沸而减少的这部分 Ca^{2+}、Mg^{2+} 的总含量称为暂时硬度，又称为碳酸盐硬度。总硬度与暂时硬度之差称为永久硬度，即为煮沸时未发生碳酸盐沉淀的那部分 Ca^{2+}、Mg^{2+} 的含量。水的硬度太低对混凝土有侵蚀性。

硬度的表示方法很多，通常有以下几种：

1）德国度：相当于 1L 水中含有 10mg CaO 或 7.2mg MgO，即 1 个德国度相当于水中含有 7.1mg/L 的 Ca^{2+} 或 4.3mg/L 的 Mg^{2+}。

2）meq/L：每 1L 水中含有 Ca^{2+}、Mg^{2+} 毫克当量的总数，即相当于 20.04mg/L Ca^{2+} 的含量或 12.16mg/L Mg^{2+} 的含量。1meq/L 等于 2.8 德国度。

3）mol/L：每 1L 水中含 Ca^{2+}、Mg^{2+} 摩尔的总数，即相当于 40.08mg/L Ca^{2+} 或 24.32mol/L Mg^{2+} 的含量。1mol/L 等于 5.6×10^3 德国度。

当前国标采用的硬度单位是换算成 $CaCO_3$ 时的总量，用 mg/L 表示。根据水中硬度的大小，可将其分为五类，见表6-4。

表6-4　地下水的硬度分类

水的类型	硬　度		
	德国度	meq/L	mol/L
极软水	<4.2	<1.5	$<7.5 \times 10^{-4}$
软水	4.2~8.4	1.5~3.0	$7.5 \times 10^{-4} \sim 1.5 \times 10^{-3}$
微硬水	8.4~16.8	3.0~6.0	$1.5 \times 10^{-3} \sim 3 \times 10^{-3}$
硬水	16.8~25.2	6.0~9.0	$3 \times 10^{-3} \sim 4.5 \times 10^{-3}$
极硬水	>25.2	>9.0	$>4.5 \times 10^{-3}$

注：按法定计量单位，水的化学单位已经不采用 meq/L 而采用 mol/L。但关于库尔洛夫式及水化学类型的划分仍然采用了 meq/L，故本表暂用 meq/L。

6.3　地下水的类型及其主要特征

6.3.1　含水层和隔水层

1. 含水层和隔水层的概念

可给出并透过相当数量重力水的岩层称为含水层；不能给出或不透水的岩层称为隔水层；能透过但不能储存水的岩层称为透水层。构成含水层的条件，如图6-1所示，一是岩层中要有孔隙（储水空间）的存在，并充满足够数量的重力水；二是这些重力水能够在岩层中自由运动；三是要满足一定的地质构造条件。

【二维码6-1
含水层与隔水层】

含水层与隔水层是相对而言的，其间并无截然的界限和绝对的定量指标。在水量丰富地区，只有供水能力强的岩层，才能作为含水层。而在缺水地区，某些岩层虽然只能提供较少的水，也可当作含水层。又如黏土层，通常认为是隔水层，但一些发育有干缩裂隙黏土层，也可形成含水层。

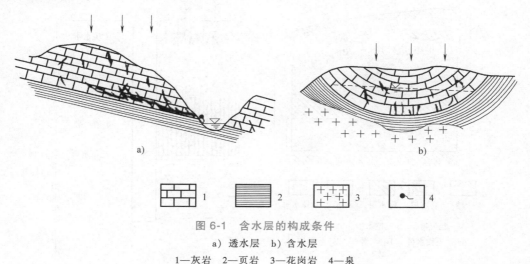

图 6-1　含水层的构成条件

a）透水层　b）含水层

1—灰岩　2—页岩　3—花岗岩　4—泉

2. 含水段与含水岩系

松散沉积物的岩性单一又连续成层分布时，称含水层是合适的。但在含水极不均匀的裂隙或岩溶发育的基岩地区，划分含水层或隔水层则往往不能反映实际含水特征。这就需要根据裂隙、岩溶实际的含水状况划分出含水段。对于穿越不同成因、岩性、时代的含水的断裂破碎带，则可划为一含水带。同样，根据实际需要，可将几个地层时代和成因特征相同的含水层（其间可夹有弱透水层或隔水层）划为同一含水岩组。如第四系松散沉积物的砂土层，常夹有薄层黏土层，但其上下砂土层之间存在水力联系，有统一的地下水位，化学成分也相近，即可划为一个含水岩组（简称含水组）。将几个水文地质条件相近的含水岩组划为一含水岩系，如第四系含水岩系、基岩裂隙水含水岩系或岩溶水含水岩系等。

6.3.2　地下水的类型及特征

地下水的分类方法很多，根据含水情况的不同，地面以下的岩土层可划分为包气带和饱水带两个带（见图 6-2）。地面以下稳定地下水面以上为包气带，稳定地下水面以下为饱水带。为了便于研究，水文地质学习惯上根据埋藏条件和赋存介质的不同进行地下水类型的划分，见表 6-5。根据地下水的埋藏条件，可以把地下水分为包气带水（含上层滞水）、潜水和承压水。由于赋存于不同岩层中的地下水，受其含水介质特征不同的影响，具有不同的分布与运动特点，按照含水介质类型地下水可分为孔隙水、裂隙水和岩溶水。即根据地下水赋存于岩层中的孔隙类型，分别叫作各类型孔隙的地下水。

地下水埋藏条件是指含水层在地质剖面中所处部位及受隔水层（弱透水层）限制的情况。

1. 上层滞水

包气带又称非饱水带，含有结合水、毛细水和气态水。包气带水受颗粒表面吸附力、孔

隙的毛细张力和重力的共同作用。分布于包气带中局部不透水层或弱透水层表面的重力水称
为上层滞水（见图6-2）。

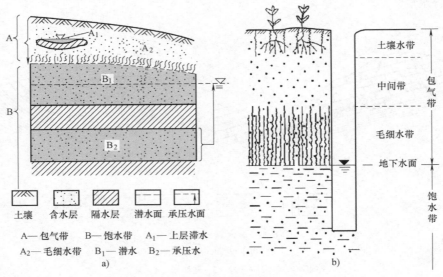

土壤　含水层　隔水层　潜水面　承压水面

A—包气带　　B—饱水带　　A₁—上层滞水
A₂—毛细水带　B₁—潜水　　B₂—承压水

图 6-2　地下水的垂直分带
a）地下水的分带　b）包气带的分带

表 6-5　地下水分类

埋藏类型	含水介质类型		
	孔隙水 （松散沉积物孔隙中的水）	裂隙水 （坚硬基岩裂隙中的水）	岩溶水 （可溶岩溶隙中的水）
上层滞水	包气带中局部隔水层上的重力水，主要是季节性存在	裸露于地表的裂隙岩层浅部季节性存在的重力水	裸露岩溶化岩层上部岩溶通道中季节性存在的重力水
潜水	各类松散沉积物浅部的水	裸露于地表的坚硬基岩上部裂隙中的水	裸露于地表的岩溶化岩层中的水
承压水	山间盆地及平原松散沉积物深部的水	组成构造盆地、向斜构造或单斜断块的被掩覆的各类裂隙岩层中的水	组成构造盆地、向斜构造或单斜断块的被掩覆的岩溶化岩层中的水

　　形成条件：①透水层中分布有局部隔水层或弱透水层；②隔水层产状要水平，或接近水
平；③隔水层分布有一定范围。

　　特点：①受气候控制，水量小，且不稳定，季节变化明显；②补给源为大气降水和地表
水渗入，补给区与分布区一致；③水位埋藏浅，易蒸发，易污染，水质较差。

　　工程意义：①供水意义不大，但在缺水地区可作为小型供水源，如黄土高原；②包气带
水的存在可使地基土强度减弱；③在寒冷的地区易引起道路的冻胀和翻浆；④由于其水位变
化大，常给工程设计、施工带来困难。处理方法：抽水疏干；把隔水层底板打穿，向下部含
水层排放。

2. 潜水

（1）含义及埋藏条件　潜水是指埋藏在地面以下第一个稳定隔水层之上具有自由水面

的重力水（见图6-3）。潜水主要分布在松散岩土层中，出露地表的裂隙岩层或岩溶岩地层中也有潜水分布。

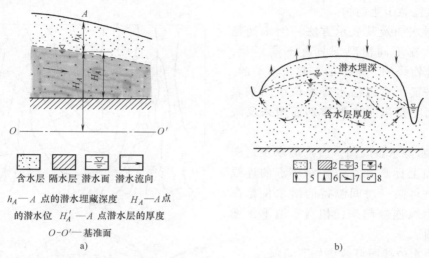

h_A—A点的潜水埋藏深度　　H_A—A点
的潜水位　　H_A'—A点潜水层的厚度
O-O'—基准面

图 6-3　潜水的埋藏

a）潜水含水层基本概念　b）潜水的埋藏条件
1—含水层　2—隔水层　3—高水位期潜水位　4—低水位期潜水位　5—大气降水入渗
6—蒸发　7—潜水流向　8—泉

埋藏条件中的基本概念（图6-3）：

潜水面：潜水的自由水面。

潜水位：潜水面上任一点的高程称该点的潜水位。

埋藏深度（水位埋深）：自地面某点至潜水面的距离。

潜水含水层的厚度：潜水面到隔水底板的距离。随潜水面的变化而变化。

隔水底板：含水层底部的隔水层。

潜水面坡度：指相邻两条等水位线的水位差除以其水平距离。当其值很小时，可视为水力梯度。

（2）潜水的特点　潜水的埋藏条件，决定了潜水具有如下特征：

1）潜水为无压水，具有自由表面，其上通过包气带与地表相通，无稳定的隔水层存在。

2）潜水的埋藏深度和含水层厚度受气候、地形和地质条件的影响，变化很大。在强烈切割的山区，埋藏深度可达几十米；而在平原地区埋深较浅，近数米，甚至为零。同时，埋深和含水层厚度随着季节变化而变化，雨季埋深浅，厚度加大，旱季则相反。

3）潜水在重力作用下，由高处向低处流动，流速取决于地层的渗透性能和水力坡度。

4）通常，潜水的分布区与补给区一致，大气降水和地表水入渗是潜水的主要补给来源。此外，在昼夜温差大的干旱半干旱区，凝结水补给是其重要来源之一。潜水的排泄主要以蒸发排泄和向相邻地区含水层或向地表水体的水平排泄为主。

5）潜水积极参与水循环，资源易于补充恢复，潜水动态受气候影响较大，具有明显的季节性变化特征，且含水层厚度一般比较有限，其资源通常缺乏多年调节性。

6）潜水的水质主要取决于气候、地形及岩性条件。湿润气候及地形切割强烈的地区，有利于潜水的径流排泄，往往形成含盐量不高的淡水。干旱气候下由细颗粒组成的盆地平原，潜水以蒸发排泄为主，常形成含盐高的咸水，潜水容易受到污染，污染后不易恢复，对潜水水源应注意卫生防护。

（3）潜水面及其表示方法　潜水面是自由表面，在不同情况下具有不同形状，倾斜的、抛物线的、水平的、起伏不平的。潜水面在平面上常以潜水等水位线图来表示，在剖面上是以水文地质剖面图来反映（见图 6-4）。

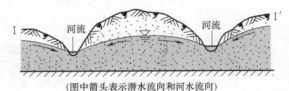

比例尺 1:10000

1）潜水等水位线图。潜水等水位线图是指潜水面上标高（水位）相等点的连线图。绘制时将同一时间测得的潜水位标高相同的点用线连接起来，相当于地下水面的等高线图。

（图中箭头表示潜水流向和河水流向）

图 6-4　潜水等水位线图及 I—I′水文地质剖面图

潜水等水位线图可解决如下问题：

确定潜水流向：垂直于等水位线方向，从高水位向低水位处流动，如图 6-4 箭头所示。

计算潜水的水力坡度：在潜水流向上取两点的水位差与两点间的水平距离的比值，即为该段潜水坡度。图 6-4 上 A、B 两点潜水面的水力坡度为

$$I_{AB} = \frac{104-100}{1100} = 0.0036 \qquad (6-2)$$

潜水埋藏深度：某点潜水埋藏深度为该点的地形等高线标高与同一位置等水位线标高的差值。

确定潜水与地表水之间的关系：如果潜水流向指向河流，则潜水补给河水；如果潜水流向背向河流，则潜水接受河水补给（图 6-5）。

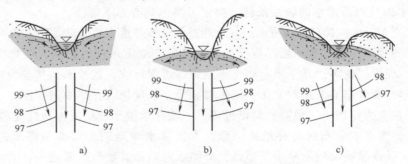

a)　　　　　　　　b)　　　　　　　　c)

图 6-5　地表水与潜水之间的相互关系

a）潜水补给河水　b）河水补给潜水　c）左岸潜水补给河水，右岸河水补给潜水

确定泉或沼泽的位置：在潜水等水位线与地形等高线高程相等处，潜水出露，即是泉水位置。

推断含水层的岩性或厚度的变化：在地形坡度变化不大的情况下，若等水位线由密变疏，含水层透水性变好或含水层变厚（见图6-6）。相反，则说明含水层透水性变差或厚度变小。

确定给水和排水工程的位置：水井应布置在地下水流汇集的地方，排水沟（截水沟）应布置在垂直于水流的方向上。

2）影响潜水面的形状的因素。

① 地形和坡度的影响：地形陡峻，潜水面陡，坡度大。与地形起伏基本一致，且小于地形坡度。

② 含水层岩性和厚度（透水性）及隔水层底板形状的影响：潜水流经岩性细—粗（透水性变好），潜水面由陡—缓。

③ 地表水体的影响：潜水流向河流时，水面向河水方向倾斜。

④ 人为因素的影响：抽水、排水、开河挖渠、修水库。

⑤ 气候因素影响：降雨引起水位上升，干旱引起水位下降，潜水面随之变化。

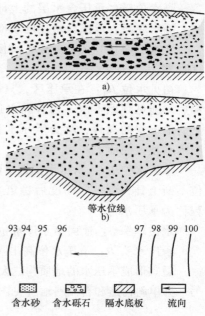

图6-6 潜水面形状与岩层透水性及厚度的关系

a）岩层透水性沿流程变化
b）岩层厚度沿流程变化

（4）潜水对工程的影响　潜水因埋藏浅，对建筑物稳定性有影响；同时，潜水是造成施工困难的主要因素之一，如造成流砂、基坑突涌等。工程中，通常的处理方案有：建筑物地基最好选在潜水位深的地带或者使用浅埋基础；对地基的施工有影响时，可采取排水、降低水位、隔离或冻结法施工等措施进行处理。

3. 承压水

（1）含义及埋藏条件　充满于两个稳定隔水层之间的含水层中的有压重力水称为承压水。承压水没有自由水面，水体承受静水压力，有时待钻孔揭露后可喷出地表，称为自流水。埋藏条件可以用图6-7示意。

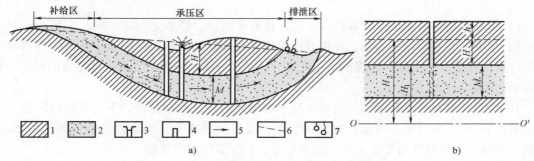

图6-7 基岩自流盆地中的承压水

a）承压水含水层结构　b）承压水基本概念

1—隔水层　2—含水层　3—喷水钻孔　4—不自喷钻孔　5—地下水流向　6—测压水位　7—泉

埋藏条件的基本概念（见图6-7）：

隔水顶板：承压含水层的上部隔水层。

隔水底板：承压含水层的下部隔水层。

含水层厚度（M）：隔水顶板到底板的垂直距离。

初见水位 H_1：在承压区，只有隔水顶板揭穿后才能见到地下水，当有隔水顶板揭穿时所见的地下水的高程，称为承压水初见水位，即为隔水顶板底面的高程。

承压水位 H_2：承压水待揭穿隔水顶板后水位不断上升，到一定高度后稳定下来的水面高程称为承压水位。

水位埋深 h：地面至承压水位的距离。

承压水头 H：承压水位高出隔水顶板底面的距离。

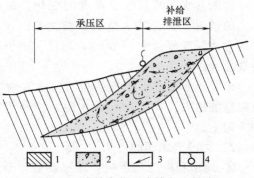

图 6-8 岩性变化形成的自流斜地

1—隔水层 2—含水层 3—地下水流向 4—泉

适宜形成承压水的地质构造大致有两种：一为向斜构造或盆地称为自流盆地（见图 6-7）。另一为单斜构造和自流斜地（见图 6-8 和图 6-9)。

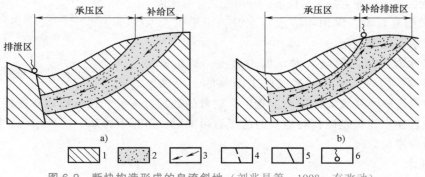

图 6-9 断块构造形成的自流斜地（刘兆昌等，1998，有改动）

a) 导水断层承压水含水层示意图 b) 不导水断层承压水含水层示意图

1—隔水层 2—含水层 3—地下水流向 4—不导水断层 5—导水断层 6—泉

（2）承压水特征

1）承压水的重要特征是没有自由水面，具有承压性，能承受一定的静水压力。

2）埋藏区与补给区不一致，补给区、承压区和排泄区分布较为明显，补给区与排泄区相距较远。补给区为承压含水层出露地表部分，可接受降水、地表水及上部潜水的补给，具有潜水的特点。

3）有限区域与外界联系，参与水循环不如潜水积极，水交替慢，平均滞留时间长（年龄老或长）——不宜补充、恢复。埋藏深度大，受人为因素和自然因素影响较小，故水质、水温、水量、水化学等特征变化小，动态稳定，具有多年调节性能。

4）承压水的水质取决于埋藏条件及其与外界的联系程度，可以是淡水也可以是含盐量很高的卤水。通常水质较好，水量稳定，不易受污染，但污染后很难修复。承压水是良好的供水水源。

5）承压水的补给方式较潜水复杂得多，主要补给源有大气降水入渗补给、地表水入渗补给、相邻含水层越流补给等。承压水主要以泉的形式排泄，还可以补给地表水体和相邻含水层。

（3）等水压线图（图6-10）

1）含义：将许多钻孔揭露的承压水位相同的点连成线，叫等水压线，由等水压线组成的平面图称为等水压线图。

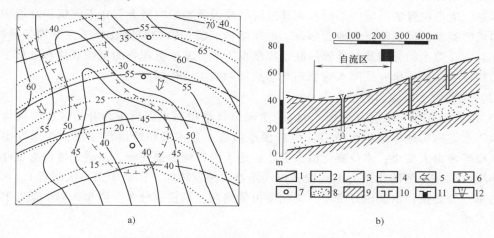

图6-10 等水压线图（附含水层顶板等高线）（据王大纯等，1995）

a）等水压线图 b）水文地质剖面图

1—地形等高线 2—承压含水层顶板等高线 3—等水压线 4—承压水位线 5—承压水流向 6—自流区
7—井 8—含水层 9—隔水层 10—干井 11—非自流井 12—自流井

2）特点：一个地区很多钻孔揭露同一层的承压水位，可以形成一个面，叫水压面，这是一个想象的面。与潜水面和潜水等水位线不同，等水压线也是一个虚构的线。

3）用途：除了与潜水等水位线图有相似的用途外，在图上还附有含水层顶板等高线，加上地形等高线，可计算以下数据：

① 含水层埋藏深度=地形等高线高程值-含水层顶板等高线高程值，可作为打井所需的深度。

② 承压水位埋深=地形等高线高程值-等水压线高程值，可确定抽水水泵的吸程。

③ 承压水头=等水压线高程值-含水层顶板等高线高程值，可确定基坑突涌计算。

（4）对工程的影响

1）基坑开挖时，因承压水隔水顶板厚度减小而可能导致突涌。

2）排水比较困难，井深，范围广，水量大。

4. 孔隙水

孔隙水主要分布在第四纪各种不同成因类型的松散沉积物中，包括第四系和坚硬基岩的风化壳。广泛分布在平原地区、山间盆地和滨海平原。在特定的沉积环境中形成不同类型的沉积物，其空间分布、粒径与分选均各具特点，从而控制着赋存其中的孔隙水的分布及它与外界的联系。

（1）特点 由于地下水分布于松散沉积物中，而这些松散岩层多呈均匀而连续的层状分布，因此一般连通性好，因此孔隙水最主要的特点是其水量在空间分布上连续性好，相对均匀，水量也较大。凡是打井都能获得一定的水量。

孔隙水一般呈层状分布，同一含水层中的水具有密切的水力联系；同一层水具有统一的水面；一般呈层流状态，符合达西定律，只有在特殊情况下，如大降深抽水附近，可能出现紊流。

水交替条件较好，参与水循环积极。孔隙水的分布特征直接受沉积物类型、地质结构、地貌形态、地形位置的影响而不同，尤其以沉积成因类型影响最大。在不同沉积环境中形成的不同成因类型的沉积物，其地貌形态、地质结构、沉积颗粒粒度及分选性等均各具特点，使赋存其中孔隙水的分布及与外界的联系程度也不同。掌握沉积物的沉积规律和分析了解沉积物的特征是认识、研究孔隙水的分布与形成规律的主要依据。

（2）主要含水层成因类型

1）洪积层孔隙含水层（见图6-11）：洪流出口堆积而成，后缘为补给区，中前缘为潜水、承压水。扇形地中地下水特点：由扇顶至前缘，含水层颗粒由粗变细，透水性由强变弱；水位埋深由大变小，水位变化由大变小；地下水径流由强变弱，渗透速度由大变小；水化学作用由单一（溶滤作用为主）变多样（溶滤、蒸发浓缩、阳离子交替吸附等），水化学类型由单一变复杂；水质由好变差，矿化度由低增高。城镇应分布于溢出带以上最有利于取用地下水地带。

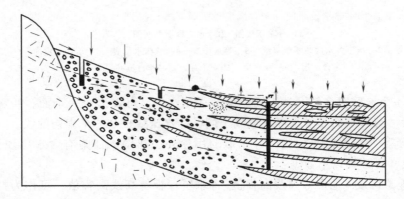

图6-11 洪积扇水文地质剖面示意（据王大纯等，1995）

1—基岩 2—砾石 3—砂 4—黏性土 5—潜水位 6—深层承压水测压水位

7—地下水及地表水流向 8—降水补给 9—蒸发排泄 10—下降泉 11—井，有部分涂黑

2）冲积层孔隙含水层：河流地质作用形成的，低阶地承压水是良好水源；含水层颗粒较粗大，沿江河呈条带状有规律分布，与地表水水力联系密切，补给充分，水循环条件好，水质较好，开采技术条件好，一般可构成良好的地下水水源地（见图6-12）。

3）湖积层孔隙含水层：我国第四纪初期湖泊众多，湖积物发育，后期湖泊萎缩，湖积物多被冲积物所覆盖。侧向分布广泛的粗粒湖积含水砂砾层主要通过进入湖泊的冲积物（砂层）与外界联系，而垂向上有黏土层分布，越流补给比较困难。湖积物通常有规模大的含水砂砾层，因其与外界联系差，补给困难，地下水资源一般并不丰富。

含水层特点：从岸边至湖心，岩性为砂—粉砂—黏土；分选性好，层理细密；分布有潜

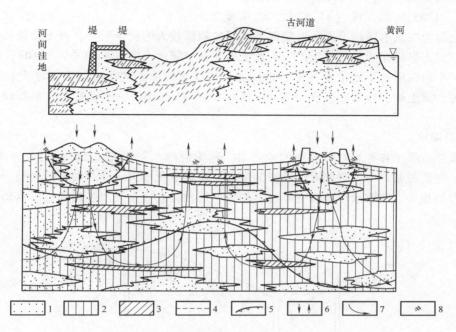

图 6-12　黄河冲积平原水文地质示意（据王大纯等，1995）

1—砂　2—亚砂　3—黏土　4—地下水位　5—咸水（矿化度大于 2g/L）
与淡水界限，齿指向咸水一侧　6—入渗与蒸发　7—地下水流线　8—盐渍化

水、承压水；为淡水，水质不好，有淤泥臭味，使用价值不大。

4）黄土高原的地下水：黄土高原地下水水量不丰富，地下水埋深大，水质较差，是岩性、地貌、气候综合作用的结果。赋存于黄土孔隙与裂隙中的地下水是当地人民生活的主要水源（见图 6-13）。

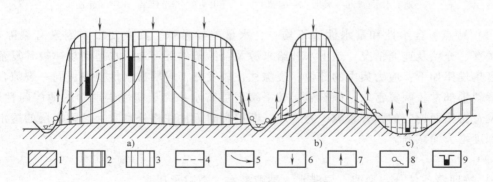

图 6-13　黄土高原地下水示意
a）黄土塬　b）黄土梁峁　c）黄土杖地
1—隔水基岩　2—下中更新世黄土　3—上更新世黄土　4—地下水位
5—示意地下水流线　6—降水入渗　7—蒸发　8—泉　9—井

黄土均发育垂直节理，且多虫孔、根孔等以垂向为主的大孔隙，其垂直渗透系数（K_v）

比水平渗透系数（K_h）大许多。甘肃黄土，$K_v = 0.19 \sim 0.37 \mathrm{m/d}$，$K_h = 0.002 \sim 0.003 \mathrm{m/d}$（张宗祜，1966）。随深度（$h$）加大，$K_v$ 明显变小。

黄土塬为在流水侵蚀下原始地貌保持较好的规模较大的黄土平台。黄土梁指长条带的黄土垅岗，黄土峁指深圆形的黄土土丘。黄土塬有利于降水入渗（$\alpha = 0.05 \sim 0.10$），地下水较丰，由中心向四周地下水散流，中心水位浅，边缘水位深，矿化度向四周增大，至沟谷成泉、泄流。黄土梁、峁切割强烈，不利于降水入渗（$\alpha < 0.01$），水量贫乏，水质较差，水位浅埋。

5. 裂隙水

埋藏并运移于各种岩石裂隙中的地下水，称为裂隙水（见图 6-14），主要分布在山区、平原地区埋藏的基岩中。裂隙水运动极其复杂，水量变化较大，并与裂隙的类型、性质和发育程度密切相关。裂隙水埋藏和分布极不均匀，透水性往往呈现出各向异性，水动力性质十分复杂。

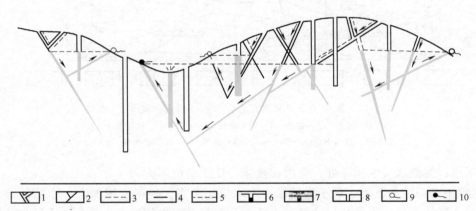

图 6-14　裂隙含水系统示意（据王大纯等，1995）

1—不含水裂隙　2—饱水裂隙　3—包气带水流向　4—饱水带水流向
5—地下水水位　6—水井　7—自流井　8—干井　9—季节性泉　10—常年性泉

（1）特点　含水性和富水性极不均一，水量差异悬殊。其主要影响因素有裂隙成因，裂隙发育、充填及连通情况，地下水补给来源及补给条件等。地下水运动规律极其复杂。裂隙水富集规律如下：应力集中的部位，裂隙往往较发育，岩层透水性也好；同一裂隙含水层中，背斜轴部常较两翼富水；倾斜岩层较平缓岩层富水；夹于塑性岩层中的薄层脆性岩层，往往发育密集而均匀的张开裂隙，易含水；断层带附近往往格外富水；裂隙岩层的透水性通常随深度增大而减弱。

（2）分类

1）按埋藏条件分：裂隙上层滞水、裂隙潜水、裂隙承压水。

2）按产状分：裂隙层状水（如层状含水层，风化裂隙具有统一水位的地下水）；裂隙脉状水（断层破碎带含水层）。

3）按成因分：风化裂隙水、构造裂隙水和成岩裂隙水。

（3）裂隙水的利用及对工程的影响

1）水量丰富时可以作为供水水源，常作为单井供水井。

2）因其分布规律不易掌握，施工中要预防突然涌水。

3）风化裂隙带在地下水量增大时，容易引起风化产物沿下伏基岩面滑动。

4）地下水通过风化带下渗至下部软弱夹层，造成层间错动，影响其上修建的各种建筑物安全。

6. 岩溶水

岩溶是指地表水和地下水对可溶性岩石以溶蚀作用为主所形成的地质现象的综合，又称为喀斯特。岩溶水是指贮存和运动于可溶性岩石中的各种空洞、裂隙中的重力水，又称为喀斯特水。岩溶水可以是潜水，也可以是承压水。一般来说，在裸露的石灰岩分布区的岩溶水主要是潜水，当岩溶岩层被其他岩层所覆盖时，岩溶水可转化为岩溶承压水。

岩溶发育的必不可少的基本条件包括透水可溶岩的存在、具有侵蚀能力的流动水。

岩溶水不仅是一种具有独立特征的地下水，也是一种地质营力，在流动过程中不断溶蚀其周围的介质，不断改变自身的贮存条件和运动条件，所以岩溶水在分布、径流、排泄和动态等方面都具有与其他类型地下水不同的特征。

（1）岩溶水的分布特征　岩溶及岩溶水空间分布的极不均匀性，也决定了岩溶水补给、排泄、径流和动态等的一系列特征。

（2）岩溶水的补给特征　在岩溶地区，除小部分降水沿裂隙缓慢地向地下入渗，绝大部分降水在地表汇集后通过落水洞、溶斗等直接流入或灌入地下，在短时间内通过顺畅的地下通道，迅速补给岩溶水，补给量很大。

（3）岩溶水的排泄特征　通过泉、地下暗河等集中排泄是岩溶水排泄的最大特点。

（4）岩溶水的运动特征　在大洞穴中岩溶水流速快，呈紊流运动；在断面较小的管路与裂隙中，呈层流运动。岩溶水可以是潜水，也可以是承压水。在岩溶水系统中，局部流向与整体流向常常是不一致的。

（5）岩溶水的动态特征　岩溶水水位、水量变化幅度大，对降水反应明显。

（6）岩溶水的化学特征　岩溶水的补给、径流及排泄等条件决定了岩溶水的水化学特征。由于水流交替条件良好，故岩溶水特别是浅部的岩溶水矿化度较小，一般在 0.5g/L 以下，水质多为 HCO_3-Ca 型水，白云岩分布区则多为 HCO_3-Ca-Mg 型水，埋藏较深的岩溶水化学成分则随水交替条件而异，通常补给区矿化度较低，随深度的增加矿化度逐渐升高。在构造封闭良好的古岩溶含水系统中，可保存矿化度高达 50~200g/L 的 Cl-Na 型沉积卤水。此外，由于岩溶水的独特补给方式，使得降水与地表水未经过滤便直接进入岩溶含水层，因此岩溶水极易被污染，利用岩溶水作供水水源时应予以注意。

岩溶水在有的地区相当丰富，可作为大城市供水源。但对矿产开采、地下工程等都会带来很大危害，过量开采地区常形成地面塌陷。建筑物施工中还需要注意突然涌水问题。

■ 6.4　地下水运动

由于孔隙特征的不同，在其中运动的地下水流也呈现不同的运动状态。地下水的运动有层流、紊流和混合流三种形式。层流是地下水在岩土的孔隙或微裂隙中渗透，产生连续水流；紊流是地下水在岩土的裂隙或溶隙中流动，具有涡流性质，各流线有互相交错现象；混合流是层流和紊流同时出现的流动形式。

6.4.1 达西定律

地下水在多孔介质中的运动称为渗透或渗流。地下水在孔隙中的运动属于层流。1852—1855 年，法国水力学学家达西（H. Darcy）通过大量试验，得到了地下水渗透的基本定律，其试验所得公式如下：

$$Q = KA \frac{H_1 - H_2}{L} = KAI \tag{6-3}$$

$$Q = KA \frac{H_1 - H_2}{L} = KAI \tag{6-4}$$

或

$$v = \frac{Q}{A} = KI \tag{6-5}$$

式中，Q 为单位时间内渗透量；H_1、H_2 为上、下游过水断面的水头；L 为上、下游过水断面间的水平距离；A 为过水断面的面积（包括岩石颗粒和孔隙两部分的面积）；K 为渗透系数（或透水系数）；I 为水力坡度；v 为地下水渗透速度。

由上可知：地下水的渗流速度与水力坡度的一次方成正比，也就是线性渗透定律。当 $I = 1$ 时，$K = v$，即渗透系数是单位水力坡度时的渗流速度。值得注意的是，达西定律只适用于雷诺数 ≤10 的地下水层流运动。在自然条件下，地下水流动时阻力大，一般流速较小，绝大多数属层流运动。但在岩石的洞穴及大裂隙中地下水的运动多属于非层流运动。

几个值得注意的问题：

1）上述过水断面的面积 A 是指整个含水层剖面的面积，包括颗粒所占据的面积和孔隙所占据的面积。而事实上，水流实际过水断面是扣除结合水所占范围的孔隙面积 A_n。因此，渗透流速是一种假想渗流的速度，相当于渗流在包括骨架与孔隙的断面 A 上的平均流速，也称为达西流速，它并不代表真实水流速度。

2）水力梯度是沿水流方向单位长度渗透路径上的水头损失。可以理解为水流通过单位长度渗透途径为克服摩擦阻力所损耗的机械能。因此，计算水力梯度时，水头差必须与渗透路径相对应。

3）渗透系数可以定量说明岩石的渗透性能，渗透系数越大，岩石的渗透能力越强。渗透系数不仅与岩石的孔隙性质（大小、多少）有关，还与流体的某些物理性质（重度、黏滞性）等有关。

6.4.2 地下水向集水构筑物运动的计算

基坑工程中，常常需要进行地下水降水设计，在计算流向集水构筑物的地下水涌水量时，必须区分集水构筑物的类型。集水构筑物按构造形式可分为垂直的井、钻孔和水平的引水渠道、渗渠等。抽取潜水或承压水的垂直集水坑井分别称为潜水井或承压水井。潜水井和承压水井按其完整程度又可分为完整井及不完整井两种类型。完整井是井底达到了含水层下的不透水层，水只能通过井壁进入井内；不完整井是井底未达到含水层下的不透水层，水可从井底或井壁、井底同时进入井内。

土木工程中常遇到做层流运动的地下水在井、坑或渗渠中的涌水量计算问题，其具体公式很多，见表 6-6~表 6-9，可参考有关水文地质手册。

表 6-6　地下水涌水量计算的基本公式

地下水类型	集水坑井类型	涌水量计算公式	剖面示意图	适用条件	备注
潜水	完整基坑	$Q = 1.366 \dfrac{KH^2}{\lg \dfrac{R+r_0}{r_0}}$			
	不完整基坑	$Q = \dfrac{4Kr_0 s}{1 + \dfrac{r_0}{T}\left(1.1 + 0.75\lg\dfrac{R+r_0}{H}\right)}$		远离地下水体；基坑长度与宽度之比小于 10；坑底为平底	H—潜水含水层厚度；M—承压水含水层厚度；s—水位下降深度；R—影响半径；r_0—基坑引用半径；T—坑底至不透水层的距离
承压水	完整基坑	$Q = 1.366 \dfrac{K(2s-M)M}{\lg\dfrac{R+r_0}{r_0}}$			
	不完整基坑	$Q = \dfrac{4Kr_0 s}{1 + \dfrac{r_0}{M}\left(1.1 + 0.75\lg\dfrac{R+r_0}{M}\right)}$			
潜水	完整井	$Q = 1.366 \dfrac{K(H^2-h^2)}{\lg R - \lg r}$		无观测孔	R—井的半径；H—承压水头高度

（续）

地下水类型	集水坑井类型	涌水量计算公式	剖面示意图	适用条件	备注
潜水	不完整井	$Q = 1.366 \dfrac{K(H_0{}^2 - h_0{}^2)}{\lg R - \lg r}$		无观测孔，$\frac{1}{2}R$ 大于钻孔至地表水体距离	
承压水	完整井	$Q = 2.73 \dfrac{KM(H-h)}{\lg R - \lg r}$		无观测孔	R—井的半径；H_0—有效带深度；h_0—井中水位到有效带的距离；H—承压水头高度；L—过滤器工作部分的长度；其余符号意义同上
	不完整井	$Q = \dfrac{2.73 KSL}{\lg(1.32L) - \lg r}$		无观测孔，$R = 1.32L$	

注：1. 在基坑涌水量计算中，将基坑平面换算为圆形，基坑为一圆形大井，此法称为"大井法"。圆的半径即为引用半径。

2. 有效带是指在非完整井中抽水时，影响的深度未达到含水层底板，只达到该含水层的某一深度，此深度称为有效带。

表 6-7　计算影响半径的经验公式

公式	应用条件	备注
$R = 575 s \sqrt{HK}$（$K = M/s$）	计算潜水含水层群井、基坑、矿山巷道的影响半径	对直径很小的群井和单井计算出的 R 值过大，计算的矿坑涌水量较符合实际
（$K = M/s$）	潜水和承压水抽水初期确定影响半径	对潜水计算出的 R 值比上式精确性小，对承压水计算出的 R 值是粗略的

表 6-8　基坑引用半径计算公式

基坑平面形状	计算公式	备注
椭圆形	$r_0 = \dfrac{a+b}{4}$	
不规则形	$r_0 = 0.565F$	F—基坑面积
	$r_0 = P/\pi$	P—基坑周长
矩形	$r_0 = \eta\,\dfrac{a+b}{4}$	$b/a = 0;\eta = 1$ $b/a = 0.2;\eta = 1.12$ $b/a = 0.4;\eta = 1.14$ $b/a = 0.6;\eta = 1.16$ $b/a = 0.8;\eta = 1.18$

表 6-9　不同降深时的有效带深度

水位降深 s/m	有效带的深度 H_0/m	备注
$s = 0.2(s+L)$	$H_0 = 1.3(s+L)$	
$s = 0.3(s+L)$	$H_0 = 1.5(s+L)$	
$s = 0.5(s+L)$	$H_0 = 1.7(s+L)$	L—过滤器工作部分的长度
$s = 0.8(s+L)$	$H_0 = 1.85(s+L)$	
$s = 1.0(s+L)$	$H_0 = 2.0(s+L)$	

■ 6.5　地下水的不良工程地质作用

在土木工程建设、岩土工程设计和地质工程活动中，地下水常起着重要作用。地下水的不良工程地质作用主要包括：地下水位下降导致软土地基产生固结沉降；不合理的地下水流动诱发某些土层出现流砂和机械潜蚀等；地下水对水位以下的岩石、土层和建筑物基础产生浮托作用；含有特殊成分的地下水对钢筋混凝土基础产生腐蚀等。

6.5.1　地基变形破坏

通常情况下，地下水水位上升，浅基础地基承载能力下降。当地下水位在基础底面以下压缩层范围内发生变化时，将直接影响建筑物的稳定性。若水位在压缩层范围上升，水浸湿、软化地基土，使其强度降低、压缩性增大，建筑物就可能产生较大的沉降变形。地下水位上升还可能造成建筑物基础上浮，使建筑物失稳。

在松散沉积层（如我国沿海软土层）中进行深基础施工时，往往需要人工降低地下水位。若降水不当，会使周围地基土层产生固结沉降，轻者造成邻近建筑物或地下管线的不均匀沉降；重者使建筑物基础下的土体颗粒流失，甚至掏空，导致建筑物开裂和危及安全使用。

如果抽水井滤网和砂滤层的设计不合理或施工质量差，则抽水时会将软土层中的黏粒、粉粒甚至细砂等细小土颗粒随同地下水一起带出地面，使周围地面土层很快产生不均匀沉降，造成地面建筑物和地下管线不同程度的损坏。另一方面，井管开始抽水时，井内水位下降，井外含水层中的地下水不断流向滤管，经过一段时间后，在井周围形成漏斗状的弯曲水面——降水漏斗。在这一降水漏斗范围内的软土层会发生渗透固结而造成地基土沉降。而且，由于土层的不均匀性和边界条件的复杂性，降水漏斗往往是不对称的，因而使周围建筑物或地下管线产生不均匀沉降，甚至开裂。

【二维码 6-2
抽水过程
地面沉降】

6.5.2 地下水的渗透破坏作用

1. 渗透破坏的概念及类型

渗透破坏或渗透变形是指岩土体在渗流作用下，整块或其颗粒发生移动，或其颗粒成分发生改变的作用和现象。渗透破坏常见于松散土层中。渗透破坏可能引起岩土体出现空洞、发生地面塌陷，或在水流出口处出现涌泉、涌砂，从而影响工程建筑物的场地、地基和围岩的稳定性。

渗透破坏与渗流在运动过程中所产生的动水压力密切相关。地下水在松散土体中渗流时，水流会产生渗水压力垂直作用在土颗粒上。除渗水压力外，作用在土颗粒表面上的还有土粒周围切线方向的渗透水摩擦力。当渗透合力大于土粒的重力时，土粒就会被水流带走。当一定体积的土体受到的渗透合力大于其重力时，土体就会发生整体失稳。这就是地下水渗透破坏的本质。

在工程活动过程中，由于影响因素或所处的地质条件不同，或在相同地质条件下而工程性质不同时，渗透破坏常表现为不同的形式，一般分为潜蚀、流砂两种主要形式。

2. 潜蚀

渗流在一定水力坡度下，产生较大的动水压力而冲走或溶蚀土体中部分细小颗粒而形成潜蚀，它在天然条件下和工程活动中都会发生。

潜蚀作用可分为机械潜蚀和化学潜蚀两种。机械潜蚀是指土粒在地下水的动水压力作用下受到冲刷，将细粒冲走，而较大颗粒仍留在原处，这种作用不断发展，将使土的结构破坏，形成洞穴，引起地表塌陷的作用，由人类工程活动所引起的这种现象又叫管涌；化学潜蚀是指地下水溶解土中的易溶盐分，使土粒间的结合力和土的结构破坏，土粒被水带走，形成洞穴的作用。化学潜蚀与岩溶不同，其渗流的机械冲刷是主要的，化学溶解只是从属的，后者为前者创造条件。这两种作用一般是同时进行的。在地基土层内产生地下水的潜蚀作用时，将会破坏地基土的强度，形成空洞，产生地表塌陷，影响建筑工程的稳定。在我国的黄土层及岩溶地区的土层中，常有潜蚀现象产生，修建建筑物时应予注意。

潜蚀产生的条件：一是有适宜的岩土颗粒组成，一般而言，当岩土层的不均匀系数越大，越容易产生潜蚀，当 $C_u > 10$ 时，极易产生潜蚀。二是有足够的水动力条件，当地下水渗透水流的水力梯度大于岩土的潜蚀临界水力梯度时，易产生潜蚀。两种相互接触的岩土层，当渗透系数之比大于2时，易产生潜蚀。

对潜蚀的处理，一是可以采用改变地下水渗透的水动力条件，如堵截地表水流入土层、阻止地下水在土层中流动、设置反滤层、减小地下水流速及水力坡度等措施；二是可以改造土的性质，增强其抗渗能力，如增加岩土的密实度、降低岩土层的渗透性等。这些措施应根据当地具体地质条件分别或综合采用。

3. 流砂

流砂是地下水自下而上渗流时土产生流动的工程地质现象（见图6-15），它与地下水的动水压力有密切关系，当地下水的动水压力大于土粒的浮重度或地下水的水力坡度大于临界水力坡度时，使土颗粒之间的有效应力等于零，土颗粒悬浮在水中，随着水流一起流出，就会产生流砂。这种情况的发生常是由于在地下水位以下开挖基坑、埋设地下管道、打井等工程活动而引起的，所以流砂是一种工程地质现象。

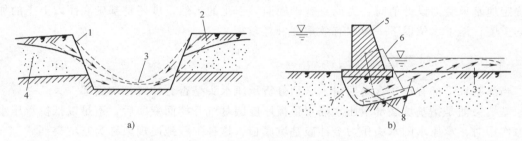

图 6-15　流砂破坏示意

a）斜坡条件时　b）地基条件时

1—原坡面　2—流砂后坡面　3—流砂堆积物　4—地下水位　5—建筑物原位置
6—流砂后建筑物位置　7—滑动面　8—流砂发生区

流砂易产生在细砂、粉砂、粉质黏土等土中。具体而言，流砂的形成条件包括：土层由粒径均匀的细颗粒组成（一般粒径在0.01mm以下的颗粒含量在30%以上）；水力梯度较大，流速增大，动水压力等于或超过了土颗粒的有效重度时，土颗粒悬浮流动形成流砂。

流砂作为一种不良的工程地质现象，在建筑物深基础工程和地下建筑工程的施工中所遇到的流砂现象，按照其严重程度可分为三种：轻度流砂，细小的土颗粒随着地下水渗漏一起穿过缝隙而流入基坑，增加坑底的泥泞程度；中度流砂，在基坑底部，尤其是靠近围护桩的地方，常会出现一堆粉细砂缓缓冒起，可见粉细砂堆中形成许多小的排水沟，冒出的水夹带着细小土粒在慢慢流动；严重流砂，流砂的冒出速度很快，有时候像开水初沸时的翻泡，基坑底成为流动状态。

流砂在工程施工中能造成大量的土体流动，致使地表塌陷或建筑物的地基破坏，能给施工带来很大困难，或直接影响建筑工程及附近建筑物的稳定，因此，必须进行防治。在可能产生流砂的地区，若其上面有一定厚度的土层，应尽量利用上面的土层作天然地基，也可用桩基穿过流砂层，总之尽可能地避免开挖。如果必须开挖，可用以下方法处理流砂：

1）人工降低地下水位：使地下水水位降至可能产生流砂的地层以下，然后开挖。

2）打板桩：在土中打入板桩，它一方面可以加固坑壁，同时增长了地下水的渗流路程以减小水力坡度。

3）冻结法：用冷冻方法使地下水结冰，然后开挖。

4）水下开挖：基坑（或沉井）中用机械在水下挖掘，避免因排水而造成产生流砂的水头差，为了增加砂的稳定，也可向基坑中注水并同时进行挖掘。

此外，处理流砂的方法还有化学加固法、爆炸法及加重法等。在基坑开挖的过程中局部地段出现流砂时，立即抛入大块石等，可以克服流砂的活动。

6.5.3 地下水的浮托作用

当建筑物基础底面位于地下水位以下时，地下水对基础底面产生静水压力，即产生浮托力。如果基础位于粉性土、砂性土、碎石土和裂隙发育的岩石地基上，则按地下水位100%计算浮托力；如果基础位于裂隙不发育的岩石地基上，则按地下水位50%计算浮托力；如果基础位于黏性土地基上，其浮托力较难确切地确定，应结合地区的实际经验考虑。

地下水不仅对建筑物基础产生浮托力，同样对其水位以下的岩石、土体产生浮托力，因此确定地基承载力设计值时，无论是基础底面以下土的天然重度还是基础底面以上土的加权平均重度，地下水位以下一律取有效重度（浮重度）。

6.5.4 承压水对基坑工程的作用

当深基坑下部有承压含水层时，必须分析承压水头是否会冲毁基坑底部。

基坑突涌是指基坑底部承压水隔水顶板厚度因基坑开挖而变薄后，不足以抵抗承压水头压力作用时，承压水的水头压力会冲破基坑底板，这种工程地质现象称为基坑突涌。

为避免基坑突涌的发生，必须验算基坑底层的安全厚度 M，则基坑底层厚度范围的岩土重力与承压水头压力应相互平衡：

$$\gamma M = \gamma_w H \tag{6-6}$$

式中，γ、γ_w 分别为基坑底岩土的重度和地下水的重度；H 为相对于含水层顶板的承压水头值；M 基坑开挖后承压水隔水顶板岩土层的厚度。

则基坑底部承压水隔水顶板岩土层的厚度应满足下式，如图 6-16 所示。

$$M > \frac{\gamma_w}{\gamma} HK$$

式中，K 为安全系数，一般取 1.5~2.0，视基坑底部岩土体的裂隙发育程度及坑底面积大小而定。

若 $M < \frac{\gamma_w}{\gamma} HK$，为防止基坑突涌，则必须对承压含水层进行预先排水，使其承压水头下降至基坑底能够承受的水头压力（图 6-17），而且，相对于含水层顶板的承压水头 H_w 必须满足下式：

$$H_w < \frac{\gamma}{K\gamma_w} M$$

6.5.5 地下水对混凝土的腐蚀作用

地下水某些成分含量过多时，对混凝土、可溶性石料、管道、钢铁等都有侵蚀危害。地下水对混凝土的腐蚀是一项复杂的物理化学过程，在一定的工程地质与水文地质条件下，对建筑材料的耐久性影响很大。如硅酸盐水泥遇水硬化，并且形成 $Ca(OH)_2$、水化硅酸钙 $CaO \cdot SiO_2 \cdot 12H_2O$、水化铝酸钙 $CaO \cdot Al_2O_3 \cdot 6H_2O$ 等，这些物质往往会受到地下水的腐蚀。混凝土遭受地下水侵蚀常见的破坏方式主要有：混凝土中某些组分被水溶解，或形成盐类结晶产生过大的体积膨胀。根据地下水对建筑结构材料腐蚀评价标准，将腐蚀分为三种类型。

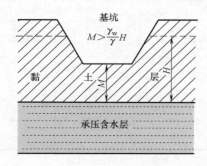

图 6-16 基坑底部隔水顶板最小厚度

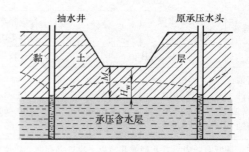

图 6-17 防止基坑突涌的抽水降压

1. 结晶类腐蚀

1）当地下水中含过多的 SO_4^{2-} 时，将与混凝土中的 $Ca(OH)_2$ 作用生成二水石膏结晶晶体 $CaSO_4 \cdot 2H_2O$。

$$CaSO_4 + 2H_2O \Leftrightarrow CaSO_4 \cdot 2H_2O$$

当硬石膏变成二水石膏时，体积将增大 31%，产生 0.15MPa 的膨胀压力，破坏混凝土。

2）二水硫酸钙再与水化铝酸钙发生化学反应，生成水化硫铝酸钙（亦称水泥杆菌），水化硫铝酸钙结合着很多的化合水，体积可膨胀近 2.5 倍，破坏力很大，其判定标准见表 6-10。

$$3CaO \cdot Al_2O_3 \cdot 6H_2O + 3CaSO_4 + 25H_2O = 3CaO \cdot Al_2O_3 \cdot 3CaSO_4 \cdot 31H_2O$$

表 6-10 结晶性腐蚀判定标准

腐蚀等级	SO_4^{2-} 在水中的含量/(mg/L)		
	Ⅰ 类环境	Ⅱ 类环境	Ⅲ 类环境
无腐蚀	<250	<500	<1500
弱腐蚀	250~500	500~1500	1500~3000
中等腐蚀	500~1500	1500~3000	3000~5000
强腐蚀	>1500	>3000	>5000

2. 分解类腐蚀

地下水含有 CO_2、HCO_3^-，CO_2 与混凝土中的 $Ca(OH)_2$ 作用，生成 $CaCO_3$ 沉淀。

$$Ca(OH)_2 + CO_2 = CaCO_3 \downarrow + H_2O$$

由于 $CaCO_3$ 不溶于水，它可填充混凝土的孔隙，在混凝土周围形成一层保护膜，能防止 $Ca(OH)_2$ 的分解。但是，当地下水中 CO_2 的含量超过一定数值时，HCO_3^- 离子的含量过低，则超量的 CO_2 再与 $CaCO_3$ 反应。

$$CaCO_3 + CO_2 + H_2O \rightleftharpoons Ca^{2+} + 2HCO_3^-$$

这是一个可逆反应，碳酸钙溶于水中后，要求水中必须含有一定数量的游离 CO_2 以保持平衡，如水中游离 CO_2 减少，则方程向左进行产生碳酸钙沉淀。水中这部分 CO_2 称为平衡二氧化碳。若水中游离 CO_2 数量大于当时的平衡 CO_2 数量，则可使方程向右进行，碳酸钙被溶解，直到达到新的平衡为止，其判定标准见表6-11。

表 6-11 分解性腐蚀判定标准

腐蚀等级	酸型腐蚀		碳酸型腐蚀		微矿化水型腐蚀	
	直接临水或强透水土层	弱透水土层	直接临水或强透水土层	弱透水土层	直接临水或强透水土层	弱透水土层
	pH 值		侵蚀性 CO_2/(mg/L)		HCO_3^-/(mg/L)	
无腐蚀	>6.5	>6.0	<15	<30	>1.0	—
弱腐蚀	6.5~6.0	6.0~5.0	15~30	30~60	1.0~0.5	—
中等腐蚀	6.0~5.0	5.0~4.0	30~60	60~100	<0.5	—
强腐蚀	<5.0	<4.0	>60	>100	—	—

注：Ⅲ型腐蚀中，有Ⅱ型或Ⅱ型以上腐蚀共存时，以腐蚀强度最大者，作为分解性腐蚀评价结论。

3. 结晶分解复合类腐蚀

当地下水中 NH_4^-、NO_3^-、Cl^- 和 Mg^{2+} 的含量超过一定数量时，与混凝土中的 $Ca(OH)_2$ 发生反应。

$$Ca(OH)_2 + MgSO_4 = Mg(OH)_2 + CaSO_4$$
$$Ca(OH)_2 + MgCl_2 = Mg(OH)_2 + CaCl_2$$

$Ca(OH)_2$ 与镁盐作用的生成物中，除 $Mg(OH)_2$ 不易溶解外，$CaCl_2$ 则易溶于水，并随之流失；硬石膏一方面与混凝土中的水化铝酸钙发生化学反应生成水化硫铝酸钙，另一方面遇水后生成二水石膏，结果是破坏混凝土，其判定标准见表6-12。

表 6-12 结晶分解复合性腐蚀判定标准

腐蚀等级	腐蚀介质	环境类型		
		Ⅰ	Ⅱ	Ⅲ
微	硫酸盐含量 SO_4^{2-} /(mg/L)	<200	<300	<500
弱		200~500	300~1500	500~3000
中		500~1500	1500~3000	3000~6000
强		>1500	>3000	>6000
微	镁盐含量 Mg^{2+} /(mg/L)	<1000	<2000	<3000
弱		1000~2000	2000~3000	3000~4000
中		2000~3000	3000~4000	4000~5000
强		>3000	>4000	>5000
微	铵盐含量 NH_4^+ /(mg/L)	<100	<500	<800
弱		100~500	500~800	800~1000
中		500~800	800~1000	1000~1500
强		>800	>1000	>1500

（续）

腐蚀等级	腐蚀介质	环境类型		
		I	II	III
微	苛性碱含量 OH⁻ /（mg/L）	<35000	<43000	<57000
弱		35000~43000	43000~57000	57000~70000
中		43000~57000	57000~70000	70000~100000
强		>57000	>70000	>100000
微	总矿化度 /（mg/L）	<10000	<20000	<50000
弱		10000~20000	20000~50000	50000~60000
中		20000~50000	50000~60000	60000~70000
强		>50000	>60000	>70000

注：1. 表中的数值适用于有干湿交替作用的情况，I、II类腐蚀环境无干湿交替作用时，表中硫酸盐含量数值应乘以 1.3 的系数。

2. 表中数值适用于水的腐蚀性评价，对土的腐蚀性评价，应乘以 1.5 的系数；单位以 mg/kg 表示。

3. 表中苛性碱（OH⁻）含量（mg/L）应为 NAOH 和 KOH 中的 OH⁻含量（mg/L）。

上述评价中必须结合建筑场地所属环境类别，建筑场地根据气候区、土层透水性、干湿循环和冻融交替情况区分为三类环境（表6-13）。

表 6-13　混凝土腐蚀的场地环境类别分类标准

环境类别	气候区	土层特性	干湿交替	冰冻区（段）
I	高寒区 干旱区 半干旱区	直接临水或强透水土层中的地下水，或湿润的强透水层	有	混凝土不论在地面或地下，当受潮或浸水时，处于严重冰冻区（段）、冰冻区（段），或微冰冻区（段）
II	高寒区 干旱区 半干旱区	直接临水或强透水土层中的地下水，或湿润的强透水层	有	
	湿润区 半湿润区	直接临水或强透水土层中的地下水，或湿润的强透水层	有	混凝土不论在地面或地下，无干湿交替作用时，其腐蚀强度比有干湿交替作用时相对降低
III	各气候区	弱透水土层	无	不冻区

注：当竖井、隧洞、水坝等工程的混凝土结构面与水（地下水或地表水）接触，另一面又暴露在大气中时，其场地环境分类应划分为I类。

 思考题

1. 岩土中的水有哪些水理性质？

2. 如何理解含水层与隔水层的相对性？

3. 地下水按埋藏条件可分为哪三类？各自有哪些特点？

4. 地下水按含水层孔隙性质可分为哪三类？各有哪些特点？

5. 地下水的物理性质包括哪些？地下水中有哪些主要的化学成分？地下水有哪些化学性质？

6. 什么是渗流？达西定律的内容、原理和适用范围是什么？渗透系数如何测定？

7. 地下水对混凝土结构的腐蚀类型有哪几种？地下水对钢筋产生腐蚀的原因是什么？地下水对混凝土和钢筋腐蚀性的评价标准是什么？钢筋混凝土的防护措施有哪些？

8. 渗流常见的破坏类型有哪几种？其破坏的机理是什么？

9. 什么是基坑突涌？基坑突涌产生的条件是什么？如何防治基坑突涌？

10. 什么是流砂？流砂有哪些破坏作用？流砂形成的条件是什么？防止流砂的措施有哪些？

11. 什么是管涌？管涌有哪些破坏作用？管涌形成的条件是什么？防止管涌的措施有哪些？

12. 什么是潜蚀？潜蚀形成的条件是什么？防止潜蚀的措施有哪些？

13. 人工降低地下水位的方法有哪些？

第7章 不良工程地质现象

■ 7.1 活断层与地震

7.1.1 活断层

活断层是指现在正在活动或在晚更新世或距今 10 万~12 万年以来有过活动的断层。活断层对工程建设地区稳定性有重要影响，因此是工程地质评价的核心问题之一。其对工程建设的重要意义在于：活断层的地面错动直接损害跨越该断层的建筑物，也会影响到邻近建筑物；活断层突然错动时发生的强烈地震活动，将对大范围的建筑物和生命财产安全造成危害。

活断层对工程的影响与活断层的特性密切相关。活断层的基本特性主要表现在：

（1）活断层是深大断裂复活运动的产物　活断层往往是地质历史时期产生的深大断裂在现代构造条件下重新活动而产生的。

（2）活断层的继承性和反复性　活断层往往是继承老的断裂活动历史而继续发展的，而且现今发生的地面断裂破坏的地段过去曾多次反复发生过同样的断层活动。

（3）活断层的类型　主要有蠕滑和黏滑两种。蠕滑是一个连续的缓慢滑动过程，因其只发生较小的应力降，故而不可能有大的地震相伴随，一般仅伴有小震或地震活动，危害小，常发生在强度较低的软岩中，断层带锁固能力弱。黏滑则是断层发生快速错动，在突发错动剪断层呈闭锁状态，伴随着大量弹性应变能的迅速释放，故黏滑活动一般伴地震发生，危害大，常发生在强度较高的岩石中，断层带锁固能力强。在同一条断裂带的不同区段可以有不同的活动方式。比如黏滑运动的断层有时也会伴有小的蠕滑，而大部分部位以蠕滑为主的断层，在其端部也会出现黏滑，产生较大的地震。

（4）活动断层的规模和活动速率　活动断层的长度和断距是表征其规模的重要数据。一般认为，地面上产生的最长地震地表断裂，可以代表地震震源断层的长度，而地震震源断层的长度与震级大小是正相关的。

活断层的活动速率是断层活动强度的重要指标。统计资料表明，活断层活动速率一般为每年不足几毫米，最强的也仅有几十毫米。根据活动断层的滑动速率，可将活断层分为活动强度不同的级别，见表 7-1。

表 7-1　我国活动断层分级

级别	A	B	C	D
速率 $R/(mm/a)$	$100>R \geqslant 10$	$10>R \geqslant 1$	$1>R \geqslant 0.1$	$R<0.1$
强烈程度	特别强烈	强烈	中等	弱

（5）活断层的活动频率　活断层的活动方式以黏滑为主时，往往是间断性地突然错动，两次突然错动的时间间隔就是地震重复周期。

在岩土工程、工程地质学意义上，全新活动断裂是强烈地震的发源地。工程场地及其邻近的全新活动断裂未来将发生多大地震、发震部位和发震时间，不仅是地震学家关心的问题，也是岩土工程师、工程地质学家和设计工程师广泛关注的问题。这一任务一般已包括在中、长期地震危险性预测、烈度区划等工作中。岩土工程师等的职责应是在查明工程场址及邻近地区全新活动断裂位置和性质的基础上，重点研究其可能发生强震的部位。

根据对我国大陆地区发生 6 级以上强震构造背景的研究，强震一般发生在深大活动断裂带及由活动断裂带形成、控制的新断陷盆地内。发生强震的常见处所如下，在选择场址和进行工程场地评价时，应重点研究。

1. 深大、全新活动断裂带

1）两组或两组以上活动断裂的交汇或汇而不交的部位。

2）活动断裂的拐弯突出部位。

3）活动断裂的端点及断面上不平滑处。

4）曾经发生过强震的地段。

5）断裂活动最强烈或活动速率最大的部位。

2. 新断陷盆地

1）断陷盆地较深、较陡一侧的全新活动断裂带，尤其是断距最大的地段。

2）断陷盆地内部的次一级盆地之间或横向断裂所控制的隆起两侧。

3）断陷盆地内多组全新活动断裂的交汇部位。

4）断陷盆地的端部，尤其是多角形盆地的锐角区。

5）复合断陷盆地中的次级凹陷处部位等。

从统计的观点来看，其中以不同方向的活动断裂（两组或两组以上）的交汇部位发震概率最高，见表 7-2。

表 7-2　我国大陆地区 6 级以上强震的发震构造条件

构造条件	活动断裂				
	断裂交汇	断裂弯曲	活动强烈地段	断裂端部	原因不明
地震数	99	29	27	2	33
百分比（%）	52	15	14	1	18

对于活动性断裂构造的工程评价，《岩土工程勘察规范》（GB 50021—2001）（2009 年版）做了如下一些规定：

1）全新活动断裂的地震效应评价，应根据其基本活动形式区别对待。

① 对断裂两翼只有微量位错或蠕动无感地震，可按静力作用下地基产生的微小相对位

移对待。

② 对深埋的全新活动断裂（埋深超过 100m），震级大于或等于 5 级且地面不产生构造性裂缝的场地，可按《建筑抗震设计规范》（GB 50011—2010）（2016 年版）的规定实施抗震措施。

③ 对可能产生明显位错或地面裂缝的活动断裂，宜避开断裂带，避开距离应考虑活动断裂的等级、规模、区域地质环境、地震烈度、覆盖层厚度及工程的重要性等因素确定。

表 7-3 是重大工程与断裂的安全距离及处理措施，未列入《建筑抗震设计规范》（GB 50011—2010）（2016 年版），重大工程在可行性研究（或选择场址）时，可参照该表确定与全新活动断裂（包括发震断裂）的安全距离及处理措施。

表 7-3　重大工程与断裂的安全距离及处理措施

断裂分级		安全距离及处理措施
Ⅰ	强烈全新活动断裂	抗震设防烈度为Ⅸ度时,宜避开断裂带约 3000m,抗震设防烈度为Ⅷ度时,宜避开断裂带 1000~2000m,并宜选择断裂下盘建设
Ⅱ	中等全新活动断裂	宜避开断裂带 500~1000m,并宜选择断裂下盘建设
Ⅲ	微弱全新活动断裂	宜避开断裂带进行建设,不使建筑物横跨断裂带

2）发震断裂的地震效应评价宜符合下列规定：

① 发震断裂通过的场地可视为强震震中区或极震区。

② 发震断裂的活动形式，取决于其所处基岩的埋深和上覆土层性质。当一次强烈地震在基岩中产生相对位错（D_L），其可能的活动形式与覆盖土层的关系为：当覆盖土层厚度 $h<(15\sim25)D_L$ 时，可能发生地表错动；当覆盖土层厚度 $h>(25\sim30)D_L$ 时，地表可能只有震动而无错动。

③ 构造性地裂对建筑物的破坏形式多似静力破坏，当无法避开时可采取局部结构（地梁、基础栅格）的加强措施或采用箱形、筏形基础等。对于非构造性地裂，宜采取场地地基加固处理措施。

④ 对非全新活动断裂可不考虑抗震问题，当断裂破碎带发育时宜考虑不均匀地基的影响。所以，在活动性断裂地带建设工程项目时，必须做地震稳定性分析并做好相应抗震措施。

7.1.2　地震

1. 基本概念

地震是一种地质现象，是地球的内力作用而产生的地壳构造运动的一种表现。地下深处的岩层，由于活动性断层突然错动或其他原因而产生震动，并以弹性波的形式传递到地表，这种现象称为地震。在描述地震的过程中，需明确如下基本概念。

【二维码 7-1
地震】

地壳或地幔中发生地震的地方称为震源。震源在地面上的垂直投影称为震中（见图 7-1），也称为震源区。它通常是一个区域，但研究地震时常把它看成一个点。震中可以看作地面上震动的中心，可分为微观震中和宏观震中。微观震中可以看作地面上正对着震源的那一点，即震源在地面上的投影点。宏观震中是指地面破裂最严重的点（区域）。微观震中与宏观震

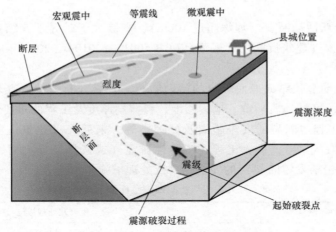

图 7-1 地震名词示意

中可以重合也可以不重合。震中附近地面震动最大，远离震中地面震动减弱。围绕震中的一定面积的地区，称为震中区，它表示一次地震时震害最严重的地区。强烈地震的震中区往往又称为极震区。

震源与地面的垂直距离，称为震源深度。通常把震源深度在 70km 以内的地震称为浅源地震，70~300km 的称为中源地震，300km 以上的称为深源地震。目前出现的最深的地震是720km。绝大部分的地震是浅源地震，震源深度多集中于 5~20km，中源地震比较少，深源地震则更少。

同样大小的地震，当震源较浅时，波及范围较小，破坏性较大；当震源深度较大时，波及范围虽较大，但破坏性相对较小。多数破坏性地震都是浅震。深度超过 100km 的地震，在地面上不会引起灾害。例如，唐山地震震中位于唐山市内铁路以南的市区，震源深度为 12~16km，属于浅源地震，唐山市区平地的建筑物几乎全部遭到毁坏。2008 年 "5·12" 汶川地震震源深度约 19km，2010 年 "4·14" 玉树地震震源深度约 14km。

地面上某一点到震中的直线距离，称为该点的震中距。震中距在 1000km 以内的地震，通常称为近震，大于 1000km 的称为远震。引起灾害的一般都是近震。

在同一次地震影响下，地面上破坏程度相同各点的连线，称为等震线（图 7-1）。等震线图在地震工作中的用途很多。根据它可确定宏观震中的位置。根据震中区等震线的形状，可以推断产生地震的断层（发震断层）的走向。

地震引起的振动以波的形式从震源向各个方向传播，称为地震波。地震波可分为体波（body wave）和面波（surface wave）。体波又分为纵波和横波，如图 7-2 所示。

纵波是由震源传出的压缩波，又称为 P 波，质点振动方向与波的前进方向一致，一疏一密地向前传播。纵波在固态、液态及气态中均能传播。纵波的传播速度快，是最先到达地表的波动，纵波在完整岩石中的传播速度为 $v_p = 4000 ~ 6000 \mathrm{m/s}$，在水中的传播速度约为 1450m/s，在空气中的传播速度为 340m/s。它周期短，振幅小。纵波的能量约占地震波能量的 7%。

横波是震源向外传播的剪切波，又称为 S 波，横波质点振动方向与波的前进方向垂直。传播时介质体积不变，但形状改变，周期较长，振幅较大。由于横波是剪切波，所以它只能在固体介质中传播，而不能通过对剪切变形没有抵抗力的流体。横波是第二个到地表的波动，横波的能量约占地震波总能量的 26%。横波在完整岩石中的传播速度为 $v_S = 2000 \sim 4000\text{m/s}$，横波在水中的传播速度为 0，即横波不能在流体中传播。

面波（又分瑞利波 R 波和勒夫波 L 波）是体波到达地面后激发的次生波，它只在地表传播，向地面以下迅速消失。面波波长大，振幅大，能量很大，约占地震波总能量的 67%。面波的传播速度最慢，瑞利波的波速 $v_R = 0.9 \sim 0.95 v_S$。

地震时，最先到达地面建筑物的总是纵波，人首先感觉到上下震动；其次是横波，人感觉到左右晃动；最后到达的才是面波。当横波和面波到达时，地面震动最强烈，对建筑物的破坏性最大。

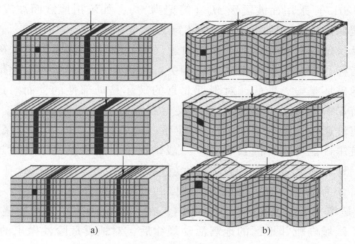

【二维码 7-2
玉树地震波
传播示意
动画图】

图 7-2　地震波示意

a）纵波　b）横波

地震震级即通常所说的地震的大小，它是量度地震震源释放能量大小的指标，能量越大，震级越大。地震震级与地震释放能量的关系见表 7-4。小于 2 级的地震称为微震，2~4 级的地震称为有感地震，5 级以上地震称为破坏性地震，7 级以上的地震称为强烈地震。目前，最基本的震级标度有 4 种：矩震级 M_W、近震震级 M_L、体波震级 M_B 或 M_b 和面波震级 M_S。

矩震级 M_W：是反映地震断层错动程度的一个物理量，它等于断层面的面积 S、断层面的平均位错量和断层岩石剪切模量 G 的乘积。地震的矩震级，既可由地震波记录反演计算获得，也可从野外测量断层的平均位错、破裂长度，实验室内测量岩石的剪切模型、等震线的衰减或余震推断的震源深度计算出来，适宜于矩震级大于 3.5 级的地震。如 2008 年 "5·12" 汶川地震的矩震级 M_W 为 7.9 级。

表 7-4　地震震级与地震释放能量的关系

地震震级	能量/J	地震震级	能量/J
1	2.00×10^6	6	6.31×10^{13}
2	6.31×10^7	7	2.00×10^{15}
3	2.00×10^9	8	6.31×10^{16}
4	6.31×10^{10}	9	3.55×10^{17}
5	2.00×10^{12}	10	1.41×10^{18}

近震震级 M_L：又称为地方性震级，其由近震体波计算所得。可用伍德-安德森扭力式地震仪测定，地方性震级的适用范围为 2~6 级，最多不超过 6.8 级。

体波震级 M_B 或 M_b：由 P 波振幅计算所得。深源地震的面波不强，故采用体波震级来标量深源地震的震级。采用周期 1s 左右的 P 波振幅计算时标记为 M_b，采用周期 5~15s 的 P 波振幅计算标记为 M_B。M_b 适宜于震源深度为 16~100km，震级为 4~7 级。

面波震级 M_S：指根据 R 波垂直分量的振幅计算所得。它是以 μm 为单位来表示离开震中 1000km 的标准地震仪所记录的最大振幅，并以对数来表示。具体来讲，按如下方法确定：如在距地震 100km 处的地震仪，其记录纸上的振幅是 10mm，用 μm 表示则为 10000μm，其对数则为 4，根据定义，这次地震的震级是 4 级。国家标准《地震震级的规定》（GB 17740—2017）采用面波震级 M_S（简记为 M），如汶川地震面波震级 M_S 为 8.0 级。面波震级适宜于震源深度为 20~180km，震级为 5~8 级。

地震烈度是反映地震时对具体地点地表和建（构）筑物的实际影响和破坏的强烈程度的指标，它与距震中距离密切相关。如唐山发生的 7.8 级大地震，对震中唐山的破坏是毁灭性的，对附近北京的破坏是局部性的，而对远处的沈阳基本没有影响。此外，地震烈度不仅与震级有关，还和震源深度、距震中距离、地震波通过的介质条件（岩石性质、地质构造、地下水埋深）及建筑结构物的抗震性能等多种因素有关。一般情况下，震级越高、震源越浅、距震中越近，地震烈度就越高，破坏程度就越大。

【二维码 7-3 汶川地震烈度图】

地震烈度又可分为基本烈度、建筑场地烈度和设防烈度。

1）基本烈度是指一个地区在今后 100 年内，在一般场地条件下可能遇到的最大地震烈度。它是在研究了区域内毗邻地区的地震活动规律后，对地震危险性做出的综合性的平均估计和对未来地震破坏程度的预报，目的是作为工程设计的依据和抗震的标准。

2）建筑场地烈度又称为小区域烈度，是指建筑场地内因地质条件、地貌、地形条件和水文地质条件的不同而引起基本烈度的降低或提高后的烈度。通常建筑场地烈度比基本烈度提高或降低半度至一度。

3）设防烈度又称为设计烈度，是指应按国家规定的权限审批、颁发的文件（图件）[《中国地震烈度表》（GB/T 17742—2020）及《中国地震烈度区划图》] 确定。在基本烈度的基础上，考虑建筑物的重要性、永久性、抗震性，将基本烈度加以适当调整，调整后设计采用的烈度称为设防烈度。大多数一般建筑物不需调整，基本烈度即为设防烈度。特别重要的工程建筑需提高一度时，应按规定报请有关部门批准。对次要建筑，如仓库或辅助建筑，设防烈度可降低一度。但基本烈度为Ⅶ度时，不降。

地震烈度鉴定可参考表 7-5。

表 7-5　地震烈度鉴定

地震烈度	人的感觉	房屋震害			其他震害现象	水平向地震动参数	
		类型	震害程度	平均震害指数		峰值加速度 /(m/s²)	峰值速度 /(m/s)
Ⅰ	无感	—	—	—	—	—	—
Ⅱ	室内个别静止中的人有感觉	—	—	—	—	—	—

（续）

地震烈度	人的感觉	房屋震害			其他震害现象	水平向地震动参数	
		类型	震害程度	平均震害指数		峰值加速度/(m/s²)	峰值速度/(m/s)
Ⅲ	室内少数静止中的人有感觉	—	门窗轻微作响	—	悬挂物微动	—	—
Ⅳ	室内多数人、室外少数人有感觉，少数人梦中惊醒	—	门窗作响	—	悬挂物明显摆动，器皿作响	—	—
Ⅴ	室内绝大多数人、室外多数人有感觉，多数人梦中惊醒	—	门窗、屋顶、屋架颤动作响，灰土掉落，个别房屋抹灰出现细微裂缝，个别有檐瓦掉落，个别屋顶烟囱掉砖	—	悬挂物大幅度晃动，不稳定器物摇动或翻倒	0.31（0.22～0.44）	0.03（0.02～0.04）
Ⅵ	多数人站立不稳，少数人惊逃户外	A	少数中等破坏，多数轻微破坏和/或基本完好	0.00～0.11	家具和物品移动；河岸和松软土出现裂缝，饱和砂层出现喷砂冒水；个别独立砖烟囱轻度裂缝	0.63（0.45～0.89）	0.06（0.06～0.09）
		B	个别中等破坏，少数轻微破坏，多数基本完好				
		C	个别轻微破坏，大多数基本完好	0.00～0.08			
Ⅶ	大多数人惊逃户外，骑自行车的人有感觉，行使中的汽车驾乘人员有感觉	A	少数毁坏和/或严重破坏，多数中等和/或轻微破坏	0.09～0.31	物体从架子上掉落，河岸出现塌方，饱和砂层常见喷水冒砂，松软土地上地裂缝较多；大多数独立砖烟囱中等破坏	1.25（0.90～1.77）	0.13（0.10～0.18）
		B	少数毁坏，多数严重和/或中等破坏				
		C	个别毁坏，少数严重破坏，多数中等和/或轻微破坏	0.07～0.22			
Ⅷ	多数人摇晃颠簸，行走困难	A	少数毁坏，多数严重和/或中等破坏	0.29～0.51	干硬土上出现裂缝，饱和砂层绝大多数喷砂冒水；大多数独立砖烟囱严重破坏	2.50（1.78～3.53）	0.25（0.19～0.35）
		B	个别毁坏，少数严重破坏，多数中等和/或轻微破坏				
		C	少数严重和/或中等破坏，多数轻微破坏	0.20～0.40			
Ⅸ	行动的人摔倒	A	多数严重破坏和/或毁坏	0.49～0.71	干硬土上多处出现裂缝，可见基岩裂缝、错动，滑坡、塌方常见；独立砖烟囱多数倒塌	2.50（1.78～3.53）	0.25（0.19～0.35）
		B	少数毁坏，多数严重和/或中等破坏				
		C	少数毁坏和/或严重破坏，多数中等和/或轻微破坏	0.38～0.60			

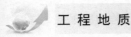

（续）

地震烈度	人的感觉	房屋震害				其他震害现象	水平向地震动参数	
		类型	震害程度		平均震害指数		峰值加速度/(m/s²)	峰值速度/(m/s)
X	骑自行车的人会摔倒,处不稳定状态的人会摔离原地,有抛起感	A	绝大多数毁坏		0.69~0.91	山崩和地震断裂出现;基岩拱桥破坏;大多数独立砖烟囱根部破坏或倒毁	5.00(3.54~7.07)	0.50(0.35~0.71)
		B	大多数毁坏					
		C	多数毁坏和/或严重破坏		0.58~0.80			
XI	—	A	绝大多数毁坏		0.89~1.00	地震断裂延续很大,大量山崩滑坡	10.00(7.08~14.14)	1.00(0.72~1.41)
		B						
		C						
XII	—	A	几乎全部毁坏		0.78~1.00	地面剧烈变化,山河改观	—	—
		B						
		C						

2. 地震破坏作用

在地震作用下,地面会出现各种震害和破坏现象,也称为地震效应,即地震的破坏作用。地震的破坏作用可分为震动破坏和地面破坏两个方面,其主要的破坏方式有共振破坏、驻波破坏、相位差动破坏、地震液化和地震带来的次生地质灾害五种。

（1）共振破坏 地基土质条件对于建（构）筑物的抗震性能的影响是很复杂的,它涉及地基土层接收振动能量后如何传达到建（构）筑物上。地震时,从震源发出的地震波,在土层中传播时,经过不同性质界面的多次反射,将出现不同周期的地震波。若某一周期的地震波与地基土层固有周期相近,由于共振的作用,这种地震波的振幅将得到放大,此周期称为卓越周期 T。

卓越周期可用式 $T = \sum_{i=1}^{n} \dfrac{4h_i}{v_S}$ 计算,式中 h_i 为第 i 层土的厚度,一般算至基岩;v_S 为横波波速。

根据地震记录统计,地基土随其软硬程度不同,卓越周期可划分为四级:

Ⅰ级——稳定岩层,卓越周期为 0.1~0.2s,平均 0.15s。

Ⅱ级——一般土层,卓越周期为 0.2~0.4s,平均 0.27s。

Ⅲ级——松软土层,卓越周期在 Ⅱ~Ⅳ级之间。

Ⅳ级——异常松散软土层,卓越周期为 0.3~0.7s,平均 0.5s。

一般低层建筑物的刚度比较大,自振周期比较短,大多低于 0.5s。高层建筑物的刚度较小,自振周期一般大于 0.5s。经实测,软土场地上的高层（柔性）建筑物和坚硬场地上的拟刚性建筑物的震害严重,就是由上述原因引起的。因此,为了准确估计和防止上述震害发生,必须使建筑物的自振周期避开场地的卓越周期。

（2）驻波破坏 当两个幅值相同、频相相同但运动方向相反的两个地震波波列运动到同一点交汇时,形成驻波,其幅值增加一倍,当驻波在建筑物处产生时,会对建筑物形成较强的破坏作用,即驻波破坏。当相同条件的地震波与从沟谷反射回来的地震波在某地相会时会对该地建筑物产生驻波破坏。

（3）相位差动破坏 当建筑物长度小于地面振动波长时，建筑物与地基一起做整体等幅谐和振动。但当建筑物长接近于或大于场地振动波长时，两者振动相位不一致形成很不协调的振动，此时不论地面振动位移（振幅）有多大，而建筑物的平均振幅为零。在这种情况下，地基振动激烈地撞击建筑物的地下结构部分，并在最薄弱的部位导致破坏，即为相位差动破坏。

（4）地震液化与震陷 对饱和粉细砂土来说，在地震过程中，震动使得饱和土层中的孔隙水压力骤然上升，孔隙水压力来不及消散，将减小砂粒间的有效压力。若有效压力全部消失，则砂土层完全丧失抗剪强度和承载能力，呈现液态特征，这就是地震引起的砂土液化现象。地震液化的宏观表现有喷水冒砂和地下砂层液化两种。地震液化会导致地表沉陷和变形，称为震陷，将直接引起地面建筑物的变形和损坏（见图7-3）。

（5）地震激发地质灾害效应 强烈的地震作用可能会激发斜坡上岩土体松动、失稳，引起滑坡和崩塌等不良地质现象，这称为地震激发地质灾害效应（见图7-4）。这种灾害往往是巨大的，可以摧毁房屋和道路交通，甚至掩埋村落，堵塞河道。因此，对可能受地震影响而激发地质灾害的地区，建筑场地和主要线路应避开。另外，地震可能会引发海啸。

图7-3 地震导致砂土液化（来源于网络）

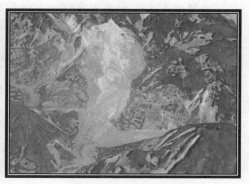

图7-4 汶川地震引起的大规模滑坡

3. 地震的类型

地震可以按震源深度分类，也可以按照成因分类。按震源深度分类在前文中已有阐述，此处不再赘述。地震按其成因，可分为构造地震、火山地震、陷落地震和人工诱发地震。

（1）构造地震 由地壳断裂构造运动引起的地震称为构造地震。地壳运动使组成地壳的岩层发生倾斜、褶皱、断裂、错动及大规模岩浆活动等，在此过程中因应力释放、断层错动而造成地壳震动，构造地震约占地震总数的90%。

（2）火山地震 由火山喷发引起的地震称为火山地震，这类地震强度较大，但受震范围较小，它只占地震总数的7%左右。

（3）陷落地震 由地层塌陷、山崩、巨型滑坡等引起的地震称为陷落地震。地层塌陷主要发生在石灰岩岩溶地区，岩溶溶蚀作用使溶洞不断扩大，导致上覆地层塌落，形成地震。陷落地震一般地震能量较小，影响范围小。此类地震只占地震总数的3%左右。

（4）人工诱发地震 人工诱发地震主要包括两个方面，一是由于水库蓄水或向地下大量灌水，使地下岩层增大负荷，如果地下有大断裂或构造破碎带存在，断层面浸水润滑加之水库荷载等共同作用，使断层复活而引起地震。二是由于地下核爆炸或地下大爆破，巨大的爆破力量对地下产生强烈的冲击，促使地壳小构造应力的释放，从而诱发了地震。

人工诱发地震的特点是震中位置多发生在水库或爆炸点附近地区，小震多，震动次数多，震源深度较浅，最大的震级目前不超过 6.5 级。

4. 强震触发的地质灾害特征——以汶川地震为例

汶川地震不仅震级高，而且具有持续时间长、震区地形地质条件复杂、地面地震动响应强烈［局部地区地面运动峰值加速度高达（1~2）g］等特点，因而其触发地质灾害呈现出一系列与通常重力环境下地质灾害迥异的特征。主要表现为：

抗震救灾精神

1）失稳前独特的震动溃裂现象。

2）特殊的溃滑失稳机理。

3）超强的动力特性和大规模的高速抛射与远程运动。

4）大量山体震裂松动等。

这些现象和特征已远远超出了人们原有认识和知识的范畴，使我们难以采用通常的术语去描述我们所观察到的与地震滑坡机理相关的一系列现象。为此，在大量现场调查的基础上，成都理工大学地质灾害防治与地质环境保护国家重点实验室主任黄润秋教授团队定义了若干新的词语，如震裂、溃滑、溃崩、抛射等，用以描述强震过程中坡体动力破坏的基本过程和特征，各术语含义如下：

震裂（溃裂）：强震过程中，由于地震波在坡体内部的传播，从而导致形成的特定的震动破裂体系，以陡峻的后缘拉裂面为典型代表，同时伴随坡体的震动松弛和局部解体等。

坡体震动溃裂产生陡峭的破裂面，从而形成滑坡的后缘边界（滑坡断壁）是本次地震触发地质灾害，尤其是大型滑坡灾害很显著的特征，这些"滑坡断壁"不仅陡立，而且裂面是粗糙锯齿状，呈典型张性（或张剪性）特征。其形成机理可理解为：地震波在坡体内传播，遇到不连续界面时，产生复杂的动力响应过程，形成界面的"拉应力效应"，从而导致坡体被拉裂所致，其过程如图 7-5 所示。

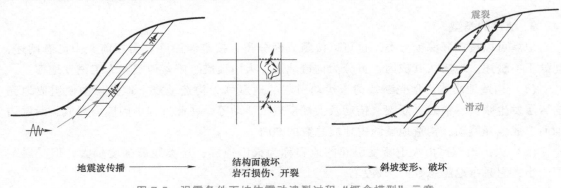

图 7-5　强震条件下坡体震动溃裂过程"概念模型"示意

溃滑：指震动溃裂坡体在强震持续作用下沿陡峻的"后缘拉裂面"产生的溃散型滑动，通常表现为如"散粒体"似的崩溃、快速扩展散开，图 7-6 所示的北川老县城王家岩滑坡，其破坏过程表现为极为典型的溃散型滑动。这类斜坡失稳机理的动力过程是：在强震作用下，地震波在坡体中，尤其是不连续面界面处产生复杂的传播行为，从而导致坡体内部产生溃裂破坏，形成特定的潜在"滑动面"，并伴随坡体的松弛，甚至解体；随后，在强震持续作用下，坡体沿特定的"面"产生整体的溃散型下滑，形成滑坡。

溃崩：指坡体在强震持续作用下，首先产生震动溃裂，然后崩塌破坏；其特点是破坏过程不受特定的滑动面控制，图7-7所示的北川新县城北川中学新区滑坡即为典型的溃崩型破坏。

图 7-6　北川老县城王家岩滑坡表现的陡峻后
缘面和沿其产生的典型溃散型滑动

图 7-7　北川新县城北川中学新区
滑坡典型的溃崩型破坏

坚硬块状岩体中的大型"崩塌"往往表现"崩溃"的特征。由于强烈振动导致的水平和垂直加速度很大（水平加速度最大可达 $0.5g$ 以上），在这种情形下，陡峻的基岩坡体的破裂几乎表现为"张裂"，从而导致坡体迅速解体为巨大的块石，在振动激发的水平初速度作用下，"崩溃"而下，破裂面表现出顺陡、缓节理拉张的锯齿状特征。北川县城的新北川中学岩崩就是典型。

抛射：指靠近发震断裂或震中区的坡体，由于地震波的地形放大效应，从而导致坡体上部或中上部被"连根拔起"，并向坡外抛出，产生抛射型的斜坡物质运动。这种破坏的特点是往往可以见到"灯盏"式的破坏面。

大量的实际调查结果表明，在汶川地震的强震区，坡体物质被从高位抛出的现象是极为普遍的。大体可以分为局部块体的抛射和大规模坡体物质的整体抛射。

局部块体的抛射在沿岷江、绵远河等河流两岸公路和河床上普遍可见，被抛射出来的巨石规模大者可达百余吨（见图7-8左），甚至数百吨（见图7-8右）。这些巨石可以在对应的坡体上找到它们的"来源"，但是却找不到它们运动的痕迹，显然是被强大的

图 7-8　百余吨的抛射巨石（汉旺绵远河出口）

震动临空抛射出来的，而且不少是呈直立状立于地表或插入地下一定深度（见图7-8右）。

5）诱发大量次生灾害。汶川地震使得龙门山区原本脆弱的地质环境进一步恶化，再度成灾的风险陡然增加。对于山区城镇，地震产生的严重后果不仅仅是直接的。更为严重的

是，强烈的震动使山体普遍破坏，并积累了大量的松散堆积物。汛期的高强降雨，将不可避免地诱发新的崩塌、滑坡及泥石流等次生灾害。2008年9月24日北川暴雨，引发高强度泥石流活动，地震中已被摧毁的北川县城再次遭受泥石流侵袭和掩埋就是一个典型例子。因此，在场地评估工作中，应特别注意震后地质环境的变化及灾害诱发因素具有多重性和长期持续性的特征。

■ 7.2 滑坡

7.2.1 基本概念

滑坡是山区常遇到的一种地质灾害。山坡或路基边坡发生滑坡，常使交通中断，影响公路的正常运输。大规模的滑坡，可以堵塞河道、摧毁公路、破坏厂矿、掩埋村庄，对山区建设和交通设施危害很大。

【二维码7-4 滑坡视频】

《地质灾害分类分级标准（试行）》（T/CAGHP 001—2018）规定，滑坡是指斜坡岩土体在重力作用下或其他因素参与影响下，沿地质弱面发生向下向外滑动并以向外滑动为主的变形破坏。通常具有双重含义：一是指岩土体的滑动过程；二是指滑动的岩土体及所形成的堆积体。就传统的滑坡而言，滑动的岩土体具有整体性，除了滑坡边缘线一带和局部一些地方有较少的崩塌和产生裂隙外，总的来看它大体上保持着原有岩土体的整体性；其次，斜坡上岩土体的移动方式为滑动，不是倾倒或滚动，因而滑坡体的下缘常为滑动面或滑动带的位置。此外，规模大的滑坡一般是缓慢地往下滑动，其位移速度多在突变加速阶段才显著。但值得注意的是，近年来发生的诸多滑坡，表现出了高速、远程滑动的特征，同时滑坡经常是在滑坡体的表层发生翻滚现象，因而称这种滑坡为崩塌性滑坡。一个发育完全的比较典型的滑坡具有如下的基本构造特征（见图7-9），是识别和判断滑坡的重要标志。

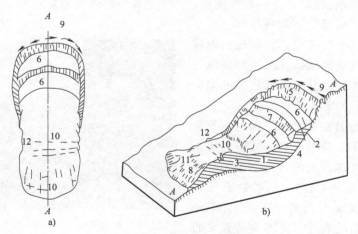

图7-9 滑坡形态和构造示意

a）平面图 b）块状图

1—滑坡体 2—滑动面 3—滑动带 4—滑坡床 5—滑坡后壁 6—滑坡台地
7—滑坡台地陡坎 8—滑坡舌 9—张拉裂缝 10—滑坡鼓丘 11—扇形张裂缝 12—剪切裂缝

滑坡体：斜坡内沿滑动面向下滑动的那部分岩土体。这部分岩土体虽然经受了扰动，但大体上仍保持原来的层位和结构构造的特点，但近年来的大型滑坡表现出滑坡体解体的现象越来越多，尤其是在高陡基岩山区的滑坡这种特征表现更为明显。滑坡体和周围不动岩土体的分界线叫滑坡周界。滑坡体的体积大小不等，大型滑坡体可达几千万立方米。

滑动面、滑动带和滑坡床：滑坡体沿其滑动的面称为滑动面。滑动面以上或其附近带，被揉皱了的厚数厘米至数米的结构扰动带，称为滑动带。有些滑坡的滑动面（带）可能不止一个，在最后滑动面以下稳定的岩土体称为滑坡床。

滑动面的形状随着斜坡岩土的成分和结构的不同而各异。在均质黏性土和软岩中，滑动面近于圆弧形。滑坡体如沿着岩层层面或构造面滑动时，滑动面多呈直线形或折线形。多数滑坡的滑动面由直线和圆弧复合而成，其后部经常呈弧形，前部呈近似水平的直线（见图 7-10）。

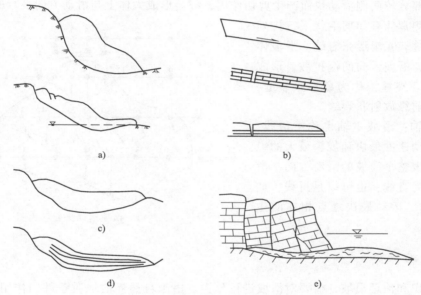

图 7-10   滑动面形状示意

a）圆弧形   b）平面形   c）、d）折线形   e）软岩挤出形

滑动面大多数位于黏土夹层或其他软弱岩层内，如页岩、泥岩、千枚岩、片岩、风化岩等。由于滑动时的摩擦，滑动面常常是光滑的，有时有清楚的擦痕；同时，在滑动面附近的岩土体遭受风化破坏也较厉害。滑动面附近的岩土体通常是潮湿的，甚至达到饱和状态。许多滑坡的滑动面常常有地下水活动，在滑动面的出口附近常有泉水出露。

滑坡后壁：滑坡体滑落后，滑坡后部和斜坡未动部分之间形成的一个陡度较大的陡壁称滑坡后壁。滑坡后壁实际上是滑动面在上部的露头。滑坡后壁的左右呈弧形向前延伸，其形态呈"圈椅"状，称为滑坡圈谷。

滑坡台阶：滑坡体滑落后，形成阶梯状的地面称滑坡台地。滑坡台地的台面往往向着滑坡后壁倾斜。滑坡台地前缘比较陡的破裂壁称为滑坡台坎。有两个以上滑动面的滑坡或经过多次滑动的滑坡，经常形成几个滑坡台地。滑坡台阶往往是因为各段下滑的速度、幅度的差异形成的一些错台。

滑坡鼓丘：滑坡体在向前滑动的时候，如果受到阻碍，就会形成隆起的小丘，称为滑坡鼓丘。

滑坡舌：滑坡体的前部如舌状向前伸出的部分称为滑坡舌。其可深入河谷或河流，甚至可以超过河对岸。

滑坡裂缝：在滑坡运动时，由于滑坡体各部分的移动速度不均匀，在滑坡体内及表面所产生的裂缝称为滑坡裂缝。根据受力状况不同，滑坡裂缝可以分为四种：①拉张裂缝。在斜坡将要发生滑动的时候，由于拉力的作用，在滑坡体的后部产生一些张口的弧形裂缝。与滑坡后壁相重合的拉张裂缝称为主裂缝。坡上拉张裂缝的出现是产生滑坡的前兆。②鼓张裂缝。滑坡体在下滑过程中，如果滑动受阻或上部滑动较下部快，则滑坡下部会向上鼓起并开裂，这些裂缝通常是张口的。鼓张裂缝的排列方向基本上与滑动方向垂直，有时交互排列成网状。③剪切裂缝。滑坡体两侧和相邻的不动岩土体发生相对位移时，会产生剪切作用；或滑坡体中央部分较两侧滑动快而产生剪切作用，都会形成大体上与滑动方向平行的裂缝。这些裂缝的两侧常伴有如羽毛状平行排列的次一级裂缝。④扇形张裂缝。滑坡体向下滑动时，滑坡舌向两侧扩散，形成放射状的张开裂缝，称为扇形张裂缝，也称为滑坡前缘放射状裂缝。

滑坡主轴：滑坡主轴也称主滑线，为滑坡体滑动速度最快和规模最大的纵向线，它代表整个滑坡的滑动方向。滑动迹线可以为直线，也可以是折线，如图 7-11 所示，运动最快之点相连的主轴为折线形。

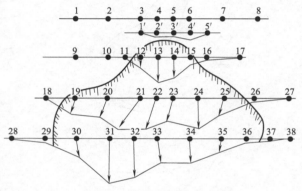

图 7-11　滑坡运动矢量平面图

7.2.2　滑坡分类

为了认识和治理滑坡，需要对滑坡进行分类。由于自然界的地质条件和作用因素复杂，以及目前对滑坡认识的局限性，同时，各种工程分类的目的和要求又不尽相同，因而可从不同角度进行滑坡分类。《地质灾害分类分级标准（试行）》（T/CAGHP 001—2018）对我国滑坡做了如下分类：

1. 按滑坡体的物质组成分类

滑坡按滑坡体的物质组成可分为土质滑坡和岩质滑坡两类。

（1）土质滑坡　是指滑坡物质主要由土体或松散堆积物质组成的滑坡。这类滑坡常发生于第四系与第三系地层中未成岩或成岩不良及有不同风化程度以黏土层为主的地层中，滑坡地貌明显，滑床坡度较缓，规模较小，滑速较慢，多成群出现。此类滑坡还存在一些特殊土滑坡，并具有自身的特征，如黄土滑坡多属于崩塌性滑坡，滑动速度快，变形急剧，规模及动能巨大，常群集出现。土质滑坡按照滑体颗粒大小和物质成分又可以分为粗粒土滑坡和细粒土滑坡两大类，详细分类可见表 7-6。

（2）岩质滑坡　滑体主要由各种完整岩体组成的滑坡，岩体中有节理裂隙切割。主要发育在两种地区，一种是受软弱岩层或具有软弱夹层控制的岩层中，另一种是在硬质岩层沿岩体结构面滑坡。

表 7-6　基于物质颗粒大小和成分的土质滑坡分类

滑坡类型	物质成分分类	特征描述
粗颗粒滑坡	堆积层滑坡	滑体由各种成因的块碎石堆积体(如滑坡、崩塌、泥石流、冰水等)构成,沿基覆界面或堆积体内部剪切面滑动
	残坡积层滑坡	滑体由基岩风化壳、残坡积土等构成,沿基覆界面或残坡积层内部剪切面滑动
	人工堆积层滑坡	滑体由人工开挖堆填土、弃渣等构成,沿基覆界面或残坡积层内部剪切面滑动
细粒土滑坡	黄土滑坡	发生在不同时期的黄土层中的滑坡,滑体主要由黄土构成,在黄土体内或沿基覆界面滑动
	黏性土滑坡	发生在黏性土层中的滑坡
	软土滑坡	滑坡土体以淤泥、泥炭、淤泥质土等抗剪强度极低的土为主,塑流变形较大
	膨胀土滑坡	滑坡土体富含蒙脱石等易膨胀矿物,内摩擦角很小,干湿效应明显
	其他细粒土滑坡	发生于其他类型的细粒土(砂性土、淤泥土等)中的滑坡

2. 按滑坡受力形式特征分类

滑坡按力学特征可分为推移式滑坡、平移式滑坡和牵引式滑坡。

（1）推移式滑坡（见图 7-12a）　滑坡的滑动面前缓后陡,其滑动力主要来自于坡体的中后部,前部具有抗滑作用。滑体中后部局部破坏,上部滑动面局部贯通,来自滑体中后部的滑动力推动坡体下滑,在后缘先出现拉裂、下错变形,并逐渐挤压前部产生隆起、开裂变形等,最后整个滑体滑动。推移式滑坡多是由于滑体上部增加荷载或地表水沿拉张裂隙渗入滑体等原因所引起的。

（2）牵引式滑坡（见图 7-12b）　滑体前部因临空条件较好,或受其他外在因素（如人工开挖、库水位升降等）影响,先出现滑动变形,使中后部坡体失去支撑而变形滑动,由此产生逐级后退变形,也称为渐进后退式滑坡。

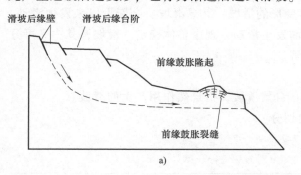

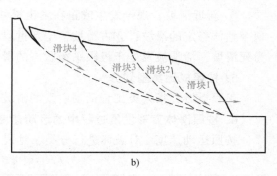

图 7-12　滑坡的力学分类

a）推移式滑坡　b）牵引式滑坡

除上述分类外,还有以下几种分类分式:

1. 按滑面与岩层层面关系的分类

按滑面与岩层层面关系可分为均质滑坡、顺层滑坡和切层滑坡三类。这种分类最为普遍，应用颇广。

1）均质滑坡发生在均质、无明显层理的岩土体中；滑坡面一般呈圆弧形。在黏土岩和土体中常见，如图 7-13a 所示。

2）顺层滑坡是沿岩层面发生的，当岩层倾向与斜坡倾向一致，且其倾角小于坡角的条件下，往往顺层间软弱结构面滑动而形成滑坡，如图 7-13b 所示。

【二维码 7-5 顺层滑坡机制模拟】

3）切层滑坡是滑动面切过岩层面的滑坡，多发生在沿倾向坡外的一组或两组节理面形成贯通滑动面的滑坡，如图 7-13c 所示。

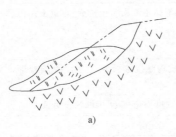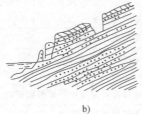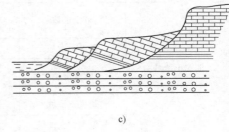

a)　　　　　　　　　　b)　　　　　　　　　　c)

图 7-13　滑坡滑面与地质结构关系示意
a）均质滑坡　b）顺层滑坡　c）切层滑坡

2. 按滑坡体厚度划分

滑坡按滑坡体厚度 h 可分为浅层滑坡（$h<6m$）、中层滑坡（$6m \leqslant h<20m$）、深层滑坡（$20m \leqslant h<30m$）和超深层滑坡（$h \geqslant 30m$）四类。

3. 按滑坡规模大小划分

滑坡按规模大小（滑坡体体积 V）可分为小型滑坡（$V<10$ 万 m^3）、中型滑坡（10 万 $m^3 \leqslant V<100$ 万 m^3）、大型滑坡（100 万 $m^3 \leqslant V<1000$ 万 m^3）、特大型滑坡（1000 万 $m^3 \leqslant V<10000$ 万 m^3）、巨型滑坡（$V \geqslant 10000$ 万 m^3）五类。

4. 按形成的年代划分

①新近滑坡，现今发生或正在发生滑移变形的滑坡；②老滑坡：全新世以来发生滑动，现今整体稳定的滑坡；③古滑坡，全新世以前发生滑动，现今整体稳定的滑坡，其中又可分为死滑坡、活滑坡及处于极限平衡状态的滑坡。

5. 按照成因类型划分

工程滑坡，指人类工程活动引发的滑坡；自然滑坡，指自然作用产生的滑坡。

6. 按照滑体变形发展过程中的运动速度划分

按照运动速度 v 对破坏进行分类，见表 7-7。

表 7-7　按照运动速度 v 对破坏进行分类

滑坡类型	速度限值	破坏力描述
超高速滑坡	$v \geqslant 5m/s$	灾害破坏力大,地标建筑完全毁灭,滑体的冲击或崩解造成巨大人员伤亡
高速滑坡	$3m/min \leqslant v<5m/s$	灾害破坏力大,因速度快而无法转移所有人员,造成部分死亡
快速滑坡	$1.8m/h \leqslant v<3m/min$	有时间进行逃生和疏散;房屋、财产和设备被滑体破坏
中速滑坡	$13m/月 \leqslant v<1.8m/h$	距离坡脚一定距离的固定建筑能够幸免;位于滑体上部的建筑破坏极其严重

（续）

滑坡类型	速度限值	破坏力描述
慢速滑坡	$1.6\text{m/a} \leq v < 13\text{m/月}$	如果滑动时间短并且滑坡边缘的运动分布于广泛的区域,则经过多次的大型维修措施,道路与固定建筑可以得到保留
缓慢滑坡	$0.016\text{m/a} \leq v < 1.6\text{m/a}$	一些永久建筑未产生破坏,即使因滑动产生破裂也是可修复的
极慢速滑坡	$v < 0.016\text{m/a}$	事先采取了防护措施的建筑不会产生破坏

7.2.3 滑坡的形成条件

滑坡产生的根本原因在于边坡岩土体的性质、坡体介质内部的结构构造和边坡体的空间形态发生变化。滑坡的形成与地层岩性、地质构造、地形地貌等内部条件,以及水、地震和人为活动因素等方面密切相关,这些因素可使斜坡外形改变、岩土体性质恶化及增加附加荷载等而导致滑坡的发生。

1. 地层岩性

在岩土层中,必须具有受水构造、聚水条件和软弱面(该软弱面也有隔水作用)等,才可能形成滑坡。在硬质岩地层中,发生滑坡的可能性较小,但岩体内夹有软弱破碎带或薄风化层,倾角较陡且有地下水活动时,岩层可能沿软弱面(带)而滑动。在软质易风化岩层中,干燥时,岩层风化成散粒碎屑(碎片),当受水潮湿后,容易形成表面滑动。在黏性土层中,一般上部地层较松散,易渗水,下部比较致密起隔水作用。当水下渗后,在其分界处构成软弱滑动面,常使上层土体沿此软弱面滑动。坡积黏性土,当其含水量较大时,抗剪强度显著降低,易沿下伏基岩顶面滑动而产生滑坡。滑坡主要发生在易亲水软化的土层中和一些软岩中,如黏质土、黄土和黄土类土、山坡堆积、风化岩及遇水易膨胀和软化的土层。软岩有页岩、泥岩和泥灰岩、千枚岩及风化凝灰岩等。

2. 构造

边坡体内部的结构构造情况(如岩层或土层层面、节理、裂缝等)常常是影响边坡体稳定性的决定性因素。一般堆积层和下伏岩层接触面越陡,其下滑力越大,滑坡发生的可能性也越大。滑坡体常在以下情况发生:

1)硬质岩层中夹有薄层软质岩、软弱破碎带或薄风化层,软弱夹层的倾角较陡且有地下水活动时,岩层可能沿着软弱夹层产生滑动。

2)边坡体有玄武岩等层状介质时,极易顺岩体的层面发生顺层滑坡,含煤地层易沿煤层发生顺层滑坡。

3)变质岩类中的片岩、千枚岩、板岩等的结构构造面密集,易产生滑坡;坡积地层或洪积地层下方常有基岩面下伏,下伏的基岩面坚硬且隔水,当大气降水沿土体孔隙下渗后,极易在下伏基岩面之上形成软弱的饱和土层,使土体沿此软弱面滑动。

4)存在断层破碎带、节理裂缝密集带的边坡体,易沿此类结构面发生滑坡。

3. 气候条件

夏季炎热干燥,使黏土层龟裂,如遇暴雨时,水沿裂缝渗入土体(滑坡体)内部,促使滑动。雨季开挖边坡,山坡土湿化,黏聚力降低,重度增大,对山坡稳定不利。气候变化使岩土风化,黏聚力降低,尤其是粉质黏土或夹有黏土质岩的地层,当雨水渗入较多时,易发生浅滑或表土溜滑。

4. 地形及地貌条件

边坡的坡高、倾角和表面起伏形状对其稳定性有很大的影响。坡角越平缓、坡高越低,边坡体的稳定性越好。边坡表面复杂、起伏严重时,较易受到地表水或地下水的冲蚀,坡体稳定性也相对较差。另外,边坡体的表面形状不同,其内部应力状态也不同,坡体稳定性自然不同。高低起伏的丘陵地貌,是滑坡集中分布的地貌单元,山间盆地边缘、山地地貌和平原地貌交界处的坡积和洪积地貌也是滑坡集中分布的地貌单元。凸形山坡或上陡下缓的山坡,当岩层倾向与边坡顺向时,易产生顺层滑动。

5. 水

水的作用可使岩土软化、强度降低,可使岩土体加速风化。若为地表水作用还可以使坡脚侵蚀冲刷;地下水位上升可使岩土体软化、增大水力坡度等。有关资料显示,90%以上的边坡滑动都和水的作用有关。不少滑坡有"大雨大滑、小雨小滑、无雨不滑"的特点,说明水对滑坡作用的重要性。水的作用表现在以下几个方面:

1)水的渗入使边坡体的重力发生变化而导致边坡的滑动。大气降水沿土坡表面下渗,使土体的重力增加,改变了土坡原有的受力状态,而有可能引起土坡的滑动。

2)水的渗入造成土坡介质力学性质指标的变化而导致边坡滑动。斜坡堆积层中的上层滞水和多层带状水极易造成堆积层产生顺层滑动。斜坡上部岩层节理裂缝发育、风化剧烈,形成含水层,下部岩层较完整或相对隔水时,在雨季容易沿含水层和隔水层界面产生滑坡。

3)断裂带的存在使地下水、地表水和不同含水层之间发生水力联系,坡体内水压力变化复杂导致坡体滑动,渗流动水力作用导致的边坡体受力状态的改变也会导致坡体滑动。

4)地下水在渗流中对坡体介质的溶解溶蚀和冲蚀改变了边坡体的内部构造而导致边坡滑动,或河流等地表水对土坡岸坡的冲刷、切割致使边坡产生滑动。

6. 地震

地震可诱发滑坡,此现象在山区非常普遍。地震首先将斜坡岩土体结构破坏,可使粉砂层液化,从而降低岩土体抗剪强度;同时地震波在岩土体内传递,使岩土体承受地震惯性力,增加滑坡体的下滑力,促进滑坡的发生。

7. 人为因素

人为地破坏表层覆盖物,引起地表水下渗作用的增强,或破坏自然排水系统,或排水设备布置不当,泄水断面大小不合理而引起排水不畅,漫溢乱流,使坡体水量增加。在兴建土建工程时,由于切坡不当,斜坡的支撑被破坏,或者在斜坡上方任意堆填岩土方、兴建工程、增加荷载,都会破坏原来斜坡的稳定条件。引水灌溉或排水管道漏水将会使水渗入斜坡内,促使滑动因素增加。

大多数的滑坡均与人类工程活动和降雨相关。

7.2.4 滑坡的发育过程

一般说来,滑坡的发生是一个长期的变化过程,通常将滑坡的发育过程划分为三个阶段:蠕动变形阶段、滑动破坏阶段和渐趋稳定阶段。研究滑坡发育的过程对于认识滑坡和正确地选择防滑措施具有很重要意义。

1. 蠕动变形阶段(图 7-14 中 t_0—t_2 时段,其中 t_0—t_1 时段为初始变形阶段)

斜坡在发生滑动之前通常是稳定的。有时在自然条件和人为因素作用下,可以使斜坡岩土强度逐渐降低（或斜坡内部剪切力不断增加），造成斜坡的稳定状况受到破坏。在斜坡内部某一部分因抗剪强度小于剪力而首先变形，产生微小的移动，往后变形进一步发展，直至坡面出现断续的拉张裂缝。随着拉张裂缝的出现，渗水作用加强，变形进一步发展，后缘拉张，裂缝加宽，开始出现不大的错距，两侧剪切裂缝也相继出现。坡脚附近的岩土被挤压、滑坡出口附近潮湿渗水，此时滑动面已大部分形成，但尚未全部贯通。斜坡变形继续发展，后缘拉张裂缝不断加宽，错距不断增大，两侧羽毛状剪切裂缝贯通并撕开，斜坡前缘的岩土挤紧并鼓出，出现较多的鼓张裂缝，滑坡出口附近渗水混浊，这时滑动面已全部形成，接着便开始整体地向下滑动。从斜坡的稳定状况受到破坏，坡面出现裂缝，到斜坡开始整体滑动之前的这段时间称为滑坡的蠕动变形阶段。蠕动变形阶段所经历的时间有长有短。长的可达数年之久，短的仅数月或几天的时间。一般说来，滑动的规模越大，蠕动变形阶段持续的时间越长。斜坡在整体滑动之前出现的各种现象，叫作滑坡的前兆现象，尽早发现和观测滑坡的各种前兆现象，对于滑坡的预测和预防都是很重要的。

2. 滑动破坏阶段（图 7-14 中 t_2—t_3 时段）

滑坡在整体往下滑动的时候，滑坡后缘迅速下陷，滑坡壁越露越高，滑坡体分裂成数块，并在地面上形成阶梯状地形，滑坡体上的树木东倒西歪地倾斜，形成"醉林"。滑坡体上的建筑物（如房屋、水管、渠道等）严重变形以致倒塌毁坏。随着滑坡体向前滑动，滑坡体向前伸出，形成滑坡舌。在滑坡滑动的过程中，滑动面附近湿度增大，并且由于重复剪切，岩土

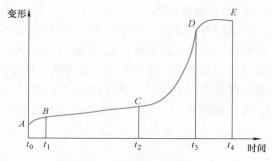

图 7-14 滑坡的典型变形曲线

的结构受到进一步破坏，从而引起岩土抗剪强度进一步降低，促使滑坡加速滑动。滑坡滑动的速度大小取决于滑动过程中岩土抗剪强度降低的绝对数值，并和滑动面的形状、滑坡体厚度和长度，以及滑坡在斜坡上的位置有关。如果岩土抗剪强度降低的程度太大，滑坡只表现为缓慢的滑动，如果在滑动过程中，滑动带岩土抗剪强度降低的程度较大，滑坡的滑动就表现为速度快、来势猛，滑动时往往伴有巨响并产生很大的气浪，有时造成巨大灾害。

3. 渐趋稳定阶段（图 7-14 中 t_3—t_4 时段）

由于滑坡体在滑动过程中具有动能，所以滑坡体能越过平衡位置，滑到更远的地方。滑动停止后，除形成特殊的滑坡地形外，在岩性、构造和水文地质条件等方面都相继发生了一些变化。例如：地层的整体性已被破坏，岩石变得松散破碎，透水性增强，含水量增高，经过滑动，岩石的倾角或变缓或变陡，断层、节理的方位也发生了有规律的变化；地层的层序也受到破坏，局部的老地层会覆盖在第四纪地层之上等。在自重作用下，滑坡体上松散的岩土逐渐压密，地表的各种裂缝逐渐被充填，滑动带附近岩土的强度由于压密固结又重新增加，这时整个滑坡的稳定性也大为提高。经过若干时期后，滑坡体上东倒西歪的"醉林"又重新垂直向上生长，但其下部已不能伸直。因而树干呈弯曲状，称它为"马刀树"，这是滑坡趋于稳定的一种现象。

当滑坡体上的台地已变平缓，滑坡后壁变缓并生长草木，没有崩塌发生；滑坡体中岩土压密，地表没有明显裂缝。滑坡前缘无水渗出或流出清凉的泉水时，就表示滑坡已基本趋于

稳定。滑坡趋于稳定之后，如果滑坡产生的主要因素已经消除，滑坡将不再滑动，而转入长期稳定。若产生滑坡的主要因素并未完全消除，且又不断积累，当积累到一定程度之后，稳定的滑坡便又会重新滑动。

图 7-14 的变形曲线也可作为基于变形监测的滑坡预报依据，具体可参考相关研究论文和专著。

7.2.5　野外识别

斜坡滑动之后，会出现一系列的变异现象。这些变异现象，为我们提供了在野外识别滑坡的标志，主要包括地层构造、地形地物、水文地质标志及滑坡先兆现象。

1. 地层构造标志

滑坡范围内的地层整体性常因滑动而破坏，有扰乱松动现象；层位不连续，出现缺失某一地层、岩层层序重叠或层位标高有升降等特殊变化；岩层产状发生明显的变化；构造不连续（如裂隙不连贯、发生错动）等，都是滑坡存在的标志。

2. 地形地物标志

滑坡的存在常使斜坡不顺直、不圆滑而造成圈椅状地形和槽谷地形，其上部有陡壁及弧形拉张裂缝；中部坑洼起伏，有一级或多级台阶，其高程和特征与外围河流阶地不同，两侧可见羽毛状剪切裂缝；下部有鼓丘，呈舌状向外突出，有时甚至侵占部分河床，表面有鼓张或扇形裂缝；两侧常形成沟谷，出现双沟同源现象（见图 7-15a）；有时内部多积水洼地，喜水植物茂盛，有"醉汉林"（见图 7-15b）及"马刀树"（见图 7-15c）和建筑物开裂、倾斜等现象。

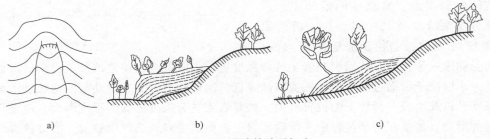

图 7-15　滑坡的地形标志

a）双沟同源　b）醉汉林　c）马刀树

3. 水文地质标志

滑坡地段含水层的原有状况常被破坏，使滑坡体成为单独含水体，水文地质条件变得特别复杂，无一定规律可循，如潜水位不规则、无一定流向，斜坡下部有成排泉水溢出等。这些现象均可作为识别滑坡的标志。

4. 滑坡先兆现象的识别

不同类型、不同性质、不同特点的滑坡，在滑动之前，均会表现出各种不同的异常现象，显示出滑动的预兆（前兆），归纳起来常见的有以下几种：

大滑动之前，在滑坡前缘坡脚处，有堵塞多年的泉水复活现象，或者出现泉水（水井）突然干枯、井（钻孔）水位突变等类似的异常现象。

在滑坡体前缘土石零星掉落，坡脚附近土石被挤紧，并出现大量鼓张裂缝。这是滑坡向前推挤的明显迹象。

如果在滑坡体上有长期位移观测资料，那么大滑动之前，无论是水平位移量还是垂直位移量，均会出现加速变化的趋势，这是明显的临滑迹象。

　　坡面上树木逐渐倾斜，建筑物开始开裂变形，此外还可发现山坡农田变形、水田漏水、动物惊恐异常等现象，这些均说明该处滑坡在缓慢滑动。

7.2.6　边坡稳定性分析

　　滑坡是在斜坡上岩土体遭到破坏，使滑坡体沿着滑动面（带）下滑而造成的地质现象。滑动面有平直的、弧形的及折线的（见图 7-16）。在均质滑坡中，滑动面多呈圆形。

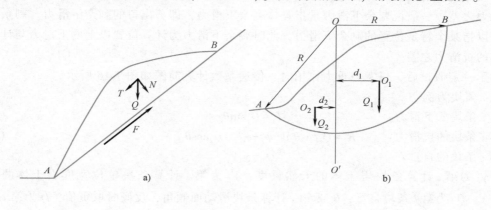

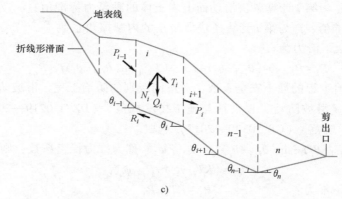

图 7-16　滑坡稳定计算

a) 平面滑动　b) 圆弧滑动　c) 折线滑动

　　1）在平面滑动面情形下（见图 7-16a），滑坡体的稳定系数 K 为滑动面上的总抗滑力 F 与岩土体重力 Q 所产生的总下滑力 T 之比，即

$$K = \frac{总抗滑力}{总下滑力} = \frac{F}{T} \tag{7-1}$$

　　当 $K<1$ 时，滑坡发生；当 $K \geqslant 1$ 时，滑坡体稳定或处于极限平衡状态。

　　2）在圆形滑动面情形下（见图 7-16b），滑动面中心为 O，滑弧半径为 R。过滑动圆心 O 作一铅直线 $\overline{OO'}$，将滑坡体分成两部分。在 $\overline{OO'}$ 线之右为滑动部分，其重力为 Q_1，它能绕 O 点形成滑动力矩 $Q_1 d_1$，在 $\overline{OO'}$ 之左为抗滑部分，其重力为 Q_2，形成抗滑力矩 $Q_2 d_2$，因此，

该滑坡的稳定系数 K 为总抗滑力矩与总滑动力矩之比，即

$$K=\frac{总抗滑力}{总下滑力}=\frac{Q_2 d_2+\tau\cdot AB\cdot R}{Q_1 d_1} \tag{7-2}$$

式中，τ 为滑动面上的抗剪强度。

当 $K<1$ 时，滑坡失去平衡，而发生滑坡。

3）传递系数法也称为不平衡推力传递法、折线滑动法或剩余推动力法。当滑动面为折线形时采用（见图7-16c）。沿折线滑面的转折处划分为若干条块，从上至下逐块计算推力，每块滑坡体向下滑动的力与岩土体阻挡下滑力之差，也称为下滑力。剩余下滑力是指下滑力与抗滑力之差。一般说剩余下滑力是指整体剩余下滑力，即剪出口的剩余下滑力。剩余下滑力也可以指某个特定位置的剩余下滑力，此时剩余下滑力为计算位置以上的下滑力与计算位置以上的抗滑力之差。

做了一定假设后，仅考虑重力作用时，传递系数计算简图如图7-16所示。

以 i 条块为例：

第 i 条块的下滑力：
$$T_i=Q_i\sin\theta_i \tag{7-3}$$

第 i 条块的抗滑力：
$$R_i=Q_i\cos\theta_i\tan\varphi_i+c_i l_i=Q_i\cos\theta_i f_i+c_i l_i \tag{7-4}$$

第 i 条块的自重：
$$Q_i=\gamma_i V_i \tag{7-5}$$

式中，γ_i 为第 i 计算条块岩土体的天然重度；V_i 为第 i 计算条块单位宽度岩土体的体积（m^2/m）；Q_i 为第 i 条块自重；θ_i 为第 i 计算条块滑动面倾角，反倾时取负值；l_i 为第 i 计算条块滑动面长度；c_i 为第 i 计算条块滑动面上岩土体的黏聚力标准值；φ_i 为第 i 计算条块滑带土的内摩擦角标准值；f_i 为第 i 计算条块滑带土的内摩擦角系数。

第 i 条块的剩余下滑力为

$$P_i=P_{i-1}\cos(\theta_{i-1}-\theta_i)+KT_i-[P_{i-1}\sin(\theta_{i-1}-\theta_i)f_i+R_i] \tag{7-6}$$

式中，K 为滑坡防治工程的最小安全系数，对不同级别的防治工程，滑坡防治工程的稳定性设计安全系数可按《滑坡防治工程设计与施工技术规范》（DZ/T 0219—2006）选取，或按《建筑边坡工程技术规范》（GB 50330—2013）选取。

令 $\psi_{i-1}=\cos(\theta_{i-1}-\theta_i)-\sin(\theta_{i-1}-\theta_i)f_i$，并将 ψ_{i-1} 称为推力传递系数，则有：

$$P_i=(KT_i-R_i)+P_{i-1}\psi_{i-1} \tag{7-7}$$

第1条块剩余下滑力：
$$P_1=KT_1-R_1 \tag{7-8}$$

第2条块剩余下滑力：
$$P_2=(KT_2-R_2)+(KT_1-R_1)\psi_1 \tag{7-9}$$

第3条块剩余下滑力：
$$P_3=(KT_3-R_3)+(KT_2-R_2)\psi_2+(KT_1-R_1)\psi_1\psi_2 \tag{7-10}$$

第 n 条块剩余下滑力：
$$P_n=K\left[\sum_{i=1}^{n-1}\left(T_i\prod_{j=i}^{n-1}\psi_j\right)+T_n\right]-\left[\sum_{i=1}^{n-1}\left(R_i\prod_{j=i}^{n-1}\psi_j\right)+R_n\right] \tag{7-11}$$

当最后条块的滑坡推力 $P_n=0$，K 即为滑坡稳定性系数，用 F_s 表示。

$$F_s=\frac{\displaystyle\sum_{i=1}^{n-1}\left[R_i\prod_{j=i}^{n-1}\psi_j+R_n\right]}{\displaystyle\sum_{i=1}^{n-1}\left[T_i\prod_{j=i}^{n-1}\psi_j+T_n\right]}$$

当滑坡稳定性系数 F_s 值小于滑坡防治工程的最小安全系数 K 值时，则不安全，需要进行滑坡防治工程设计。

7.2.7 滑坡防治

1. 治理原则

滑坡的治理，要贯彻以防为主、整治为辅的原则；尽量避开大型滑坡所影响的位置；对大型复杂的滑坡，应采用多项工程综合治理；对中小型滑坡，应注意调整建筑物或构筑物的平面位置，以求经济技术指标最优；对发展中的滑坡要进行整治，对古滑坡要防止复活，对可能发生滑坡的地段要防止滑坡的发生；整治滑坡应先做好排水工程，并针对形成滑坡的因素，采取相应措施。具体的防治原则可概括为以下几点。

1）以查清工程地质条件和了解影响斜坡稳定性的因素为基础。查清斜坡变形破坏地段的工程地质条件是最基本的工作环节，在此基础上分析影响斜坡稳定性的主要及次要因素，并有针对性地选择相应的防治措施。

2）整治前必须搞清斜坡变形破坏的规模和边界条件。变形破坏的规模不同，处理措施也不相同，要根据斜坡变形的规模大小采取相应的措施。此外，需掌握变形破坏面的位置形状，以确定其规模和活动方式，否则就无法确切地布置防治工程。

3）按工程的重要性采取不同的防治措施。对斜坡失稳后果严重的重大工程，势必要提高安全稳定系数，故防治工程的投资量大；非重大的工程和临时工程，则可采取较简易的防治措施。同时，防治措施要因地制宜。

2. 治理措施

防治滑坡的工程措施大致可分为三类：排水、力学平衡和改善滑动面（带）的土石性质。目前常用的工程措施有地表排水、地下排水、减重和支挡工程等。

（1）排水 排水措施的目的在于减少水体进入滑体内和疏干滑体中的水，以减小滑坡下滑力。

地表排水主要是设置截水沟和排水明沟系统。对滑坡体外地表水要截流旁引，不使它流入滑坡内。最常用的措施是在滑坡体外部斜坡上修筑截流排水沟，当滑体上方斜坡较高、汇水面积较大时，这种截水沟可能需要平行设置两条或三条。对滑坡体内的地表水，要防止它渗入滑坡体内，尽快把地表水用排水明沟汇集起来引出滑坡体外。应尽量利用滑体地表自然沟谷修筑树枝状排水明沟或与排水沟相连形成地表排水系统（见图7-17）。

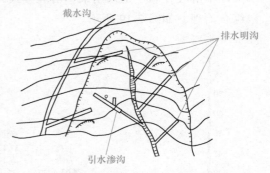

图 7-17 树枝状排水系统

滑坡体内地下水多来自滑体外，为了排除地下水一般可采用截水盲沟引流疏干。对于滑体内浅层地下水，常用兼有排水和支撑双重作用的支撑盲沟截排地下水。支撑盲沟的位置多平行于滑动方向，一般设在地下水出露处，平面上呈 Y 形或工字形（见图7-18）。盲沟（也称为渗沟）的迎水面做成可渗透层，背水面为阻水层，以防盲沟内集水再渗入滑体；沟顶铺设隔渗层。

（2）支挡 在滑坡体下部修筑挡土墙、抗滑桩或用锚杆（索）加固等工程以增加滑坡下部的抗滑力。在使用支挡工程时，应该明确各类工程的作用。如滑坡前缘有水流冲刷，则应首先在河岸做支挡等防护工程，然后考虑滑体上部的稳定。

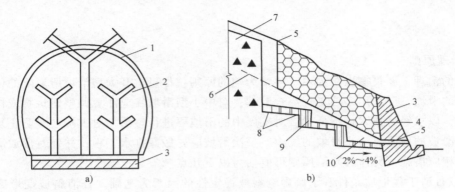

图 7-18　支撑盲沟与挡土墙联合结构

a）平面布置　b）剖面图

1—截水天沟　2—支撑盲沟　3—挡土墙　4—砌块石、片石　5—泄水孔　6—滑动面位置

7—粗砂、砾石反滤层　8—有孔混凝土盖板　9—浆砌片石　10—纵向盲沟

（3）刷方减重　主要是通过削减坡角或降低坡高，以减轻斜坡不稳定部位的重力，从而减少滑坡上部的下滑力。如拆除坡顶处的房屋和搬走重物等。

（4）改善滑动面（带）的岩土性质　主要是为了改良岩土性质、结构，以增加坡体强度。本类措施有：对岩质滑坡采用固结灌浆；对土质滑坡采用电化学加固、冻结、焙烧等。

此外，可针对某些影响滑坡滑动因素进行整治，如防水流冲刷、降低地下水位、防止岩石风化等具体措施，如植被护坡、挂网喷混凝土等。

一个滑坡并非一定采用某一治理方式，一般来说是根据滑坡形成的原因，常采用多种方法综合治理，如图 7-19 所示。

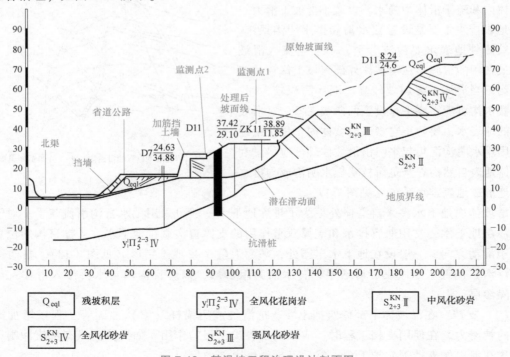

图 7-19　某滑坡工程治理设计剖面图

■ 7.3　危岩与崩塌

7.3.1　基本概念

《地质灾害分类分级标准（试行）》（T/CAGHP 001—2018）中规定，崩塌是指陡坡上的岩土体在重力作用下或其他外力参与下，突然脱离母体，发生以竖向为主的运动，顺山坡猛烈地翻滚跳跃，岩块相互撞击破碎，最后堆积于坡脚的动力地质现象和过程。堆积于坡脚的物质为崩塌堆积物。

危岩体是指陡峭斜坡上被多组结构面切割分离，稳定性较差，可能以崩塌或落石形式发生失稳破坏的岩质山体。崩塌是危岩失稳的主要模式。

【二维码 7-6　崩塌示意图】

崩塌和危岩一般存在于高陡边坡及陡崖上，是高边坡稳定性问题的重要组成部分，是高边坡主要的地质灾害类型之一，也是对水电站、公路和铁路等各种工程建设有较大危害的地质灾害类型之一。崩塌和危岩的规模大小相差悬殊。小型崩塌可崩落几立方米至几百立方米岩块；大型崩塌可崩下几万立方米至几千万立方米岩块。规模巨大的山坡崩塌称为山崩。斜坡的表层岩石由于强烈风化，沿坡面发生经常性的岩屑顺坡滚落现象，称为碎落。悬崖陡坡上个别较大岩块的崩落称为落石。发育过程具有渐进性，失稳崩塌具有突发性，直接威胁危岩体前方的居民、房屋建筑、水利枢纽、公路、铁路、航道及其相应的建（构）筑物的安全与正常运营，每年都造成人员伤亡和大量的经济损失。表 7-8 是我国典型崩塌和危岩灾害的统计情况。

表 7-8　我国典型崩塌和危岩灾害的统计情况

序号	发生时间	发生地点	岩性	方量	特征	危害
1	2009 年 6 月 5 日	重庆武隆鸡尾山	巨厚层状斜倾石灰岩	约 700 万 m³	巨厚层状灰岩被 2 组陡倾结构面及顺层发育的炭质软弱夹层切割成积木块状；斜倾层状岩体顺向蠕动，受前缘稳定山体阻挡，致使下滑方向偏转，直接挤压前部起支撑作用的阻滑关键块体，加之长期岩溶作用对岩体强度和采矿活动对应力环境的影响，导致关键块体失稳崩落，并沿岩溶发育带快速剪断，沿软弱层面形成连锁式的崩滑破坏	造成 74 人死亡、8 人受伤的特大灾难
2	2007 年 11 月 20 日上午 8 时 40 分左右	湖北宜万铁路高阳寨隧道	厚层石灰岩	约 3000m³	隧道洞口边坡岩体在长期表生地质作用下，受施工爆破动力作用，致使边坡岩石沿原生节理面与母岩逐渐分离形成危岩体，在其自身重力作用下失稳向坡外滑出，造成事故发生	35 人当场死亡、1 人受伤

（续）

序号	发生时间	发生地点	岩性	方量	特　征	危　害
3	2004 年 12 月 3 日 3 时 40 分	贵州省纳雍县髻岭镇左家营村岩脚组	灰岩、泥灰岩及粉质砂岩	约 4000m³	地形上高陡悬空（陡崖高约 40m）、岩体结构开裂破碎、地表水流冲刷及暴雨期间短历时水压力作用、树木根劈作用及长期的物理化学风化作用是危岩体形成并发生灾害的主要原因	19 户村民受灾，12 栋房屋被毁，7 栋房屋受损，死亡 39 人，5 人失踪，另有 13 人受伤
4	2006 年 6 月 18 日 1 时 50 分左右	四川省甘孜藏族自治州康定县		约 120m³	自然条件下岩石风化、剥离而形成危岩体，长时间受雨水浸泡，导致泥土软化，晴天气温升高，夜间气温下降，热胀冷缩，诱发崩塌，沿山坡呈散状飞落形成灾害	造成 11 人死亡，6 人受伤，其中重伤 3 人，直接经济损失 2000 多万元
5	1996～2000 年发生 10 余起	重庆市万州城区太白岩	砂泥岩互层	总体积约 37275m³，单个体积 1～8000m³，约 400 个	裂隙及岩腔极其发育、岩层软硬相间，高陡边坡坡表岩体在风化、降雨等作用下形成 400 余个危岩体并发生局部小规模失稳，产生灾害	造成 1 人死亡，交通中断，毁坏厂房等
6	2000 年 7 月	重庆市万州区天生城	砂泥岩互层	3 次崩落，直径 3.0～6.0m	与重庆市万州城区太白岩成因相同	迫使近 2000 人的某小学关闭转移
7	1981 年 8 月 16 日	宝成铁路军师庙车站	石灰岩	1.85m³	高处危岩体在连续降雨作用下失稳，从 200m 高的山坡上崩落	穿透火车车厢，死亡 1 人，伤 21 人

7.3.2　崩塌的分类

危岩崩塌的分类是对危岩体进行系统研究基础上，根据其规模、运动方式、块体方位及失稳模式等不同标准进行。迄今分类尚未统一，从不同角度出发存在多种方案，常见的有如下分类方法。

1. 按物质组成、诱发因素的分类

《地质灾害分类分级标准（试行）》（T/CAGHP 001—2018）做了如下划分，见表 7-9。

表 7-9　按物质组成、诱发因素的崩塌分类

分类因子	崩塌类型	特征描述
物质组成	土质崩塌	发生在土体中的崩塌，也称为土崩
	岩质崩塌	发生在岩体中的崩塌，也称为崩塌
诱发因素	自然动力型崩塌	由降水、冲蚀、风化剥蚀、地震等自然作用形成的崩塌
	人为动力型崩塌	由工程扰动、爆破、人工加载等人为作用形成的崩塌

2. 按失稳后的运动方式

按失稳后的运动方式划分 5 大类为：倾倒式崩塌、滑移式崩塌、鼓胀式崩塌、拉裂式崩塌和错断式崩塌（表 7-10）。

表 7-10　按失稳后的运动方式的崩塌分类

类型	倾倒式崩塌	滑移式崩塌	鼓胀式崩塌	拉裂式崩塌	错断式崩塌
岩性	黄土、自立或陡倾坡内的岩层	多为软硬相间的岩层	黄土、黏土、坚硬岩层下伏软弱岩层	多见于软硬相间的岩层	坚硬岩层、黄土
结构面	多为垂直节理，陡倾坡内自立的层面	有倾向临空面的结构面	上部为垂直节理，下部为近水平结构面	多为风化裂隙和垂直拉张裂隙	垂直裂隙发育，通常无倾向临空面的结构面
地貌	峡谷、自立岸坡、悬崖	陡坡通常大于 55°	陡坡	上部突出的悬崖	大于 45° 的陡坡
受力状态	主要受倾覆力矩作用	滑移面主要受剪力	下部软岩受垂直挤压	拉张	自重引起的剪力
起始运动方式	倾倒	滑移、坠落	鼓胀伴有下沉、滑移、倾倒	拉裂、坠落	下错、坠落
示意图					

3. 按规模分类

危岩崩塌按规模（体积）大小可分为：特大型崩塌（≥100 万 m^3）、大型崩塌（10 万~100 万 m^3）、中型崩塌（1 万~10 万 m^3）、小型崩塌（<1 万 m^3）。

4. 依据危岩顶端距离陡崖坡脚高差大小分类

可分为：特高位危岩（$H \geq 100m$）；高位危岩（$50m \leq H < 100m$）；中位危岩（$15m \leq H < 50m$）；低位危岩（$H < 15m$）。

7.3.3　崩塌的形成条件

斜坡岩体平衡稳定的破坏是形成崩塌的基本原因。此平衡的破坏主要是由重力的分量——剪力，以及岩体中孔隙水、裂隙水的静水压力或某种振动力造成的。崩塌的主要发生条件和发育因素可分为如下几个方面。

1. 地形条件

山坡的坡度及其表面的构造特征是高陡斜坡形成崩塌的必要条件。规模较大的崩塌，一般多发生在高度大于 30m，坡度大于 45°（大多数为 55°~75°）的陡峻斜坡上；斜坡前缘由于应力重分布和卸荷等原因，产生长而深的拉张裂缝，并与其他结构面组合，逐渐形成连续贯通的分离面，在诱发因素作用下发生崩塌。斜坡的外部形状，对崩塌的形成也有一定的影响。

如果山坡表面凹凸不平，则沿突出部分可能发生崩塌。然而山坡表面的构造并不能作为评价山坡稳定性的唯一依据，还必须结合岩层的裂隙、风化等情况来评价。

2. 岩石性质和节理程度及切割组合

坚硬岩石具有较大的抗剪强度和抗风化能力，才能形成高陡的斜坡。所以，崩塌常发生在由坚硬脆性岩石构成的斜坡上。岩石性质不同，其强度、风化程度、抗风化和抗冲刷的能力及其渗水程度都是不同的。如果陡峻山坡是由软硬岩层互层组成，由于软岩层属易于风化，硬岩层失去支持而引起崩塌（见图 7-20）。

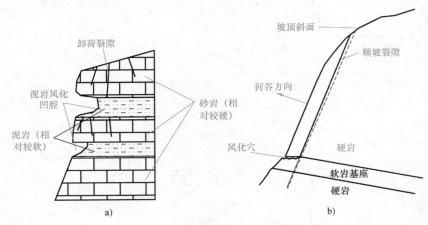

图 7-20　差异风化后使硬石失去支持而引起崩塌

a）软硬互层地层　b）软弱基座

岩石的节理程度是决定山坡稳定性的主要因素之一。虽然岩石本身可能是坚固的，风化轻微，但其节理发育也会使山坡不稳定。

倾倒式危岩体是指后缘存在陡倾或反倾结构面的板状岩体，陡倾或反倾结构面有一定的张开，形成的不稳定或欠稳定的岩体（见图 7-21a）。这种类型危岩体主要出现在临空面陡峻，甚至呈反坡状，岩层呈直立状，层厚较薄或者陡倾坡内、坡外结构面非常发育的部位。伴随强烈的卸荷作用，后缘陡倾结构面张开，在自重、水压力和振动荷载等作用下，岩体向临空方向发生较强烈的倾倒变形，直至失稳，完全脱离母岩，造成危岩体灾害。

砌块式危岩体是边坡结构面发育，尤其顺坡向和另一组反坡向结构面特别发育情形下，通过卸荷、岩体松弛、碎裂成块状的岩块组合在一起形成的危岩体（见图 7-21b）。碎裂和镶嵌结构岩体，由于临空条件好，在重力和风化营力等因素长期作用下，卸荷松弛，后缘陡倾结构面逐渐贯通；岩块间发生错动、旋转、裂隙张开，岩体松动。在自重应力作用下，岩块突然崩落，危岩体失稳破坏。砌块式危岩体的这种变形失稳方式称为溃屈模式。不能构成贯通性好的滑移面，临空条件好，河谷下切时强烈卸荷，岩体松动，裂隙张开，在长期地质作用下，岩块间相互有错动或偏转，使得砌块式危岩体在砂板岩区较为发育。

楔块式危岩体主要指由两组或多组结构面切割岩体与坡面组合形成的尖端向下的向临空方向产生变形的楔形不稳定或欠稳定块体（见图 7-21c）。楔块式危岩体发育的基本条件为：无长大裂隙发育，浅表强卸荷的易风化岩层陡壁；由 2~3 组节理与临空面构成不利组合。

危岩体形成以后，重力、渐进性风化和地表水渗水作用促使裂缝进一步扩张，岩石强度降低，两斜交结构面或者倾坡外且倾角小于坡度的结构面与一组侧切割面贯通形成滑面，危岩体沿两组结构面交线向临空面发生剪切滑移破坏。只要边坡局部存在 2～3 组节理与临空面构成不利组合，就有可能形成楔块式危岩体。

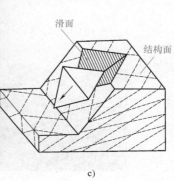

a)   b)   c)

图 7-21 节理与崩塌关系示意图

a）倾倒式崩塌 b）砌块式崩塌 c）楔块式滑塌

3. 地质构造

岩层产状对山坡稳定性也有重要的意义。如果岩层倾斜方向和山坡倾向相反，则其稳定程度较岩层顺山坡倾斜的大。顺山坡倾斜岩层的稳定程度还取决于岩层倾角大小和破碎程度。

一切构造作用，正断层、逆断层、逆掩断层，特别在地震强烈地带对山坡的稳定程度有着不良影响，而其影响的大小又决定于构造破坏的性质、大小、形状和位置。有时为使单独岩坡稳定，可采用铁链锁绊或铁夹，以提高有崩塌危险岩石的稳定性。

4. 风化情况

尤其是差异风化，往往形成悬崖－危岩而失稳崩塌。

5. 气候及水的作用

气候变化导致风化加快，水的入渗降低岩土体的强度，地表水冲刷斜坡坡脚等均可能引起崩塌。

6. 人类活动

人类工程建设，典型如铁路、公路等交通工程及水电工程等均可能形成较多开挖边坡，可诱发边坡应力重分布，形成新的裂隙（如卸荷裂隙），进而促进崩塌灾害的发生。

7. 其他诱发因素

如地震、暴雨、洪水等，特别是地震。5·12 汶川地震触发了大量崩塌（见图 7-22）、滑坡地质灾害，其数量之多、规模之大、类型之复杂、造成损失之惨重，举世罕见。地震带来巨大灾难、损失和隐患的同时，也留下了很多科学问题，让我们去思考、研究和总结！如工作人员奋战 3 个月才抢通的都（江堰）—汶（川）路，共有 307 个灾害点，其中崩塌占总数的 83.6%，可以统计的死亡人数中，滚石撞（砸）死的人数占 67%。同时，此次汶川地震部分滑坡也具有崩塌特征，多以块（巨）石为主，巨石单体体积可达 1000m³ 以上，产生巨大冲击力（见图 7-22a）。如北川中学新区三层高的教学楼和邻近建筑物被巨石摧毁，造成大量人员伤亡。地震灾区的公路、铁路、厂矿、学校及灾民安置重建规划用地选址等都涉及大量潜在崩塌的威胁问题（见图 7-22b），崩塌滚石治理是灾后重建地质灾害治理的重点，约占治理总量的 40%。

上述 1~3 为内部条件，为主导条件；4~7 为外部条件或诱发因素。

a)   b)

图 7-22　汶川地震发生滚石和岩崩灾害照片

a) 滚石　b) 岩崩

7.3.4　危岩稳定性计算

悬挂式危岩体后缘主控结构面陡倾，且当连通程度较高时，危岩体在自重等作用下沿陡倾主控结构面继续卸荷，与母岩之间连接的岩桥被剪断，从而与母岩分离而整体错落失稳。这类危岩体的计算模型如图 7-23 所示，在长度方向上按单位长度考虑，稳定性系数 K 按下式计算：

$$K = \frac{(G\cos\alpha - P\sin\alpha - Q)\tan\varphi + \dfrac{cH}{\sin\alpha}}{G\sin\alpha + P\cos\alpha} \qquad (7\text{-}12)$$

$$c = \frac{(H-h)c_0 + hc_1}{H}, \quad \varphi = \frac{(H-h)\varphi_0 + h\varphi_1}{H}$$

$$Q = \frac{1}{2}\gamma_w \frac{e^2}{\sin\alpha}$$

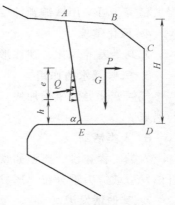

式中，G 为危岩体的重力；P 为危岩体承受的水平地震力，取水平地震系数为 ξ，则地震力为 $P = G\xi$；H 为危岩体的高度；h 为岩桥高度；e 为结构面充水深度；α 为结构面的倾角；c，φ 分别为结构面和岩桥的等效黏聚力和内摩擦角，c_0、φ_0 分别为结构面黏聚力和内摩擦角，c_1、φ_1 分别为岩桥的黏聚力和内摩擦角；Q 为滑面内静水压力；γ_w 为水的重度。

图 7-23　错落模式计算模型

利用极限平衡分析法进行稳定性计算，最关键的是确定滑面。危岩体滑移失稳几乎都是沿着主控结构面产生的，因此，其稳定性可以将主控结构面作为滑面；这里仅介绍滑移面为单一结构面时的计算方法。

图 7-24 为滑移面为单一结构面的计算模型，其稳定系数 K 按下式计算：

$$K = \frac{F_{抗滑}}{F_{下滑}} \tag{7-13}$$

式中，$F_{抗滑}$ 为阻止危岩体下滑的抗滑力；$F_{下滑}$ 为危岩体下滑的下滑力。

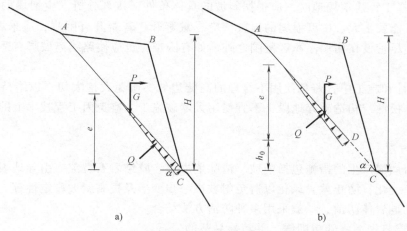

图 7-24　滑移面为单一结构面的计算模型

a）滑面贯通的情形　b）滑面尚未完全贯通

当滑面完全贯通时，$F_{抗滑}$ 可由下式计算：

$$F_{抗滑} = (G\cos\alpha - Q - P\sin\alpha)\tan\varphi + cH/\sin\alpha \tag{7-14}$$

当滑面尚未完全贯通时，$F_{抗滑}$ 可由下式计算：

$$F_{抗滑} = (G\cos\alpha - Q - P\sin\alpha)\tan\varphi_1 + c_1 H/\sin\alpha \tag{7-15}$$

无论滑面贯通与否，$F_{下滑}$ 都可由下式计算：

$$F_{下滑} = G\sin\alpha + P\cos\alpha \tag{7-16}$$

$$c_1 = \frac{(H - h_0)c + h_0 c_0}{H} \tag{7-17}$$

$$\varphi_1 = \frac{(H - h_0)\varphi + h_0\varphi_0}{H} \tag{7-18}$$

$$Q = \frac{1}{2}\gamma_w \frac{e^2}{\sin\alpha}$$

式中，c 为主控结构面的黏聚力；φ 为主控结构面的内摩擦角；c_1、φ_1 分别为滑移面上结构面和岩桥的综合黏聚力和内摩擦角；c_0、φ_0 分别为岩桥的黏聚力（kPa）和内摩擦角（°）；其余参数意义同式（7-12）。

其他类型危岩稳定性计算相对较复杂，但一般均采用极限平衡的计算方法，可参考相关规范等。

7.3.5 危岩和崩塌防治

1. 防治原则

由于崩塌发生得突然而猛烈，治理比较困难，尤其是大型或巨型崩塌的治理十分复杂，因此通常只能针对小型崩塌，才能防止其发生，对于大的崩塌只好绕避。所以应采取以防为主的原则。具体而言包括：

1）在选择工程建筑场地时，应根据斜坡的具体条件，认真分析发生崩塌的可能性及其规模。对有可能发生大、中型崩塌的地段，应尽量避开。若避开有困难，应采取防治工程。例如，铁路应尽量设在崩塌停积区范围之外。如有困难，也应使路线离坡脚有适当距离，以便设置防护工程。

2）在设计和施工中，避免使用不合理的高陡边坡，避免大挖大切，以维持山体的平衡稳定。在岩体松散或构造破碎地段，不宜使用大爆破施工，避免因工程技术上的失误而引起崩塌。

2. 防治方法

防止危岩崩塌产生的措施包括削坡、清除危岩块、胶结岩石裂隙、引导地表水流以避免岩石强度迅速变化，防止差异风化以避免斜坡进一步变形及提高斜坡稳定性等。对于规模较大且较复杂的危岩体防治，一般采用多种防治方法结合。

1）爆破或打楔。将陡崖削缓，并清除易坠的岩石。

2）堵塞裂隙或向裂隙内灌浆。

3）调整地表水流。在崩塌地区上方修截水沟，以阻止水流流入裂隙。

4）为了防止风化将山坡和斜坡铺砌覆盖起来或在坡面上喷浆。

5）筑明洞或御塌棚，如图 7-25 所示。

6）筑护墙及围护棚（木、石、钢丝网）以阻挡坠落石块，并及时清除围护建筑物中的堆积物。

图 7-25　护路明洞与护路廊道

7）在软弱岩石出露处修筑挡土墙，以支持上部岩石的质量（这种措施常用于修建铁路路基而需要开挖很深的路堑时）。

8）锚固、支撑等加固措施，如图 7-26 所示。

9）柔性防护，包括主动防护和被动截拦等，如图 7-27 所示。

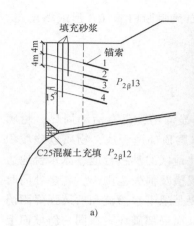

图 7-26　锚固+支撑+裂缝充填加固　　　　　　　图 7-27　边坡危岩柔性网防护
　a）示意图　b）三峡链子崖治理工程

■ 7.4　泥石流

7.4.1　基本概念

【二维码 7-7　泥石流
演示动画】

泥石流是指由降水（山区暴雨或冰雪融化等）诱发，在沟谷或山坡上形成的一种挟带大量泥砂、块石和巨粒等固体物质的特殊洪流。这种洪流是常常以巨大的速度从沟谷上游冲驰而下，凶猛而快速地给下游建筑物和人员造成强大破坏力的一种地质灾害，泥石流中的固体碎屑物含量为 20%～80%。

泥石流的地理分布广泛，据不完全统计，泥石流灾害遍及世界 70 多个国家和地区，主要分布在亚洲、欧洲和南美洲和北美洲。我国是世界上泥石流灾害最严重的国家之一。主要分布在西南、西北及华北地区，在东北西部和南部山区、华北部分山区及华南、海南岛等地山区也有零星分布。通过大量调查观测和分析研究发现，泥石流的发生具有一定的时空分布规律。时间上多发生在降雨集中的雨期或高山冰雪消融的季节，空间上多分布在新构造活动强烈的陡峻山区。我国泥石流在时空分布上构成了"南强北弱、西多东少、南早北晚、东先西后"的独特格局。

泥石流爆发具有突然性，常在集中暴雨或积雪大量融化时突然爆发。一旦泥石流爆发，顷刻间大量泥砂、石块形成的"洪流"像一条"巨龙"一样，沿沟谷迅速奔泻而出，有时尘烟腾空、巨石翻滚、泥浆飞溅、山谷雷鸣、地面震动，直到沟口平缓处堆积下来，它将沿途遇到的村镇房屋、道路、桥梁瞬间摧毁、掩埋，甚至堵河断流，造成严重的自然灾害，给人民生命财产带来巨大损失。图 7-28 为 2010 年 8 月 7 日 22 时许，甘南藏族自治州舟曲县突降强降雨，县城北面的罗家峪、三眼峪

图 7-28　甘肃舟曲特大泥石流照片

泥石流下泄，由北向南冲向县城，造成沿河房屋被冲毁，泥石流阻断白龙江，形成堰塞湖。此次特大泥石流地质灾害中遇难 1407 人，失踪 358 人。

7.4.2 泥石流的类型

1. 按泥石流集水区地貌特征分类

（1）坡面型泥石流　坡面型泥石流一般无恒定地域和明显沟槽，只有活动周界，轮廓呈保龄球形；一般发育于 30°以上的斜坡，下伏基岩或不透水层顶部埋深浅，物质以残坡积层为主，活动规模小，物源启动方式主要为浅表层坍滑。西北地区的洪积台地、冰水台地边缘，也常常发生坡面泥石流；发生时空不易识别，单体成灾规模及损失范围小，若多处同时发生汇入沟谷也可转化为大规模泥石流；坡面土体失稳，主要是地下水渗流和后续强降雨诱发。暴雨过程中的狂风可能造成林木、灌木拔起和倾倒，使坡面局部破坏；在同一斜坡面上可以多处发生，呈梳齿状排列。

（2）沟谷型泥石流　以流域为周界，受一定的沟谷制约，具有明显的形成、流通、堆积三个区段，轮廓呈哑铃形；以沟槽为中心，物源区松散堆积体分布在沟槽两岸及河床上，崩塌滑坡、沟蚀作用强烈，活动规模大；发生时空有一定规律性，可识别，成灾规模及损失范围大；主要是暴雨对松散物源的冲蚀作用和汇流水体的冲蚀作用；地质构造对泥石流分布控制作用明显，同一地区多呈带状或片状分布。

2. 按泥石流的固体物质组成分类

基于物质组成的泥石流分类，见表 7-11。

表 7-11　基于物质组成的泥石流分类

类型	物质组成	流体属性	残留表观	泥石流启动坡度	分布地域
泥流型	以粉砂、黏粒为主，粒度均匀，98%的颗粒粒径小于 2.0mm	为非牛顿流体，有黏性，黏度大于 0.15Pa·s	表面有浓泥浆残留	较缓	多集中发生于黄土及火山灰地区
泥石型	可含黏、粉、砂、砾、卵、漂各级粒度，很不均匀	多为非牛顿流体，少部分为牛顿流体，有黏性，也有无黏性的	表面有泥浆残留	陡（坡比>10%）	广见于各类地质体及堆积体中
水石（砂）型	粉砂、黏粒含量极少，多为粒径大于 2.0mm 的各级粒度，粒度很不均匀（水砂流较均匀）	为牛顿流体，无黏性	表面较干净，无泥浆残留	较陡（>5%）	多见于火成岩或碳酸盐岩地区

3. 按泥石流的流体性质分类

基于流体性质的泥石流分类，见表 7-12。

表 7-12　基于流体性质的泥石流分类

类型	流体性质	
	黏性泥石流	稀性泥石流
容重/(t/m³)	1.6~2.3	1.3~1.6
固体物质含量(kg/m³)	960~2000	300~1300

（续）

类型	流体性质	
	黏性泥石流	稀性泥石流
黏度/Pa·s	≥0.3	<0.3
物质组成	以黏土、粉土为主，以及部分砾石、块石等，有相应的土及易风化的松软岩层供给	以碎石块、砂为主，含少量黏性土，有相应的土及不易风化的坚硬岩层供给
沉积物特征	呈舌状，起伏不平，保持流动结构特征，剖面中一次沉积物的层次不明显，间有"泥球"，但各大沉积物之间层次分明，洪水后不易干枯	呈龙岗状或扇状，洪水后即可通行，干后层次不明显，呈层状，具有分选性
液态特征	层流状，固液两相物质做整体运动，无垂直交换，浆体浓稠，承浮和悬托力大，石块呈悬移状，有时滚动，流体阵性明显，直进性强，转向性弱，弯道爬高明显	紊流状，固液两相做不等速运动，有垂直交换，石块流速慢于浆体，呈滚动或跃移状，泥浆体混浊，阵性不明显，但有股流和散流现象，水与浆体沿程易渗漏

4. 根据泥石流的发生规模分类

根据泥石流发生规模分类，见表7-13。

表7-13　根据泥石流发生规模分类

规模	特大型泥石流	大型泥石流	中型泥石流	小型泥石流
泥石流一次堆积总方量 V/万 m³	$V \geq 50$	$10 \leq V < 50$	$1 \leq V < 10$	$V < 1$
泥石流洪峰流量 Q/(m³/s)	$Q \geq 200$	$100 \leq Q < 200$	$50 \leq Q < 100$	$Q < 50$

注："泥石流一次堆积总方量"和"泥石流洪峰流量"任一个界限值只要达到上一等级的下限即定位上一等级类型。

7.4.3　泥石流的形成条件

泥石流的形成和发展与流域内的地质、地形和水文气象条件密切相关，也受人类活动的深刻影响。其主要因素在于：便于集物的地形，上部有大量的松散物质，短时间内有大量水的来源。

1. 地形地貌条件

在地形上具备山高沟深、地势陡峻、沟床纵坡降大、流域形态有利于汇集周围山坡上的水流和固体物质。在地貌上，泥石流的地貌一般可分为形成区、流通区和堆积区三部分。典型的泥石流沟分区如图7-29所示。

（1）形成区　一般位于泥石流沟的上、中游。它又可分为汇水动力区及固体物质供给区，多为高山环抱的山间小盆地，山坡陡峻，沟床下切，纵坡较陡，有较大的汇水面积。区内岩层破碎，风化严重，山坡不稳，植被稀少，水土流失严重，崩塌、滑坡发

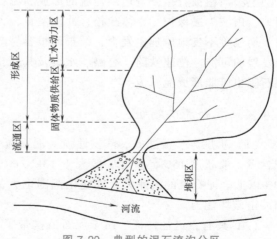

图7-29　典型的泥石流沟分区

育，松散堆积物储量丰富，区内岩性及剥蚀强度，直接影响着泥石流的性质和规模。

（2）流通区　一般位于流域的中、下游，多为沟谷地形，沟壁陡峻，河床狭窄、纵坡大，多陡坎或跌水。泥石流进入本区后具有极强的冲刷能力，将沟床和沟壁上的土石冲刷下来携走。当流通区纵坡陡长而顺直时，泥石流流动畅通，可直泄而下，造成很大危害。非典型的泥石流沟可能没有明显的流通区。

（3）堆积区　多在沟谷的出口处，地形开阔，纵坡平缓，泥石流至此多漫流扩散，流速降低，固体物质大量堆积，形成规模不同的堆积扇。堆积扇稳定而不再扩展时，泥石流对其破坏力减缓而至消失。

以上几个分区，仅对一般的泥石流流域而言，由于泥石流的类型不同，常难以明显区分，有的流通区伴有沉积，如山坡型泥石流的形成区就是流通区，有的泥石流往往直接排入河流而被带走，无明显的堆积层。

2. 地质条件

地质条件决定了松散固体物质来源，当汇水动力区和流通区广泛分布有厚度很大、结构松软、易于风化、层理发育的岩土层时，这些软弱岩土层是泥石流的主要固体物质来源。此外，泥石流常发生于地质构造复杂、断裂褶皱发育、新构造活动强烈、地震烈度较高的地区。这些地区地表岩层破碎、滑坡、崩塌、错落等不良地质现象发育，为泥石流的形成提供了丰富的固体物质；另外，岩层结构疏松软弱、易于风化、节理发育，或软硬相间成层地区，因易破坏，也能为泥石流提供丰富的碎屑物。

3. 水文气象条件

水既是泥石流的组成部分，又是泥石流的搬运介质。松散固体物质大量充水达到饱和或过饱和状态后，结构破坏、摩阻力降低、滑动力增大，从而产生流动。泥石流的形成与短时间内突然性的大量流水密切相关，突然性的大量流水来自强度较大的暴雨，冰川、积雪的短期强烈消融，冰川湖、高山湖、水库等的突然溃决。气温高或高低气温反复骤变，以及长时期的干燥，均有利于岩石的风化破碎，再加上水对山坡岩土的软化、潜蚀、侵蚀和冲刷等，使破碎物质得以迅速增加，这就有利于泥石流的产生。

4. 人为因素

土壤与植被直接影响地表径流的形成和泥石流搬运物质的颗粒级配。滥伐乱垦会使植被消失、山坡失去保护、土体疏松、冲沟发育，大大加重水土流失，进而山坡稳定性破坏，滑坡、崩塌等不良地质现象发育，结果就很容易产生泥石流，甚至那些已退缩的泥石流又有重新发展的可能。修建铁路、公路、水渠及其他工程建筑的不合理开挖，不合理弃土、弃渣、采石等也可能形成泥石流。

7.4.4　泥石流的特征

（1）重度大、流速高、阵发性强　泥石流含有大量的泥沙石块等松散固体物质，其体积含量一般超过 15%，重度一般大于 $13kN/m^3$。黏稠的泥石流固体物质的体积含量可高达 80% 以上。泥石流的流速大，其变化范围也大，一般为 2.5~15m/s 不等，具有强大的动能和冲击破坏能力。

（2）具有直进性特征　由于泥石流携带了大量固体物质，在流途上遇沟谷转弯处或障碍物时受阻而将部分物质堆积下来，使沟床迅速抬高，产生弯道超高或冲起爬高，猛烈冲击而越过沟岸或摧毁障碍物。甚至截弯取直冲出新道而向下游奔泻,这就是泥石流的直进性。一般的情况是:流体越黏稠,直进性越强,冲击力就越大。

(3) 发生具有周期性　在任何泥石流的发生区,较大规模的泥石流并不是经常发生的,泥石流的发生具有一定的周期性,只有当其条件具备时才可能发生。一次泥石流发生后,其形成区地表的松散物质全部被冲走或大部分被冲走,因此需要一段时间才能聚集足够多的风化碎散物质,才可能发生下一次骤然汇水引发的泥石流,因此不同区域的泥石流发生的周期是不同的。

(4) 堆积物特征　泥石流的堆积物,分选性差,大小颗粒杂乱无章,其中的石块、碎石等较大颗粒的磨圆度差,棱角分明,堆积表面呈现垄岗突起、巨石滚滚等不同的特征。

以上这些特征可供人们判断和识别泥石流,研究泥石流的类型、发生频率、规模大小、形成历史和堆积速度。

7.4.5　泥石流的流量及流速计算

1. 流量的计算

泥石流流量可按下式进行计算:

$$Q_m = F_m v_m \qquad (7\text{-}19)$$

式中,Q_m 为泥石流流量;F_m 为泥石流流体的横断面面积;v_m 为泥石流流速。

2. 流速的计算

(1) 稀性泥石流流速的计算　稀性泥石流流速可按下式进行计算:

$$v_m = \frac{m_m}{\alpha} \cdot R_m^{2/3} \cdot I^{1/2} \qquad (7\text{-}20)$$

式中,v_m 为泥石流断面平均流速;R_m 为泥石流流体水力半径,$R_m = F/x$,F 为洪水时沟谷过水断面面积,x 为湿周;α 为阻力系数;I 为泥石流水面纵坡;m_m 为泥石流粗糙系数,见表7-14。

表7-14　泥石流粗糙系数 m_m 值

沟床特征	m_m 值		坡度
	极限值	平均值	
糙率最大的泥石流沟槽,沟槽中堆积有难以滚动的棱石或稍能滚动的大石块。沟槽被树木(树干、树枝及树根)严重阻塞,无水生植物。沟底以阶梯式急剧降落	3.9~4.9	4.5	0.375~0.174
糙率较大的不平整的泥石流沟槽,沟底无急剧突起,沟床内均堆积大小不等的石块,沟槽被树木所阻塞,沟槽内两侧有草本植物,沟床不平整,有洼坑,沟底呈阶梯式降落	4.5~7.9	5.5	0.199~0.067
较弱的泥石流沟槽,但有大的阻力。沟槽由滚动的砾石和卵石组成,沟槽常因稠密的灌丛而被严重阻塞,沟槽凹凸不平,表面因大石块而突起	5.4~7.0	6.6	0.187~0.116
流域在山区中下游的泥石流沟槽,沟槽经过光滑的岩面;有时经过具有大小不一的阶梯跌水的沟床,在开阔河段有树枝砂石停积阻塞,无水生植物	7.7~10.0	8.8	0.220~0.112

（续）

沟床特征	m_m 值		坡度
	极限值	平均值	
流域在山区或近山区的河槽,河槽经过砾石、卵石河床,由中小粒径与能完全滚动的物质所组成,河槽阻塞轻微,河岸有草本及木本植物,河底降落较均匀	9.8~17.5	12.9	0.090~0.022

注：据 Ⅱ. B. Bakhobcknrl。

（2）黏性泥石流流速计算

$$v_m = \frac{1}{n} R_m^{3/4} I^{1/2} \tag{7-21}$$

式中，n 为泥石流粗糙率，一般取 0.45；其余符号意义同前。

7.4.6 泥石流的防治

1. 防治的基本原理

为了有效防治泥石流，应先进行工程地质调查。通过实地调查和访问，查明泥石流的类型、规模、活动规律、危害程度、形成条件和发展趋势等，并收集工程设计所需要的流速和流量等方面的资料。对已发生过泥石流的地区，应注意调查泥石流的沟谷形态、泥石流运动痕迹；在沟口沉积区的洪积扇或洪积堆的空间分布、厚度及物质组成等。对未曾发生过泥石流，但存在形成泥石流的条件，遇某些特殊情况，如在特大暴雨、大地震的作用下，有可能促使泥石流突然爆发的地区，在工程地质调查时应予以注意。

泥石流的治理要因势利导、顺其自然、就地论治、因害设防和就地取材，充分发挥排、挡、固等防治技术的有效联合。防护措施的基本原理如下。

1）抑制泥沙产生的措施，常见的有拦沙坝、谷坊、护岸、封山育林、截水沟、坡面梯田化等。

2）限制水沙下泄量，控制流路，防冲防淤的措施，常见的有拦沙坝（包括穿透式格拦坝）、停淤场、导流堤、排导沟、清理河床、消除弧石等。

3）避开泥石流的直接冲击，削弱泥石流的能量，把泥石流引向指定地区的措施，常见的有导流坝、拦挡坝、明洞、渡槽、排导沟、防冲墩、防护桩或墩身防护圈等。

2. 泥石流防治措施

（1）水土保持　一般在泥石流的形成区采取水土保持措施，包括封山育林、植树造林、平整山坡、修筑梯田等。调整地表径流，横穿斜坡修建导流堤，筑排水沟系，使水不沿坡度较大处流动，以降低流速；加固岸坡，以防岩土冲刷和崩塌，尽力减少固体物质来源。水土保持虽是根治泥石流的一种方法，但需要一定的自然条件，收效时间也较长，一般应与其他的措施配合进行。

（2）拦挡措施　在泥石流的流通区，消耗泥石流巨大的能量，减弱泥石流的破坏力，具体措施是修筑各种坝——砌石坝、格拦坝、溢流土坝等，如图 7-30 和图 7-31 所示。

（3）排导工程　在泥石流下游堆积区设置排导措施，使泥石流顺利排除。其作用是改善泥石流流势、增大桥梁等建筑物的泄洪能力，使泥石流按设计意图顺利排泄。排导工程包括排洪道、导流堤、急流槽、排导沟等，从泥石流沟下方通过，而让泥石流从其上方排泄，

图 7-30　防治泥石流的立体格拦坝

图 7-31　防治泥石流的拦沙坝

这是铁路和公路通过泥石流地区的又一主要工程形式。一般用于路基通过堆积区、泥石流规模大、常发生、危害严重且采取其他措施有困难的地区。对于防治泥石流，采取多种措施相结合，比用单一措施更为有效。

■ 7.5　岩溶与土洞

岩溶，也称喀斯特，是由于地表水或地下水对可溶性岩石以溶解为主的化学溶蚀作用，并伴随以机械作用而形成沟槽、裂隙、洞穴，以及由于洞顶塌落而使地表产生陷穴等一系列现象和作用的总称。岩溶主要是可溶性岩石与水长期作用的产物。

土洞是指岩溶地层上覆盖的土层被地表水冲蚀或地下水潜蚀所形成的洞穴，空洞的进一步扩展，导致地表陷落的地质现象。

岩溶与土洞作用的结果，可产生一系列对工程很不利的地质问题，如岩土体中空洞的形成、岩石结构的破坏、地表突然塌陷、地下水循环改变等。这些现象严重地影响建筑场地的使用和安全。

7.5.1　岩溶

1. 岩溶的形成与发育条件

岩溶形成与发育条件有很多因素，其形成条件是必须有可溶于水且透水的岩石；同时，水在其中是流动的、有侵蚀力的。此外，岩溶的发育与地质构造、新构造运动、水文地质条件及地形、气候、植被等因素有关。因此岩溶形成与发育条件可概括为：岩层必须具备可溶性和透水性；地下水必须具有溶蚀性和流动性。

【二维码 7-8　岩溶地貌的形成动画】

岩体首先是可溶解的。根据岩石的溶解度，能造成岩溶的岩石可分三大组：①碳酸盐类岩石，如石灰岩、白云岩和泥灰岩；②硫酸盐类岩石，如石膏和硬石膏；③卤素岩，如岩盐。这三组岩石中以碳酸盐类岩石的溶解度最低，但当水中含有碳酸时，其溶解度将剧烈增加。应指出，在碳酸盐类矿物中分布最广的有方解石和白云石，其中方解石的溶解度比白云石大得多。第二组为硫酸盐类岩石，其溶解度远远大于碳酸盐类岩石，硬石膏在蒸馏水中的溶解度几乎等于方解石的 190 倍。第三组是卤素岩石如岩盐，其溶解度比上两类岩石都大。

就我国分布的情况来看，以碳酸盐类岩石特别是石灰岩分布最广，次为石膏和硬石膏，岩盐最少。

岩体不仅是由可溶解的岩石组成，而且岩体必须具有透水性能。岩体的透水性包括两个方面：一是可溶岩石本身的透水性，这就是说在岩石内要有畅通水流的孔隙或裂隙，它们往往成为地下水流畅通的通道，是岩溶最发育的部位。造成岩溶的裂隙以构造裂隙和层理裂隙影响最大。它是造成深处岩溶发育的必要条件之一。

岩体中是有水的，且具有侵蚀能力。天然水是有溶解能力的，这是由于水中含有一定量的侵蚀性 CO_2。当含有游离 CO_2 的水与其围岩的碳酸钙（$CaCO_3$）作用时，碳酸钙被溶解，其化学作用如下：

$$CaCO_3 + CO_2 + H_2O \rightleftharpoons Ca^{2+} + 2HCO_3^-$$

这种作用是可逆的，即溶液中所含的部分 CO_2 在反应后处于游离状态。一定的游离 CO_2 含量相应于水中固体 $CaCO_3$ 处于平衡状态时一定的 HCO_3^- 含量，这一与平衡状态相应的游离 CO_2 量称为平衡 CO_2。如果水中的游离 CO_2 含量比平衡所需的数量要多，那么，这种水与 $CaCO_3$ 接触时，就会发生 $CaCO_3$ 的溶解。这一部分消耗在与碳酸钙发生反应上的碳酸称作侵蚀性 CO_2。

确定水中的侵蚀性 CO_2 是有意义的，因为水中含侵蚀性 CO_2 越多，水的溶蚀能力越大。在我国岩溶几乎都是在石灰岩层中产生的。如果水中含有过多的侵蚀性 CO_2，无疑这里岩溶发育必定是剧烈的。但是水中侵蚀性 CO_2 的含量是随水的活动程度不同而不同的。为此下面着重讨论水在岩体中的活动性。

水在可溶岩体中活动是造成岩溶的主要原因。它主要表现为水在岩体中流动，地表水或地下水不断交替。因而一方面造成水流对其围岩有溶蚀能力，另一方面造成水流对其围岩有冲刷作用。

地下水或地表水主要来源于大气降水的补给。而大气中是含有大量 CO_2 的，这些 CO_2 就溶解于大气降水中，造成水中含有碳酸，应指出，土壤与地壳上部强烈的生物化学作用经常排出 CO_2，这就使水渗入地下过程中，将碳酸携带走。这样使水具有溶解可溶性岩石的能力。但水是流动的，不管是地表水或地下水。如为地表水则在地表的可溶岩石表面的凹槽流动，一方面溶解围岩，另一方面流水有动力的结果，又同时冲刷围岩，于是产生了溶沟溶槽和石芽，地下水在向地下流动过程中，与岩石相互作用而不断地耗费了其中具有侵蚀性的 CO_2，这样造成了地下水的溶解能力随深度的加深而减弱。再加上深部水的循环较慢，溶解能力及冲刷能力大大减弱，使深部的岩溶作用减弱。

岩溶地区地下水对其围岩的溶解作用和冲刷作用两者是同时发生的。但是在一些裂隙或小溶洞中，溶蚀作用占主要地位。而在一些大的地下暗河中，地下水的冲刷能力很强，这时溶解能力已退居次要地位了。

2. 岩溶的发育形态及规律

（1）发育形态 岩溶形态是可溶岩被溶蚀过程中的地质表现。可分为地表岩溶形态和地下岩溶形态。地表岩溶形态有溶沟（槽）、石芽、漏斗、溶蚀洼地、坡立谷、溶蚀平原等。地下岩溶形态有落水洞（井）、溶洞、暗河、天生桥等（见图 7-32）。

1）溶沟溶槽。溶沟溶槽是微小的地形形态，它是生成于地表岩石

【二维码 7-9 岩溶发育示意图】

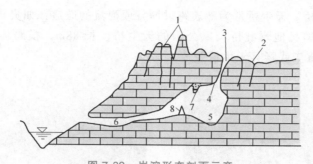

图 7-32　岩溶形态剖面示意

1—石林　2—溶沟　3—漏斗　4—落水洞　5—溶洞　6—暗河　7—石钟乳　8—石笋

表面，由于地表水溶蚀与冲刷而成的沟槽系统地形。溶沟溶槽将地表刻切成参差状，起伏不平，这种地貌称为溶沟原野，这时的溶沟溶槽间距一般为 2～3m。当沟槽继续发展，以致各沟槽互相沟通，在地表上残留下一些石笋状的岩柱。这种岩柱称为石芽。石芽一般高 1～2m，多沿节理有规则排列。

2）漏斗。漏斗是由地表水的溶蚀和冲刷并伴随塌陷作用而在地表形成的漏斗状形态。漏斗的大小不一，近地表处直径可大到上百米，漏斗深度一般为数米。漏斗常成群地沿一定方向分布，常沿构造破碎带方向排列。漏斗底部常有裂隙通道，通常为落水洞的生成处，使地表水能直接引入深部的岩溶化岩体中。如果漏斗底部的通道被堵塞，则漏斗内积水而成湖泊。

【二维码 7-10　岩溶漏斗-小寨天坑】

3）溶蚀洼地。溶蚀洼地是由许多的漏斗不断扩大汇合而成。平面上呈圆形或椭圆形，直径由数百米到数米。溶蚀洼地周围常有溶蚀残丘、峰丛、峰林，底部有漏斗和落水洞。

4）坡立谷和溶蚀平原。坡立谷是一种大型的封闭洼地，也称为溶蚀盆地。面积由几平方千米到数百平方千米，坡立谷再发展而成溶蚀平原。在坡立谷或溶蚀平原内经常有湖泊、沼泽和湿地等。底部经常有残积洪积层或河流冲积层覆盖。

【二维码 7-11　坡立谷-阳朔】

5）落水洞和竖井。落水洞和竖井皆是地表通向地下深处的通道，其下部多与溶洞或暗河连通。它是岩层裂隙受流水溶蚀、冲刷扩大或坍塌而成。常出现在漏斗、槽谷、溶蚀洼地和坡立谷的底部，或河床的边部，呈串珠状排列。

6）溶洞。溶洞是由地下水长期溶蚀、冲刷和塌陷作用而形成的近于水平方向发育的岩溶形态。溶洞早期是作为岩溶水的通道。因而其延伸和形态多变，溶洞内常有支洞、钟乳石、石笋和石柱等岩溶产物。这些岩溶沉积物是由于洞内的滴水为重碳酸钙水，因环境改变释放 CO_2，使碳酸钙沉淀而成。

【二维码 7-12　溶洞】

7）暗河。暗河是地下岩溶水汇集和排泄的主要通道。部分暗河常与地面的沟槽、漏斗和落水洞相通，暗河的水源经常是通过地面的岩溶沟槽和漏斗经落水洞流入暗河内（图 7-33）。因此，可以根据这些地表岩溶形态分布位置，概略地判断暗河的发展和延伸。

8）天生桥。天生桥是溶洞或暗河洞道塌陷直达地表而局部洞道顶板不发生塌陷，形成的一个横跨水流的石桥。天生桥常为地表跨过槽谷或河流的通道，如贵州开阳天生桥号称世界第一长天生桥，美国犹他州虹桥国家公园的天生桥，长 88m，横跨流水空 30m，桥面宽 1.8m 等。图 7-34 为重庆武隆县天生桥照片。

图 7-33　湖北利川腾龙洞地下暗河入口

图 7-34　重庆武隆县天生桥

水的活动不仅限于其对围岩的溶蚀和冲刷，很多时候岩溶水还可以造成很多的堆积现象，最普遍见到的是在溶洞内沉淀有石钟乳、石笋、石柱、钙华等。这些岩溶沉积物一般由 $CaCO_3$ 组成，有时混杂有泥砂质。

（2）岩溶的发育分布规律

1）岩溶的分布随深度增加而减弱，并受当地岩溶侵蚀基准面的控制。因为岩溶的发育与裂缝的发育和水的循环交替有着密切的关系，而裂缝的发育通常随深度增加而减少；另一方面，地表水下渗，地下水从地下水分水岭向地表河谷运动，必然促使地下洞穴及管道的形成。但在河谷侵蚀基准面，即当地岩溶侵蚀基准面以下，地下水运动和循环交替强度变弱，岩溶的发育也随之减弱，洞穴大小和个数随深度增加而逐渐减小。

2）岩溶的分布受岩性和地质构造的控制。在非可溶性岩内不会发育岩溶，在可溶性较弱的岩石中岩溶的发育就受到影响，在质纯的石灰岩中岩溶就很发育，而在可溶岩受破坏后，就会促使岩溶的发育。在一个地区就必然可以根据岩石的可溶性和构造破坏的程度划分出岩溶发育程度不同的范围。可见，在石灰岩裸露区，岩溶常呈片状分布；在可溶岩与非可溶岩相间区，岩溶呈带状分布；在可溶岩中节理密集带、断层破碎带，岩溶也呈带状分布。另外，在可溶岩与非可溶岩接触地带，岩溶作用也表现得非常强烈，岩溶极为发育。

3）在垂直剖面上岩溶的分布常呈层状。地壳常常处于间歇性的上升或下降阶段，由于地壳升降，岩溶侵蚀基准面发生变化。地下水为适应基准面而进行垂直溶蚀，从而产生垂直通道。当地壳处于相对稳定时期时，地下水则向地表河谷方向运动，从而发育成近水平的廊道。若地壳再次发生变化，就会形成另一高度的垂直和水平的岩溶洞穴。如此反复，就可在可溶岩厚度大、裂缝发育、地下水径流量大的地区形成多个不同高程的溶洞层。岩溶的垂直分带性主要表现在（见图 7-35）：

① 垂直循环带（包气带）。这带位于地表以下，地下水位以上，平时无水，降水时有水渗入，从而形成垂直方向的地下水通道。如呈漏斗状的称为漏斗，呈井状的称为落水洞。大量的漏斗和落水洞等多发育于本带内。但是应注意，在本带内如有透水性差的凸镜体岩层存在时，则形成"悬挂水"或称"上层滞水"。因此，在本带岩溶作用形成局部的水平或倾斜

的岩溶通道。

② 季节循环带（过渡带）。这带位于地下水最低水位和最高水位之间，受季节性影响。当干旱季节时，地下水位最低，此时该带与包气带结合起来，渗透水流垂直下流。当雨季时，地下水上升为最高水位，该带则为全部地下水所饱和，渗透水流则水平流动。因此，在本带形成的岩溶通道是水平的与垂直的交替。

③ 水平循环带（饱水带）。这带位于最低地下水位之下，常年充满着水，地下水作水平流动或往河谷排泄。因而本带形成水平通道，称为溶洞，如溶洞中有水流，则称为地下暗河。但是往河谷底向上排泄的岩溶水具有承压性质。因此，在本带形成的岩溶通道也常常呈放射状分布。

④ 深部循环带。本带内地下水的流动方向取决于地质构造和深循环水。由于地下水很深，它不向河底流动而排泄到远处。这一带中水的交替强度极小，岩溶发育速度与程度很小，但在很深的地方可在很长的地质时期中缓慢地形成岩溶现象。这种岩溶形态一般为蜂窝状小洞，或称为溶孔。

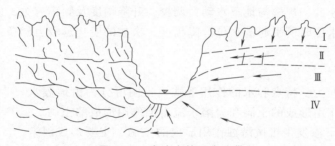

图 7-35　岩溶水的垂直分带

Ⅰ—垂直循环带　Ⅱ—季节循环带　Ⅲ—水平循环带　Ⅳ—深部循环带

4）岩溶分布的地带性和多代性。由于地处纬度不同，影响岩溶发育的气候、水文、生物、土壤条件也不相同，因而岩溶的发育程度和特征就会不同，呈现出明显的地带性。此外，现在看到的岩溶形态，都是经过多次岩溶作用过程长期发展演变的结果，即经过多次地壳运动、气候变更及岩溶条件的改变，岩溶或强或弱一次一次积累、叠加而形成的，这就形成了岩溶的多代性。

7.5.2　土洞

土洞是在有覆盖的岩溶发育区，其特定的水文地质条件，使基岩面以上的土体遭到流失迁移而形成土中的洞穴和洞内塌落堆积物以及引发地面变形破坏的总称。土洞是岩溶的一种特殊形态，是岩溶范畴内的一种不良地质现象，由于其发育速度快、分布密，对工程的影响远大于岩洞。

1. 土洞的形成条件

土、岩溶和水是土洞形成的三个必备条件。土洞继续发展，即形成地面塌陷。

（1）土洞与土质及土层厚度的关系　土洞多位于黏性土层中，在砂土及碎石土中比较罕见。由于砂土、碎石土的水理性稳定，透水性好，不易被淘蚀，粒径相对较大，有可能堵塞岩溶通道，故砂土、碎石土分布地区很少出现土洞。

在黏性土中，取决于黏土颗粒成分、黏聚力、水理性等稳定情况等条件。颗粒细、黏性大、胶结好、水理性稳定的土层不易形成土洞；反之，则易形成土洞。

在溶槽处，经常有软黏土分布，其抗冲蚀能力弱，且处于地下水流首先作用的场所，易于土洞发育的部位。

当土层厚时，土洞发展到地面引起塌陷所需时间就长，且易形成自然拱，不易引起地面塌陷。当土层薄时，就很快出现塌陷。土层厚薄不同，土洞塌陷后的剖面最终稳定尺寸及纵断面的形态也不同。一般薄者小，呈筒状；厚者大，呈碟状或漏斗状。

（2）土洞与岩溶的关系　土洞是岩溶作用的产物，其分布受岩性、岩溶水、地质构造等因素控制。凡具备土洞发育条件的岩溶地区，一般均有土洞发育。土洞或塌陷地段，其下伏基岩中必有岩溶水通道，该通道不一定是巨大的裂隙和空间，连接洞底的往往是上大下小的裂隙。土洞常分布于溶沟两侧和落水洞、石芽侧壁的上口等位置。

（3）土洞与地下水的关系　水是形成土洞的外因和动力。因此，土洞的分布必然服从于土与水相互作用的规律。由地下水形成的土洞多位于地下水变化幅度以内，且大部分分布在高水位与低水位之间，土洞洞径有上大下小的规律，说明土洞在竖向分布上受地下水位线控制。土洞的发育速度、规模与地下水动力调校、升降幅度及频率有关，发展过程是由下而上。人工降低地下水位时所引起的水位升降幅度、次数的变化远较自然条件大，土洞和塌陷的发育也就强烈。

2. 土洞的类型

根据我国土洞的生长特点和水的作用形式，土洞可分为由地表水下渗发生机械潜蚀作用形成的土洞和岩溶水流潜蚀作用形成的土洞。

（1）由地表水下渗发生机械潜蚀作用形成的土洞　主要形成因素有三点：

【二维码 7-13　土洞的形成动画】

1）土层性质：土层性质是造成土洞发育的根据。最易发育成土洞的土层性质和条件是含碎石的砂质粉土层。这样地表水向下渗入碎石砂质粉土层中，造成潜蚀的良好条件。

2）土层底部必须有排泄水流和土粒的良好通道：在这种情况下，可使水流挟带土粒向底部排泄和流失。上部覆盖有土层的岩溶地区，土层底部岩溶发育造成水流和土粒排泄的最好通道。在这些地区土洞发育一般较为剧烈。

3）地表水流能直接渗入土层中。地表水渗入土层内有三种方式：第一种是利用土中孔隙渗入；第二种是沿土中的裂隙渗入；第三种是沿一些洞穴或管道流入。其中以第二种为渗入水流造成土洞发育的最主要方式。土层中的裂隙是在长期干旱条件下，使地表产生收缩裂隙。随着旱期延长，不仅裂隙数量增多，裂口扩大，而且不断向深延展，使深处含水量较高的土层也干缩开裂，裂缝因长期干缩扩大和延长，这就成为下雨时良好的通道，于是水不断地向下潜蚀。水量越大，潜蚀越快，逐渐在土层内形成一条不规则的渗水通道。在水力作用下，将崩散的土粒带走，产生了土洞，并继续发育，直至顶板破坏，形成地表塌陷。

（2）由岩溶水流潜蚀作用形成土洞　这类土洞与岩溶水有水力联系，它分布于岩溶地区基岩面与上覆的土层（一般是饱水的松软土层）接触处。这类土洞的生成是由于岩溶地区的基岩面与上覆土层接触处分布有一层饱水程度较高的软塑至半流动状态的软土层。而在基岩表面有溶沟、裂隙、落水洞等发育。这样，基岩透水性很强。当地下水在岩溶的基岩表面附近活动时，水位的升降可使软土层软化，地下水的流动能在土层中产生潜蚀和冲刷可将软土层的土粒带走，于是在基岩表面处被冲刷成洞穴，这就是土洞形成过程。当土洞不断地被潜蚀和冲刷，土洞逐渐扩大，致使顶板不能负担上部压力时，地表就发生下沉或整块塌落，使地表呈碟形的、盆形的、深槽的和竖井状的洼地。其发育过程如图7-36所示。

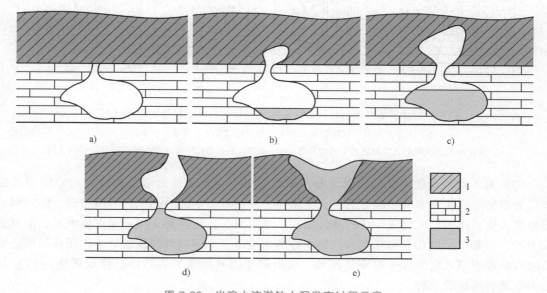

图7-36　岩溶水流潜蚀土洞发育过程示意

a）土洞未形成前　b）土洞初步形成　c）土洞向上发育　d）地面塌陷　e）地面呈碟形洼地

1—黏性土　2—石灰岩　3—结构被破坏的松软土

本类土洞发育的快慢主要取决于：

1）基岩面上覆土层性质：如为软土或高含水量的稀泥则基岩面上容易被水流潜蚀和冲刷，如果基岩面上土层为不透水的和很坚实的黏土层，则土洞发育缓慢。

2）地下水的活动强度：水位变化大，容易产生土洞。地下水位以下土洞的发育速度较快，土洞形状多呈上面小、下面大的形状。而当地下水位在土层以下时，土洞的发育主要由于渗入水的作用，发育较缓，土洞多呈竖井状。

3）基岩面附近岩溶和裂隙发育程度：当基岩面与土层接触面附近，如裂隙和溶洞溶沟溶槽等岩溶现象发育较好时，则地下水活动加强，造成潜蚀的有利条件。故在这些地下水活动强的基岩面上，土洞一般发育都较快。

7.5.3　岩溶与土洞的工程地质问题

岩溶与土洞地区对建（构）筑物稳定性和安全性有很大影响。

（1）溶蚀岩石的强度大为降低　岩溶水在可溶岩体中溶蚀，可使岩体发生孔洞。最常见的是岩体中有溶孔或小洞。所谓溶孔，是指在可溶岩石内部溶蚀有孔径不超过20~30cm的，一般小于1~3cm的微溶蚀孔隙。岩石遭受溶蚀可使岩石有孔洞、结构松散，从而降低岩石强度和增大透水性能。

（2）造成基岩面不均匀起伏　因石芽、溶沟溶槽的存在，使地表基岩参差不整、起伏不均匀，这就造成了地基的不均匀性及交通的难行（图7-37）。

【二维码7-14 岩溶塌陷】

因此，如利用石芽或溶沟发育的地区作为地基，必须做处理。

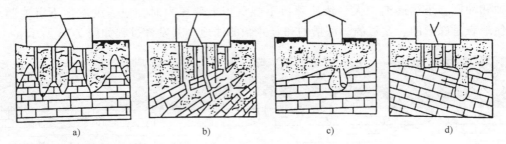

图 7-37　基岩面不均匀起伏导致地基不均匀沉降和桩柱不可靠支撑示意

a）、b）水平与倾斜的可溶岩基岩面不平整，桩端支撑不可靠产生不均匀沉陷

c）基岩面附近溶洞上土层坍塌产生结构开裂　d）倾斜岩溶基岩面因荷载产生层面滑移、结构开裂

（3）漏斗对地面稳定性的影响　漏斗是包气带中与地表接近部位所发生的岩溶和潜蚀作用的现象。当地表水的一部分沿岩石缝隙往下流动时，水便对孔隙和裂隙壁进行溶蚀和机械冲刷，使其逐渐扩大成漏斗状的垂直洞穴，是为漏斗。这种漏斗在表面近似圆形，深可达几十米，表面口径由几米到几十米。另一种漏斗是由于土洞或溶洞顶的塌落作用而形成。崩落的岩块堆于洞穴底部成一漏斗状洼地。这类漏斗因其塌落的突然性，使地表建（构）筑物面临遭到破坏的威胁。

（4）溶洞和土洞对地基稳定性的影响　溶洞和土洞地基稳定性必须考虑如下三个问题：

1）溶洞和土洞分布密度和发育情况。一般认为，对于溶洞或土洞分布密度很密，并且溶洞或土洞的发育处在地下水交替最积极的循环带内，洞径较大，顶板薄，并且裂隙发育，此地不宜选择为建（构）筑物场地和地基。如果该场地虽有溶洞或土洞，但溶洞或土洞是早期形成的，已被第四纪沉积物所充填，并已证实目前这些洞已不再活动。此时，可根据洞的顶板承压性能，决定其作为地基。此外，石膏或岩盐溶洞地区不宜作为天然地基。

2）溶洞或土洞的埋深对地基稳定性影响。一般认为，溶洞特别是土洞如埋置很浅，则溶洞的顶板可能不稳定，甚至会发生地表塌落。如若洞顶板厚度 H 大于溶洞最大宽度 b 的 1.5 倍时（即 $H>1.5b$），同时溶洞顶板岩石比较完整，裂隙较少，岩石也较坚硬，则该溶洞顶板作为一般地基是安全的。如若溶洞顶板岩石裂隙较多，岩石较为破碎，当上覆岩层的厚度 H 大于溶洞最大宽度 b 的三倍时（即 $H>3b$），则溶洞的埋深是安全的。上述评定是对溶洞和一般建（构）筑物的地基而言，不适用于土洞、重大建（构）筑物和振动基础。对于这些地质条件和特殊建筑物基础所必需的稳定土洞或溶洞顶板的厚度，须进行地质分析和力学验算，以确定顶板的稳定性。

3）抽水对土洞和溶洞顶板稳定的影响。一般认为，在有溶洞或土洞的场地，特别是土洞大片分布，如果进行地下水的抽取，由于地下水位大幅度下降使保持多年的水位均衡遭到急剧破坏，大大地减弱了地下水对土层的浮托力。再者，由于抽水时加大了地下水的循环，动水压力会破坏一些土洞顶板的平衡，因而引起了一些土洞顶板的破坏和地表塌陷。一些土洞顶板塌落又引起土层振动，或加大地下水的动水压力，结果振动波或动水压力传播给近处的土洞，又促使附近一些土洞顶板破坏，以致地表塌陷，危及地面的建（构）筑物的安全。

顶板岩层均较完整，强度较高，层理厚，且已知顶板厚度和裂隙切割情况时，可将岩溶顶板的稳定性按照结构力学中梁板的受力情况进行稳定性计算：当跨中有裂缝，顶板两端支座处的岩石坚固完整时，可按悬臂梁进行计算；若裂缝位于支座处，顶板较完整时，可按简支梁进行计算；若支座和顶板岩层均较完整时，可按两端固定梁进行计算。

7.5.4　岩溶与土洞灾害防治

在进行建（构）筑物布置时，应先将岩溶和土洞的位置勘察清楚，然后针对实际情况做出相应的防治措施。

当建（构）筑物的位置可以移位时，为了减少工程量和确保建（构）筑物的安全，应首先设法避开有威胁的岩溶和土洞区，实在不能避开时，再考虑处理方案。

1）挖填：即挖除溶洞或土洞中的软弱充填物，回填以碎石、块石或混凝土等，并分层夯实，以达到改良地基的效果。对于土洞回填的碎石上设置反滤层，以防止潜蚀发生。

2）跨盖：当洞埋藏较深或洞顶板不稳定时，可采用跨盖方案。如采用长梁式基础或桁架式基础或刚性大平板等方案跨越。但梁板的支承点必须放置在较完整的岩石上或可靠的持力层上，并注意其承载能力和稳定性。

3）灌注：对于溶洞或土洞，因埋藏较深，不可能采用挖填和跨盖方法处理时，溶洞可采用水泥或水泥黏土混合灌浆于岩溶裂隙中；对于土洞，可在洞体范围内的顶板打孔灌砂或砂砾，应注意灌满和密实。

4）排导：洞中水的活动可使洞壁和洞顶溶蚀、冲刷或潜蚀，造成裂隙和洞体扩大，或洞顶坍塌。因而对自然降雨和生产用水应防止下渗，采用截排水措施，将水引导至他处排泄。

5）打桩：对于土洞埋深较大时，可用桩基处理，如采用混凝土桩、木桩、砂桩或爆破桩等。其目的除提高支承能力外，并有靠桩来挤压挤紧土层和改变地下水渗流条件的功效（见图7-38）。

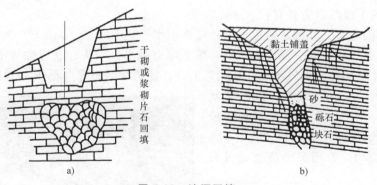

图7-38　溶洞回填

a）干砌或浆砌片石回填　b）松散土石料回填

7.6　地面沉降与地面塌陷

7.6.1　地面沉降

1. 地面沉降分类及其危害

地面沉降广义上是指地壳表面在自然营力作用下或人类经济活动影响下，在一定区域内，产生的具有一定规模和分布规律的地表标高降低的地质现象。其特点是以向下的垂直运动为主体，而只有少量或基本上没有水平向位移。地面沉降的速度、沉降值、持续时间和范围均因具体诱发因素或地质环境的不同而异。

目前国内外工程界所研究的地面沉降主要是指因人为开采地下水、石油和天然气而造成地层压密变形，导致区域地面高程下降的地质现象。由于长期或过量开采地下承压水而产生的地面沉降在国内外均较普遍，多发生在人口稠密、工业发达的大中城市地区。

地面沉降分类见表7-15、表7-16。

表7-15　基于主导因素的地面沉降分类

类型	分类描述
土体固结（压密）型地面沉降	由于欠固结土层压密固结而引起的地面沉降，如土体自然固结作用形成的地面沉降；由于大量抽取地下液体与气体资源引起的抽汲型地面沉降；由于重大建筑及蓄水工程使地基土发生压密下沉引起的荷载型地面沉降；由大型机械、机动车辆及爆破等引起的地面振动导致土体压密变形而引起动力扰动型地面沉降等
非土体固结（压密）型地面沉降	由于自然作用形成的地面沉降，如构造活动型地面沉降、海面上升型地面沉降、地震型地面沉降、火山型地面沉降、冻融蒸发型地面沉降等；由于采掘地下矿藏形成的大范围采空区及地下工程开发引起的地面沉降等

表7-16　按照沉降规模分类

规模类型	巨型地面沉降	大型地面沉降	中型地面沉降	小型地面沉降
沉降面积 S/m^2	$S \geqslant 500$	$100 \leqslant S < 500$	$10 \leqslant S < 100$	$S < 10$
累计沉降量 h/m	$h \geqslant 1.0$	$0.5 \leqslant h < 1.0$	$0.1 \leqslant h < 0.5$	$h < 0.1$

注："沉降面积"和"累计沉降量"任一个界限值只要达到上一等级的下限即定位上一等级类型。

地面沉降的工程危害主要有：

1）对环境的危害，如潮水越堤上岸、地面积水等。

2）对建筑工程的危害，如桥墩下沉，桥下净空减小；码头、仓库地坪下沉，地下管道坡度改变，深井管和桩基建筑物的勒脚相对上升，建筑物倾斜等（见图7-39）。

我国的上海、天津、西安、太原等城市地面沉降曾一度严重影响城市规划和经济发展，使城市地质环境恶化，建（构）筑物不能正常使用，给国民经济造成极大损失。

2. 地面沉降的原因

地面沉降的原因主要包括三个方面：地下水的超采引起的沉降、地基土欠固结引起的沉降及外加荷载引起的沉降。

图7-39　地面沉降导致基础脱开

（1）地下水的超采　承压水往往被作为工业及生活用水的水源。在承压含水层中，抽取地下水引起承压水位降低。根据太沙基有效应力原理（$\sigma = \mu + \sigma'$）：当在含水层中抽水、水位下降时，相对隔水黏土层中的总应力（σ）近似保持不变，由孔隙水承担的压力部分——孔隙水压力（μ）随之减小，由固体颗粒承担的压力部分——有效应力（σ'）则随之

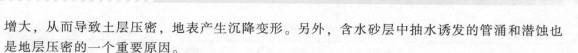

增大，从而导致土层压密，地表产生沉降变形。另外，含水砂层中抽水诱发的管涌和潜蚀也是地层压密的一个重要原因。

（2）地基土欠固结　黏性土层中孔隙水压力向有效应力的转化不像砂层那样"急剧"，而是缓慢地、逐渐地变化的，所以黏性土中孔隙比的变化也是缓慢的，黏性土的压密（或压缩）变形也需要一定时间完成（几个月、几年，甚至几十年，其主要取决于土层的厚度和渗透性），因此黏性欠固结土层会随着孔隙水压力的消散而产生地面的沉降。

（3）外加荷载　高层建筑群附加荷载及交通荷载等动力荷载振动会使土层中的总应力增加，由固体颗粒承担的有效应力（σ'）也随之增大，从而导致土层压密，地表产生沉降变形。

3. 地面沉降的监测方法

对地面沉降的监测主要包括对地面沉降量观测、对地下水观测、对地面沉降范围内既有建筑物的调查三个方面。

1）地面沉降的长期观测：应按精密水准测量要求进行长期观测，并按不同的地面沉降结构单元设置高程基准标、地面沉降标和分层沉降标。

2）地下水动态观测：包括地下水位升降，地下水开采量和回灌量，地下水化学成分和污染情况，孔隙水压力的消散和增长情况。

3）对既有建筑物的影响监测：调查地面沉降对既有建筑物的影响，对建筑物的变形、倾斜、裂缝及其发生时间和发展过程进行监测。

4. 地面沉降现状的分析

绘制不同时间的地面沉降等值线图，分析地面沉降中心的变迁动态及其与地下水位下降漏斗的关系，以及地面回弹与地下水位反漏斗的关系。分析地面沉降在不同时间，不同地点及地下水开采、回灌的不同情况下的变化规律。绘制以地面沉降为主要特征的专门工程地质分区图，根据累计沉降量和年沉降速度综合地质条件进行分区。

7.6.2　地面塌陷

1. 地面塌陷的概念及分类

地面塌陷是指地表岩土体在自然或人为因素作用下，向下陷落，并在地面形成凹陷、坑洞的一种动力地质现象。它的出现是由于地下地质环境中存在着天然洞穴或人工采掘活动所留下的矿洞、巷道或采空区而引起的，其地面表现形式是局部范围内地表岩土体的开裂、不均匀下沉和突然陷落。

地面塌陷可按照主导因素和塌陷规模进行分类，见表 7-17 和表 7-18。

表 7-17　按主导因素的地面塌陷分类

类型	分类描述
岩溶地面塌陷	岩溶地区由于隐伏下部岩溶洞穴扩大而致顶板岩体塌陷或上覆岩土层的洞顶板在自然或人为因素作用下失去平衡产生下沉或塌陷而引发的地面塌陷
采空地面塌陷	地下采掘活动形成的采空区,其土方岩土体失去支撑,引发的地面塌陷
其他地面塌陷	由于自然作用(如水流渗入、水位涨落、重力作用等)引起的地面塌陷;由于大量抽取地下水与气体资源引起的抽汲型地面塌陷

表 7-18 按地面塌陷规模分类

规模等级	巨型地面塌陷	大型地面塌陷	中型地面塌陷	小型地面塌陷
塌陷坑直径 D/m	$D \geq 50$	$30 \leq D < 50$	$10 \leq D < 30$	$D < 10$
影响范围 S/km^2	$S \geq 20$	$10 \leq S < 20$	$1 \leq S < 10$	$S < 1$

2. 地面塌陷的危害

1）破坏城镇建筑设施，危害人民生命财产。如 1981 年发生在美国佛罗里达州 Winter Park 巨型塌陷，直径达 106m，深 30m，使街道、公用设施和娱乐场所遭受严重毁坏，损失超过 400 万美元。我国安徽省铜陵市小街区人口密集，由于铜官山铜矿长期疏干排水，为该区喀斯特溶洞的潜蚀和掏空创造了条件，造成公路、铁路交通中断，多种管线被拉断扭曲，经济损失严重。

2）影响交通和安全运输。山东泰安岩溶塌陷曾造成京沪铁路一度中断、长期减速慢行。贵昆铁路沿线自 1965 年建成通车以来，西段陆续发现岩溶地面塌陷，至 1987 年已发现塌陷 117 处。1976 年 7 月 7 日在 K606+475 路段发生塌陷，陷坑长 15m、宽 6m、深 5m，中断行车 61 小时 40 分；1979 年 9 月 1 日在 K534 路段发生塌陷，陷坑长 6m、宽 2.5m、深 3m，造成 2502 次列车颠覆，断道 14 小时 25 分。仅这两次塌陷造成的直接经济损失达 3000 万元。

3）影响对自然资源的开发利用，包括对地表水、岩溶地下水和矿产资源的开发利用。如湖北大门铁矿，1978 年平巷突水引起柯家沟河谷地面塌陷，出现 70 多个陷坑，河水因大量漏入地下而断流，岸边有 4000m² 建筑物被毁，矿山专用铁路和高压输电线遭受破坏，造成近百万元经济损失。

4）引起水库渗漏，影响水库正常运作。如广西大新县的兴安水库，因溶洞塌陷而连成排水通道，将库水在短期内排空。

7.6.3 地面沉降与塌陷的防治

地面沉降一旦产生，很难恢复。因此，对于已发生地面沉降的城市地区，一方面应根据所处的地理环境和灾害程度，因地制宜，采取治理措施减轻或消除危害；另一方面，应在查明沉降影响因素的基础上，及时主动地采取控制地面沉降继续发展的措施。

1. 地面沉降的治理

对已发生地面沉降的地区，可根据工程地质、水文地质条件采取下列控制和治理方案：

1）减小地下水开采量及水位降深。当地面沉降发展剧烈时，应暂时停止开采地下水。

2）对地下水进行人工补给、回灌。但应控制回灌水源的水质标准，以防止地下水被污染，并应根据地下水动态和地面沉降规律，制定合理的开采、回灌方案。

3）调查地下水开采层次，进行合理开采，适当开采深层地下水或岩溶裂隙水。

2. 地面沉降的预防

对可能发生地面沉降的地区应预测地面沉降的可能性，并可采取下列预测和防治措施：

1）根据场地工程地质与水文地质条件，预测可压缩层和含水层的分布。

2）根据室内外测试（包括抽水试验、渗透试验、先期固结压力试验、流变试验、反复荷载试验等）和沉降观测资料，评价地面沉降和发展趋势。

3）提出地下水资源的合理开采方案。

3. 地面塌陷的处理方法

防治地面塌陷的技术措施有控水措施和工程措施。控水措施包括：在地下水开采区，要合理控制地下水位；在矿山疏干排水中，对可能出现地面塌陷的地段，采取局部注浆处理；在松散土层进行排水时，要控制井的抽水量，不能大量抽水，以免形成空洞造成坍塌；在喀斯特地区开采地下水，不能将水位降至岩溶体或溶洞顶层以下。工程措施包括：①回填，即利用黏土或渣石将坑填平夯实；②封堵，因疏干排水引起的塌陷可用帷幕灌浆或截水墙封堵地下水流；因地表水流引起的塌陷，可通过建筑堤坝、围堰进行隔离，因溶洞引起的塌陷可用混凝土塞将溶洞口塞堵；③加固，当建筑物基础发生塌陷时，可用桩支撑和地基加固等方法进行加固处理。

思 考 题

1. 什么是活断层？活断层对工程有何影响？

2. 简述活动断裂与地震的关系。

3. 地震震级与烈度的相关性及区别是什么？地震波的类型及传播与破坏特征是什么？

4. 简述地震诱发的次生地质灾害类型、特征及其对灾后重建选地的影响。

5. 地震的破坏效应有哪些？

6. 什么叫滑坡？滑坡如何分类？试分别分析滑坡发育的内部条件及产生的外部诱因。

7. 野外如何识别滑坡？滑坡的防治措施有哪些？

8. 裂缝调查对滑坡稳定性的作用如何？

9. 阐述滑坡按力学条件分类及其发生条件和变形特征。

10. 什么叫危岩？什么叫崩塌？

11. 试分析崩塌产生的条件和发育因素。结合具体工程案例，试分析崩塌防治措施有哪些。

12. 什么是泥石流？其形成条件有哪些？常用的防治措施有哪些？

13. 泥石流有什么运动特征？

14. 什么叫岩溶？岩溶的形成和发育条件是什么？简述岩溶场地地基主要的工程地质问题。岩溶建筑场地的处理有哪些措施？

15. 什么叫地面沉降？分析地表沉降的主要原因及防治方法。

第8章 工程地质勘察

在兴建任何工程建筑之前，都必须进行工程地质勘察。它是运用工程地质理论和各种勘察测试技术手段和方法，为解决工程建设中的地质问题而进行的调查研究工作。工程地质勘察是土木工程建设的基础工作，是整个建设工程工作的重要组成部分，其成果资料是工程项目决策、设计和施工等的重要依据。

工程地质勘察工作必须符合国家、行业制定的现行有关标准、规范的规定。

■ 8.1 勘察等级与阶段划分

8.1.1 勘察等级

不同类型的工程具有不同的工程地质问题，加之各项工程建设的勘察任务大小不同，工作内容、工作量及勘察方法也不一样，包括钻孔的数量，孔探、取原状土试验项目与原位测试种类的多少等，为此，首先要确定勘察等级。

下面主要结合现行《岩土工程勘察规范》（GB 50021—2001）（2009 年版）中关于岩土工程勘察等级划分的方法及步骤进行介绍。

《岩土工程勘察规范》主要根据工程重要性等级、工程所处位置的场地等级及地基等级确定工程勘察等级，对与工程阶段相对应的工程勘察。工程重要性等级、场地等级、地基等级进行了划分，见表 8-1~表 8-3。

表 8-1 工程重要性等级划分

工程重要性等级	工程类型	破坏后果
一级	重要工程	很严重
二级	一般工程	严重
三级	次要工程	不严重

注：工程规模及破坏后果的相关规定及描述见不同工程类型的相关设计规范。

表 8-2 场地等级划分

场地等级	划分标准（按场地复杂程度进行划分）
一级场地 （复杂场地）	符合下列条件之一： 1) 对建筑抗震危险的地段 2) 不良地质作用强烈发育 3) 地质环境已经或可能受到强烈破坏 4) 地形地貌复杂 5) 有影响工程的多层地下水, 岩溶裂隙水或其他水文地质条件复杂

（续）

场地等级	划分标准（按场地复杂程度进行划分）
二级场地 （中等复杂场地）	符合下列条件之一： 1）对建筑抗震不利的地段 2）不良地质作用一般发育 3）地质环境已经或可能受到一般破坏 4）地形地貌较复杂 5）基础位于地下水位以下
三级场地 （简单场地）	同时满足以下条件： 1）抗震设防烈度≤6度，或对建筑抗震有利的地段 2）不良地质作用不发育 3）地质环境基本未受破坏 4）地形地貌简单 5）地下水对工程无影响

注：建筑抗震地段危险、不利、有利的划分按现行《建筑抗震设计规范》（GB 50011—2010）执行。

表 8-3　地基等级划分

地基等级	划分标准（按地基复杂程度进行划分）
一级地基 （复杂地基）	符合下列条件之一： 1）岩土种类多，很不均匀，性质变化大，需特殊处理 2）严重湿陷、膨胀、盐渍、污染的特殊土及其他需特殊处理的岩土
二级地基 （中等复杂地基）	符合下列条件之一： 1）岩土种类较多，不均匀，性质变化较大 2）一级地基规定的以外的特殊岩土
三级地基 （简单地基）	岩土种类单一、均匀，性质变化不大，且无特殊岩土

工程勘察等级，应根据建筑工程重要性等级、建筑场地等级、建筑地基等级按表 8-4 所示条件综合分析确定。

表 8-4　岩土工程勘察等级划分

勘察等级	划分标准
甲级	工程重要性等级、场地等级、地基等级中有一项或多项为一级
乙级	除甲级及丙级以外的勘察项目
丙级	工程重要性等级、场地等级、地基等级均为三级

注：建筑在岩质地基上的一级工程，当场地复杂程度等级和地基复杂程度等级均为三级时，岩土工程勘察等级可定为乙级。

8.1.2　勘察阶段

工程地质勘察通常按工程设计阶段分步进行。不同类别的工程，有不同的阶段划分。对于工程地质条件简单和有一定工程资料的中小型工程，勘察阶段也可适当合并。

建设工程项目设计一般分为可行性研究、初步设计和施工图设计三个阶段。为了提供各设计阶段所需的工程地质资料，勘察工作也相应地划分为可行性研究勘察（选址勘察）、初步勘察、详细勘察三个阶段。对于工程地质条件复杂或有特殊施工要求的重要建筑物地基，尚应进行预可行性及施工勘察；对于地质条件简单，建筑物占地面积不大的场地，或有建设经验的地区，也可适当简化勘察阶段。

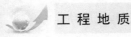
工程地质

（1）可行性研究勘察　可行性研究勘察也称为选址勘察，对于大型工程是非常重要的环节，其目的在于从总体上判定拟建场地的工程地质条件能否适宜工程建设项目。一般通过取得几个候选场址的工程地质资料进行对比分析，对拟选场址的稳定性和适宜性做出工程地质评价。本阶段勘察方法主要是在搜集、分析已有资料的基础上进行现场踏勘，了解场地的工程地质条件。如果场地工程地质条件比较复杂，已有资料不足以说明问题时，应进行工程地质测绘和必要的勘探工作。

（2）初步勘察　目的是密切结合工程初步设计的要求，提出岩土工程方案设计和论证。其主要任务是在可行性研究勘察的基础上，对场地内建筑地段的稳定性做出岩土工程评价，并为确定建筑总平面布置，对主要建筑物的岩土工程方案和不良地质现象的防治工程方案等进行论证，以满足初步设计或扩大初步设计的要求。本阶段的勘察方法在分析已有资料基础上，根据需要进行工程地质测绘，并以勘探、物探和原位测试为主。

（3）详细勘察　目的是对岩土工程设计、岩土体处理与加固、不良地质现象的防治工程进行计算与评价，以满足施工图设计的要求。此阶段应按不同建筑物或建筑群提出详细的岩土工程资料和设计所需的岩土技术参数。显然，该阶段勘察范围仅局限于建筑物所在的地段内，所要求的成果资料精细可靠，而且许多是计算参数。本阶段勘察方法以勘探、原位测试和室内土工试验为主，必要时可以补充一些地球物理勘探、工程地质测绘和调查工作。

（4）施工勘察　对工程地质条件复杂或有特殊施工要求的重要工程，还需要进行施工勘察。施工勘察包括施工阶段和竣工运营过程中一些必要的勘察工作，主要是检验与监测工作、施工地质编录和施工超前地质预报。

■ 8.2　工程地质勘察方法

工程地质勘察的方法或技术手段主要包括工程地质测绘、勘探与取样、原位测试与室内试验、现场检验与监测。

工程地质测绘是岩土工程勘察的基础工作，一般在勘察的初期阶段进行。这一方法的本质是运用地质、工程地质理论，对地面的地质现象进行观察和描述，分析其性质和规律，并借以推断地下地质情况，为勘探、测试工作等其他勘察方法提供依据。

勘探工作包括物探、钻探和坑探等各种方法。它是被用来调查地下地质情况的；并且可利用勘探工程取样进行原位测试和监测。

原位测试与室内试验的主要目的是为岩土工程问题分析评价提供所需的技术参数，包括岩土的物性指标、强度参数、固结变形特性参数、渗透性参数和应力-应变关系的参数等。

现场检验与监测的主要目的在于保证工程质量和安全，提高工程效益。

随着科学技术的飞速发展，在岩土工程勘察领域中不断引进高新技术，如"3S"技术的引进，勘探工作中地质雷达和地球物理层析成像技术（CT）的应用等。

8.2.1　工程地质测绘

1. 基本概念

工程地质测绘是运用地质、工程地质理论，对与工程建设有关的各种地质现象进行观察和描述，初步查明拟建场地或各建筑地段的工程地质条件；将工程地质条件诸要素采用不同

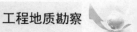

的颜色、符号，按照精度要求标绘在一定比例尺的地形图上，并结合勘探、测试和其他勘察工作的资料，编制成工程地质图的工作。

工程地质测绘的目的是研究建筑场地内的地层、岩性、构造、地貌、不良地质现象及水文地质条件，对场地的工程地质条件做出初步评价，并为勘察工作量的布置提供依据。工程地质测绘与调查宜在可行性研究（选择场址）或初步勘察阶段进行，对于详细勘察阶段，可对复杂地段做大比例尺的测绘。工程地质测绘应查明场地及其邻近地段的地貌、地质构造、地层、不良地质作用等地理、地质条件。

根据研究内容的不同，工程地质测绘可分为综合性测绘和专门性测绘两种。综合性工程地质测绘是对场地或建筑地段工程地质条件诸要素的空间分布及各要素之间的内在联系进行全面综合的研究，为编制综合工程地质图提供资料。专门性工程地质测绘是对工程地质条件的某一要素进行专门研究，如第四纪地质、地貌、斜坡变形破坏等；研究它们的分布、成因、发展演化规律等。

2. 测绘的比例尺

工程地质测绘和调查的范围，应包括场地及其附近地段，测绘的比例尺如下：可行性研究勘察可选用 $1:5000 \sim 1:50000$，初步勘察可选用 $1:2000 \sim 1:10000$，详细勘察可选用 $1:500 \sim 1:2000$。条件复杂时，比例尺可适当放大。对工程有重要影响的地质单元体（滑坡、断层、弱夹层、洞穴），可采用扩大比例尺表示。另外，地质界限和地质观测点的测绘精度在图上不应低于 3mm。

3. 观测点的布置、密度、定位

地质观测点的布置、密度和定位应满足下列要求：

1）在地质构造线、地层接触线、岩性分界线、标准层位和每个地质单元体应有地质观测点。

2）地质观测点的密度应根据场地的地貌、地质条件、成图比例尺及工程特点等确定，并应具代表性。

3）地质观测点应充分利用天然和人工露头；当露头少时，应根据具体情况布置一定数量的探坑或探槽。

4）地质观测点的定位应根据精度要求选用适当的方法；地质构造线、地层接触线、岩性分界线、软弱夹层、地下水露头和不良地质作用等特殊地质观测点，宜用仪器法定位。

地质观测点的定位标测，对成图的质量影响很大，常采用以下方法：

1）目测法，适用于小比例尺的工程地质测绘，是根据地形、地物以目估或步测距离标测。

2）半仪器法，适用于中等比例尺的工程地质测绘，是借助于罗盘仪、气压计等简单的仪器测定方位和高度，使用步测或测绳量测距离。

3）仪器法，适用于大比例尺的工程地质测绘，一般在详勘阶段使用，是借助于经纬仪、水准仪等较精密的仪器测定地质观测点的位置和高程。对于有特殊意义的地质观测点，如地质构造线、不同时代地层接触线、不同岩性分界线、软弱夹层、地下水露头及有不良地质作用等，均宜采用仪器法。

4. 工程地质测绘内容

工程地质测绘主要研究工程地质条件。实际工作中，应根据勘察阶段的要求和测绘比例尺大小，分别对工程地质条件的各个要素进行调查研究。工程地质测绘和调查主要包括下列内容：

1）查明地形、地貌特征及其与地层、构造、不良地质现象的关系，划分地貌单元。

2）岩土的性质、成因、年代、厚度和分布；对岩层应鉴定其风化程度，对土层应区分新近沉积土、各类特殊性土。

3）查明岩层产状及构造类型、软弱结构面的产状及性质，包括断层的位置、类型、产状、断距，破碎带的宽度及充填胶结情况，岩土层的接触面及软弱夹层的特性等，第四纪构造活动的痕迹、特点及与地震活动的关系。

4）查明地下水的类型，补给来源，排泄条件及井、泉的位置，含水层的岩性特征、埋藏深度、水位变化、污染情况及其与地表水的关系等。

5）收集气象、水文、植被、土的最大冻结深度等资料，调查最高洪水位及其发生时间、淹没范围。

6）查明岩溶、土洞、滑坡、泥石流、崩塌、冲沟、地面沉降、断裂、地震震害、地裂缝和岸边冲刷等不良地质现象的形成、分布、形态、规模、发育程度及其对工程建设的影响。

7）调查人类活动对场地稳定性的影响，排水及水库诱发地震等。

8）建筑物的变形和工程经验。

5. 工程地质测绘方法

（1）相片成图法　利用地面摄影或航空（卫星）摄影的相片，先在室内根据判识标志，并结合所掌握的区域地质资料，把判明的地层岩性、地质构造、地貌、水系及不良地质现象等描述在单张相片上。然后在相片选择需要调查的若干点和路线，据此去实地进行调查、校对修正，绘成底图。最后，将结果转绘成工程地质图。

（2）实地测绘法　实地测绘法是工程地质测绘的野外工作方法，它又细分为以下三种方法：

1）路线法。沿着一定的路线，穿越测绘场地，把走过的路线正确地填绘在地形图上，并沿途仔细观察地质情况，把各种地质界线、地貌界线、构造线、岩层产状及各种不良地质作用和地质灾害等标绘在地形图上。路线形式有 S 形或直线形。路线法一般用于中、小比例尺。

在路线法测绘中应注意以下几个问题：路线起点的位置应选择有明显的地物线的起点，如选择村庄、桥梁或特殊地形作为每条路线的起点。观察路线的方向应大致与岩层走向、构造线方向及地貌单元相垂直，用较少的工作量获得较多的成果。观察路线应选择在露头及覆盖层较薄的地方。

2）布点法。工程地质测绘的基本方法，也就是根据不同比例尺预先在地形图上布置一定数量的观测路线和观测点。观测点一般布置在观测路线上，但观测点的布置必须有具体的目的，如为了研究地质构造线、不良地质现象、地下水露头等。观测线的长度必须能满足具体观测目的的需要。布点法适合于大、中比例尺的测绘工作。

3）追索法。它是沿着地层走向、地质构造线的延伸方向或不良地质现象的边界线进行布点追索，其主要目的是查明某一局部的工程地质问题。追索法是在路线法和布点法的基础上进行的，它属于一种辅助测绘方法。

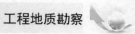

（3）遥感技术　通过高灵敏度的仪器设备，测量并记录远距离目标物的性质和特征。它所依据的基本理论是电磁波理论，具体是通过观测近地表的地形、地物所发射（或反射）的电磁波谱来获取必要的地质地貌信息，从而为解决相关问题提供依据。

遥感资料的记录方法有两种，一是非成像方式，即把数值、曲线资料记录于磁带上；二是成像方式，即通过摄影成像、扫描成像、全息成像方式，将测绘资料转换成图像。目前，后一种方式即成像方式应用较多，其中，航空摄影和卫星照片是最主要的遥感技术资料。

6. 测绘资料整理及成果

（1）检查外业资料

1）检查各种野外记录所描述的内容是否齐全。

2）详细核对各种原始图件所划分的地层、岩性、构造、地形地貌、地质成因界线是否符合野外实际情况，不同图件中相互间的界线是否吻合。

3）野外所填的各种地质现象是否正确。

4）核对搜集的资料与本次测绘资料是否一致，如出现矛盾，应分析其原因。

5）整理核对野外采集的各种标本。

（2）成果资料　工程地质测绘与调查的成果资料一般包括工程地质测绘实际材料图、综合工程地质图或工程地质分区图、综合地质柱状图、工程地质剖面图及各种素描图、照片和文字说明。

8.2.2　勘探与取样

工程地质勘探方法主要有钻探、井探、槽探、洞探和地球物理勘探等。当需查明岩土的性质和分布，采取岩土试样或进行原位测试时，可采用上述勘探方法。勘探方法的选取应符合勘察目的和岩土的特性。

1. 工程钻探

在工程地质勘察中，钻探是最广泛采用的一种勘探手段。由于它较其他勘探手段有突出的优点，因此不同类型和结构的建筑物、不同的勘察阶段、不同环境和工程地质条件下，凡是布置勘探工作的地段，一般均需采用此种勘察技术。

工程地质钻探是获取地表下准确地质资料的重要方法，而且通过钻探的钻孔采取原状岩土样和做原位试验。钻探是指在地表下用钻头钻进地层，在地层内钻成直径较小并具有相当深度的圆筒形孔眼（称为钻孔）。钻孔的直径、深度、方向取决于钻孔用途和钻探地点的地质条件。钻孔的直径一般为75~150mm，但在一些大型建筑物的工程地质勘探时，孔径往往大于150mm，有时可达到500mm，直径达500mm以上的钻孔称为钻井。钻孔的深度由数米至上百米，视工程要求和地质条件而定，一般的建筑工程地质钻探深度在数十米以内。钻孔方向一般为竖直，也有倾斜的。

根据钻入岩土中的方法可分为冲击钻探、回转钻探、振动钻探和冲洗钻探四种。

（1）冲击钻探　此法利用钻具重力和下落过程中产生的冲击力使钻头冲击孔底岩土并使其产生破坏，从而达到在岩土层中钻进之目的。它又包括冲击钻探和锤击钻探。根据使用工具不同还可以分为钻杆冲击钻进和钢绳冲击钻进。硬质岩土层（岩石层或碎石土）一般采用孔底全面冲击钻进；其他土层一般采用圆筒形钻头的刃口借助于钻具冲击力切削土层钻进。

（2）回转钻探 此法采用底部焊有硬质合金的圆环状钻头进行钻进，钻进时一般要施加一定的压力，使钻头在旋转中切入岩土层以达到钻进的目的。它包括岩芯钻探、无岩芯钻探和螺旋钻探。岩芯钻探为孔底环状钻探，螺旋钻探为孔底全面钻进。

（3）振动钻探 此法利用机械动力所产生的振动力，使土的抗剪强度降低，借振动器和钻具的自重，切削孔底土层不断钻进。

（4）冲洗钻探 该法是通过高压射水破坏孔底土层从而实现钻进。该方法适用于砂层、粉土层和不太坚硬黏土层，是一种简单快速的钻探方式。

上述四种方法各有特点，分别适应于不同的勘察要求和岩土层性质，见表 8-5。

表 8-5 钻探方法的适用范围

钻探方法		钻进地层					勘察要求	
		黏性土	粉土	砂土	碎石土	岩石	不扰动土样	扰动土样
回转	螺旋钻探	√	○	○	×	×	√	√
	无岩芯钻探	√	√	√	○	×	×	×
	岩芯钻探	√	√	√	○	√	√	√
冲击	冲击钻探			√	√	×	×	×
	锤击钻探	√	√	√	○	×	√	√
振动钻探		√	√	√	○	×	○	√
冲洗钻探		○	√	√	×	×	×	×

注：1. √适用；○部分适用；×不适用。
2. 浅部土层可采用下列方法钻探：小口径麻花钻钻进，小口径勺形钻钻进，洛阳铲钻进。

钻探工作中，工程地质人员主要做三方面工作：一是编制作为钻探依据的设计书；二是在钻探过程中进行岩芯观测、编录；三是钻探结束后进行资料内业整理。钻探工作的步骤和内容见表 8-6。

表 8-6 钻探工作的步骤和内容

步骤	各步骤具体内容
钻孔设计书编制	①钻孔附近地形、地质概况；②钻孔目的及钻进中应注意的问题；③钻孔类型、孔深、孔身结构、钻进方法、钻进速度及固壁方式等；④工程地质要求，包括岩芯采取率、取样、孔内试验、观测及止水要求等；⑤钻探结束后，钻孔留作长期观测或封孔等处理意见。工程地质人员应在设计书中编制一份钻孔地质剖面图，以便钻探人员掌握一些重要层位的位置，加强钻探管理，并据此确定钻孔类型、孔深及孔身结构
钻孔的观测和编录	岩芯观察、描述和编录工作：钻探过程中，每回次进尺一般 0.5~0.8m（最多不超过 2m），需要取岩芯。全孔取岩芯率不低于 80%，最低不小于 60%。应对岩芯进行细致的观察、鉴定，确定岩土体名称，进行岩芯有关物理性状的描述。按次序将岩芯排列编号，并做好岩芯采取情况的统计工作。包括岩芯采取率、岩芯获得率和岩石质量指标的统计 水文地质观测：对钻孔中的地下水位及动态，含水层的水位标高、厚度，地下水水温、水质，钻进中冲洗液消耗量等，要做好观测记录 钻进情况记录、描述：钻进过程中，如发现钻具陷落、强烈振动、孔壁坍塌、涌水等现象，均应做好记录和描述
钻孔资料整理	①编制钻孔柱状图；②填写操作及水文地质日志；③进行岩芯素描 这三份资料实质上是前述工作的图表化直观反映，它们是最终的钻探成果，一定要认真整理、编制，以备存档查用

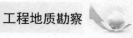

2. 土样采取

工程地质钻探的主要任务之一是在岩土层中采取岩芯或原状土试样。在采取试样过程中应该保持试样的天然结构，如果试样的天然结构已受到破坏，则此试样已受到扰动，这种试样称为"扰动样"，在工程地质勘察中土试样严重扰动是不容许的。除非有明确说明另有所用，否则此扰动样作废。由于土工试验所得出的土性指标要保证可靠，因此工程地质勘察中所取的试样必须是保留天然结构的原状试样。原状试样有岩芯试样和土试样。岩芯试样由于其坚硬性，其天然结构难于破坏，土试样则不同，它很容易被扰动。因此，采取原状土试样是工程地质勘察中的一项重要技术。但是在实际工程地质勘察的钻探过程中，要取得完全不扰动的原状土试样是不可能的。

按照取样的方法和试验目的，以及土试样的扰动程度，土试样分成四个质量等级，见表8-7。

表 8-7　土试样质量等级划分

级别	扰动程度	试验内容
I	不扰动	土类定名、含水量、密度、强度试验、固结试验
II	轻微扰动	土类定名、含水量、密度
III	显著扰动	土类定名、含水量
IV	完全扰动	土类定名

注：1. 不扰动是指原位应力状态虽已改变，但土的结构、密度、含水量变化很小，能满足室内试验各项要求。
　　2. 如确无条件采到 I 级土试样，在工程技术要求允许的情况下可以 II 级土试样代用，但宜先对土试样受扰动程度作抽样鉴定，判定用于试验的适宜性，并结合地区经验使用试验成果。

为满足不同等级土试样的要求，需要按规定的方法和工具进行取样，根据《岩土工程勘察规范》（GB 50021—2001）（2009年版），不同取样工具的适用范围及取样质量见表8-8。

表 8-8　不同等级土试样要求的取样工具或方法

土试样质量等级	取样工具或方法		适 用 土 类									
			黏性土					粉土	砂土				砾砂、碎石土、软岩
			流塑	软塑	可塑	硬塑	坚硬		粉砂	细砂	中砂	粗砂	
I	薄壁取土器	固定活塞	++	++	+	−	−	+	+	−	−	−	−
		水压固定活塞	++	++	+	−	−	+	+	−	−	−	−
		自由活塞	−	+	++	−	−	+	+	−	−	−	−
		敞口	+	+	+	−	−	+	+	−	−	−	−
	回转取土器	单动三重管	−	+	++	++	+	++	++	++	−	−	−
		双动三重管	−	−	−	+	++	−	−	−	++	++	+
	探井(槽)中刻取块状土样		++	++	++	++	++	++	++	++	++	++	++
II	薄壁取土器	水压固定活塞	++	++	+	−	−	+	+	−	−	−	−
		自由活塞	+	++	++	−	−	+	+	−	−	−	−
		敞口	++	++	+	−	−	+	+	−	−	−	−
	回转取土器	单动三重管	−	+	++	++	+	++	++	++	−	−	−
		双动三重管	−	−	−	+	++	−	−	−	++	++	++
	厚壁敞口取土器		+	++	++	++	++	+	+	+	+	+	+

工 程 地 质

（续）

土试样质量等级	取样工具或方法	适用土类										
		黏性土					粉土	砂土				砾砂、碎石土、软岩
		流塑	软塑	可塑	硬塑	坚硬		粉砂	细砂	中砂	粗砂	
Ⅲ	厚壁敞口取土器	++	++	++	++	++	++	++	++	++	++	−
	标准贯入器	++	++	++	++	++	++	++	++	++	++	−
	螺纹钻头	++	++	++	++	++	+	−	−	−	−	−
	岩芯钻头	++	++	++	++	++	++	+	+	+	+	+
Ⅳ	标准贯入器	++	++	++	++	++	++	++	++	++	++	−
	螺纹钻头	++	++	++	++	++	+	−	−	−	−	−
	岩芯钻头	++	++	++	++	++	++	++	++	++	++	++

注：1. ++适用，+部分适用，−不适用。
　　2. 采取砂土试样应有防止试样失落的补充措施。
　　3. 有经验时，可用束节式取土器代替薄壁取土器。

在钻孔中采取Ⅰ、Ⅱ级土试样时，应满足下列要求：

1）软土、砂土中宜采用泥浆护壁；如使用套管，应保持管内水位等于或高于地下水位，取样位置应低于套管底2倍孔径的距离。

2）采用冲洗、冲击、振动等方式钻进时，应在预计取样位置1m以上改用回转钻进。

3）下放取土器前应仔细清孔，清除扰动土，孔底残留浮土厚度不应大于取土器废土段长度。

4）采取土试样宜用快速静力连续压入法。

Ⅰ、Ⅱ、Ⅲ级土试样应妥善密封，防止湿度变化，严防曝晒和冰冻。在运输中应避免振动，保存时间不宜超过3周。对易于振动液化和水分离析的土试样宜就近进行试验。岩石试样可利用钻探岩芯制作和在探井、探槽、竖井和平洞中刻取。采取的土试样的尺寸满足试块加工的要求。从地下取出的岩土试样，最后要运到实验室内进行岩土的物理力学性质试验。

3. 工程地质井探、槽探和洞探

当钻探方法难以准确查明地下岩土层情况时，可以采用探井、探槽进行勘探。与钻探工程相比，其特点是人员能直接进入其中观察到地质结构的细节，准确可靠；可不受限制地从中采取原状结构试样，或进行现场试验；较确切地研究软弱夹层和破碎带等复杂地质体的空间展布及其工程地质性质；以及可以用来进行地基处理效果检查和某些地质现象的监测等。但是，探井、探槽的深度较浅，使用往往受自然条件的限制，对于地下水位以下深度的勘探也比较困难。

工程地质勘探中常用的坑、槽探工程有探槽、探坑、浅井、竖井、平洞、平巷，如图8-1所示。其中前三种为轻型坑、槽探工程，后两种为重型坑、槽探工程。各种坑、槽探工程的特点和适用条件列于表8-9中。

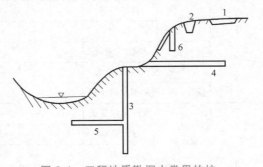

图8-1 工程地质勘探中常用的坑、
　　　槽探类型示意

1—探槽　2—探坑　3—竖井　4—平洞
5—平巷　6—浅井

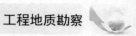

表 8-9　工程地质勘探中坑、槽探工程的类型

类型	特　点	适 用 条 件
探槽	在地表垂直岩层或构造线,深度小于 3~5m 的长条形槽子	剥除地表覆土,揭露基岩,划分地层岩性;探查残坡积层;研究断层破碎带;了解坝接头处的地质情况
探坑	从地表向下、铅直的、深度小于 3~5m 的圆形或方形小坑	局部剥除地表覆土,揭露基岩,确定地层岩性;做载荷试验、渗水试验,取原状土样
浅井	从地表向下、铅直的、深度 5~15m 的圆形或方形井	确定覆盖层及风化层的岩性及厚度;做载荷试验,取原状土样
竖井(斜井)	形状与浅井同,但深度大于 15m,有时需支护	在平缓山坡、河漫滩、阶地等岩层较平缓的地方布置,用以了解覆盖层的厚度及性质、风化壳的厚度及岩性、软弱夹层的分布、断层破碎带及岩溶发育情况、滑坡体结构及滑动面等
平洞	在地面有出口的水平坑道,深度较大	布置在地形较陡的基岩坡,用以调查斜岩地质结构,对查明河谷地段的地层岩性、软弱夹层、破碎带、风化岩层等效果较好,还可取样和做原位岩石力学试验及进行地应力量测

对探井、探槽、探洞进行观测时,除应进行文字记录外,还要绘制剖面图、展开图等以反映井、槽、洞壁及其底部的岩性、地层分界、构造特征;如进行取样或原位试验时,还要在图上标明取样和原位试验的位置,并辅以代表性部位的彩色照片。

竖井、平洞、平巷一般用于坝址、地下工程、大型边坡工程等的勘察中,其深度、长度及断面的位置等可按工程需要确定。

8.2.3　原位测试技术

岩土工程原位测试是指在勘察现场,不扰动或基本不扰动岩土地层的情况下进行测试,以获得所测岩土层的物理力学性质指标及划分地层的一种勘察技术。由于原位测试是在岩土原来所处的位置进行的,因此它不需要采取土试样,被测土体在进行测试前不会受到扰动而基本保持其天然结构、含水量及原有应力状态,因此所得的数据比较准确可靠,与室内试验结果相比,更加符合岩土体的实际情况。尤其是对灵敏度较高的机构性软土和难以取得原状土试样的饱和砂质粉土和砂土,现场原位测试具有不可替代的作用。与室内试验相比,原位测试具有下列优点:

1) 可以测定难以取得不扰动土试样的土,如饱和砂土、粉土、流塑状态的淤泥或淤泥质土的工程力学性质。

2) 影响岩土体的范围远比室内试样大,因而更具有代表性。

3) 很多原位测试可连续进行,因而可以得到完整的地层剖面及物理力学指标。

4) 原位测试一般具有速度快、经济的优点,能大大缩短勘察周期。

原位测试虽然具有上述优点,但也存在一定的局限性,如各种原位测试具有严格的适用条件,若使用不当会影响其效果,甚至得到错误的结果;有些大型试验费工费时,成本高,不宜大量进行;许多原位测试所得参数和岩土的工程性质之间的关系建立在大量统计的经验关系之上等。因此,岩土原位测试应和室内试验相互配合进行。

原位测试的方法有很多种,主要可分为三大类:

(1) 岩土力学性质试验　如载荷试验、静力触探试验、圆锥动力触探试验、标准贯入试验、十字板剪切试验、旁压试验、扁铲侧胀试验、现场剪切试验、岩土原位应力测试、声波测试、点荷载试验等。

（2）水文地质试验 如钻孔抽水试验、压水试验、渗水试验等。

（3）改善岩土性能的试验 如灌浆试验、桩基承载力试验等。

本节着重介绍岩土力学性质试验，其他试验会在其他专业课（地基与基础、施工等）中陆续介绍。

1. 土体力学性质现场试验

（1）静力载荷试验 在一定面积的承压板上向地基逐级施加荷载，并观测每级荷载下地基的变形特性，从而评定地基的承载力、计算地基的变形模量并预测实体基础的沉降量。它所反映的是承压板以下 1.5~2.0 倍承压板直径或宽度范围内土层应力、应变及其与时间关系的综合性状，这种方法犹如基础的一种缩尺模型试验，是模拟建筑物基础工作条件的一种测试方法，因而利用其成果确定的地基承载力最可靠、最有代表性。当试验影响深度范围内土质均匀时，此法确定该深度范围内土体的变形模量也比较可靠。

按承压板的形状，静力载荷试验可以分为平板载荷试验和螺旋板载荷试验。其中，平板载荷试验适用于浅层地基，螺旋板载荷试验适用于深层地基和地下水位以下的土层。常规的载荷试验是指平板载荷试验。

1）载荷试验的装置。如图 8-2 所示，载荷试验的装置由承压板、加荷装置及沉降观测装置等部分组成。其中承压板一般为方形或圆形板；加荷装置包括压力源、载荷台架或反力架；加荷方式可采用重物加荷或液压千斤顶压加荷两种方式；沉降观测装置有百分表、沉降传感器和水准仪等。常见的载荷试验设备如图 8-3 所示。

【二维码 8-1 地基静载荷试验图片】

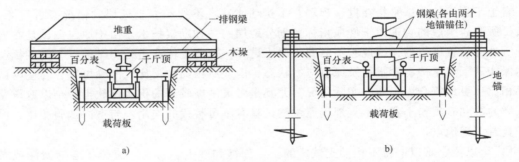

图 8-2 大型浅层平板载荷试验装置示意图

a）堆重-千斤顶式 b）地锚-千斤顶式

2）载荷试验的基本要求。载荷试验应布置在有代表性的地点，每个场地不应小于 3 个，当场地内岩土体不均匀时，应适当增加。浅层载荷试验应布置在基础底面标高处。

为了排除承压板周围超载的影响，浅层载荷试验的试坑宽度或直径不应小于承压板宽度或直径的 3 倍；深层载荷试验的试井直径应等于承压板直径，试验深度不应小于 5m，当试井直径大于承压板直径时，紧靠承压板周围土的高度不应小于承压板直径。

试坑或试井底部的岩土应避免扰动，保持其原状结构和天然湿度，并在承压板下铺设不超过 20mm 的砂垫层找平，尽快安装试验设备；螺旋板头入土时，应按每转一圈下入一个螺距进行操作，减少对土的扰动。

试验用的承压板，一般采用刚性的圆形板或方形板，根据土的软硬或岩体裂隙密度选择

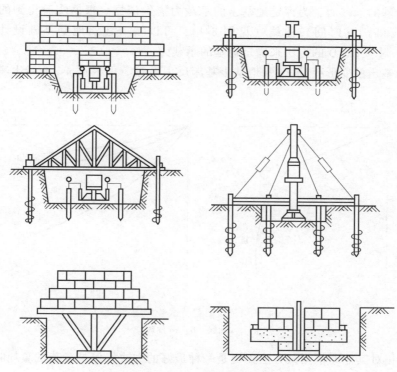

图 8-3　几种常见的载荷试验设备

合适尺寸。土体浅层平板载荷试验承压板面积不应小于 0.25m²，对软土和粒径较大的填土不应小于 0.5m²；土体深层平板载荷试验承压板面积宜选用 0.5m²；岩石载荷试验承压板面积不宜小于 0.07m²。

加荷的方法，一般采用分级维持荷载沉降相对稳定法（常规慢速法）；若有对比的经验，为了加快试验周期，也可采用分级加荷沉降非稳定法（快速法）或等沉降速率法；加荷等级不应小于 8 级，宜取 10~12 级，荷载量测精度不应低于最大荷载的 ±1%；承压板的沉降可采用百分表或电测位移计量测，其精度不应低于 ±0.01mm。

对于慢速法，当试验对象为土体时，每级荷载施加后，间隔 5min、5min、10min、10min、15min、15min 各测读一次沉降，以后每间隔 30min 测读一次沉降，当连续两小时每小时沉降量 ≤0.1mm 时，可认为沉降已达到相对稳定标准，施加下一级荷载；当试验对象为岩体时，每级荷载施加后，间隔 1min、2min、2min、5min 各测读一次沉降，以后每间隔 10min 测读一次沉降，当连续三次读数差 ≤0.01mm 时，可认为沉降已达到相对稳定标准，施加下一级荷载。

试验应进行到破坏阶段。当出现下列情况之一时，即可认为地基土已达到极限状态，此时可终止试验：①承压板周围的土体有明显的侧向挤出，周边岩土出现明显隆起或径向裂缝持续发展；②本级荷载的沉降量大于前级荷载沉降量的 5 倍，荷载与沉降曲线出现明显陡降；③在某级荷载下 24h 沉降速率不能达到相对稳定标准；④总沉降量与承压板直径（或宽度）之比超过 0.06。

3）载荷试验结果的应用。

① 确定地基的承载力，为评定地基土的承载力提供依据。根据实验得到的 p（荷载）-s（沉降量）曲线和 s-t（时间）曲线（见图 8-4），可以按《建筑地基基础设计规范》（GB 50007—2011）附录 C、D 的方法来确定地基的承载力。

② 确定地基土的变形模量 E_0 和地基土基床反力系数。可根据 p-s 曲线上有关数值，按有关公式计算。

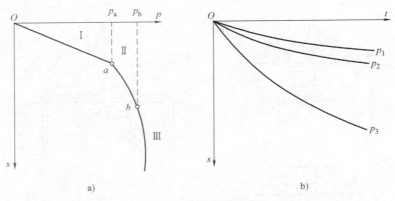

图 8-4　典型载荷试验曲线
a）p-s 曲线　b）s-t 曲线

载荷试验相对其他原位测试方法无疑是一种最好的方法，但是载荷试验耗时费力，二级建筑物一般不采用此试验方法，一级建筑物也不一定都得采用载荷试验，需要根据具体情况来考虑。

在应用载荷试验的成果时，由于加荷后影响深度不会超过 2 倍承压板边长或直径，因此对于分层土要充分估计到该影响范围的局限性。特别是当表面有一层"硬壳层"，其下为软弱土层时，软弱土层对建筑物沉降起主要作用，它却不受到承压板的影响，因此试验结果和实际情况有很大差异。所以对于地基压缩范围内土层分层时，应该用不同尺寸的承压板或进行不同深度的静力载荷试验，也可以采用其他的原位测试和室内土工试验。

（2）静力触探试验　把具有一定规格的圆锥形探头借助机械匀速压入土层中，测定土层对探头的贯入阻力，以此来间接判断、分析地基土的物理力学性质。它是一种原位测试技术，又是一种勘探方法。

1）静力触探试验的仪器设备。静力触探仪一般由贯入系统、量测系统两部分组成。贯入系统包括加压装置和反力装置，它的作用是将探头匀速、垂直地压入土层中。量测系统用来测量和记录探头所受的阻力。静力触探头内有阻力传感器，传感器将贯入阻力通过电信号和机械系统，传至自动记录仪并绘出随深度的阻力变化曲线（见图 8-5）。常用的探头分为单桥探头、双桥探头和孔压探头。单桥探头所测到的是包括锥尖阻力和侧壁摩阻力在内的总贯入阻力，双桥探头可分别测出锥尖阻力

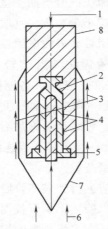

图 8-5　触探头工作原理示意
1—贯入力　2—空心柱　3—侧壁摩阻力
4—电阻片　5—顶柱　6—锥尖阻力
7—探头套　8—探头管

和侧壁摩阻力，孔压探头在双桥探头的基础上再安装一种可测孔隙水压力的装置。

2）静力触探成果的应用。根据静力触探试验的测量结果，可以得到下列成果：比贯入阻力-深度（p_s-h）关系曲线、锥尖阻力-深度（q_c-h）关系曲线、侧壁摩阻力-深度（f_s-h）关系曲线和摩阻比-深度（R_f-h）关系曲线。对于孔压探头，还可以得到孔压-深度（U-h）关系曲线，如图8-6所示。

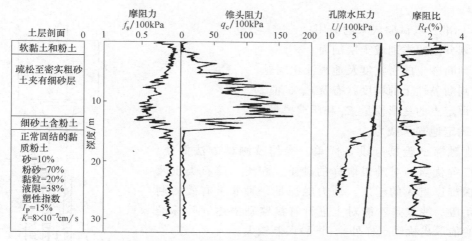

图 8-6　静力触探成果曲线及相应土层剖面图

静力触探成果应用主要有以下几个方面：

① 划分土层。利用静力触探试验得到的各种曲线，根据相近的 q_c、R_f 来划分土层。对于孔压探头，还可以利用孔隙水压力来划分土层。

② 估算土的物理力学性质指标。根据大量试验数据分析，可以得到黏性土的不排水抗剪强度 c_u 和 q_c 之间的关系、比贯入阻力 p_s 与土的压缩模量 E_s 和变形模量 E_0 之间的关系，估算饱和黏土的固结系数，测定砂土的密实度等。国内外很多部门已提出许多实用关系式，应用时可查阅有关手册和规范。

③ 确定浅基础的承载力。根据静力触探试验的比贯入阻力 p_s，可以利用经验公式来确定浅基础的承载力。

④ 预估单桩承载力。利用静力触探试验结果，利用国内已有一些比较成熟的经验公式来估算单桩承载力。

⑤ 判定饱和砂土和粉土的液化势。饱和砂土和粉土在地震作用下可能发生液化现象，可利用静力触探试验进行液化判断。静力触探具有测试连续、快速、效率高、功能多，兼有勘探与测试双重作用的优点，且测试数据精度高，再现性好。静力触探试验适于黏性土、粉土、疏松到中密的砂土，其缺点是对碎石类土和密实砂土难以贯入，也不能直接观测土层。

（3）动力触探试验　主要有圆锥动力触探和标准贯入两大类，两者的共同点是利用一定的锤击动能，将一定规格的探头打入土中，根据每打入土中一定深度所需的能量来判定土的性质，并对土进行分层。所需的能量体现了土的阻力大小，一般可以用锤击数来表示。

圆锥动力触探根据锤击能量可以分为轻型（锤的质量为10kg）、重型（锤的质量为63.5kg）和超重型（锤的质量为120kg）三种。标准贯入试验和动力触探的区别主要是它的触探头不是圆锥形，而是标准规格的圆筒形探头，由两个半圆管合成，常称贯入器。其测试方式也有所不同，采用间歇贯入方法。此处着重介绍标准贯入试验。

1）标准贯入的试验设备和试验方法。标准贯入试验设备主要是由贯入器、贯入探杆和穿心锤三部分组成的（图8-7），锤的质量为63.5kg，在76cm的自由落距下，通过圆筒形的贯入器，贯入土层15cm，再打入30cm深度，以后30cm的锤击数称为标贯击数，用 $N_{63.5}$ 来表示，一般写作 N。影响因素有钻杆长度、钻杆连接方式等，因此有时还需对 $N_{63.5}$ 做杆长修正。

2）标准贯入试验成果的应用。

① 划分土的类别或土层剖面。

② 判断砂土的密实度及地震液化问题。

③ 判断黏性土的稠度状态及 c、φ 值。

④ 评定土的变形模量 E_0 和压缩模量 E_s。

⑤ 确定地基承载力。

动力触探试验具有设备简单、操作及测试方法简便、适用性广等优点，对难以取样的砂土、粉土、碎石类土及静力触探难以贯入的土层，动力触探是一种非常有效的勘探测试手段。缺点是不能对土进行直接鉴别描述（除标准贯入试验能取出扰动土样外），试验误差较大。

（4）十字板剪切试验　十字板剪切试验是用插入软黏土中的十字板头，以一定的速率旋转，测出土的抵抗力矩然后换算成土的抗剪强度（见图8-8）。它是一种快速测定饱和软黏土层快剪强度的简单而可靠的原位测试方法。

十字板剪切试验具有对土扰动小、设备轻便、测试速度快、效率高等优点，因此在我国沿海软土地区被广泛使用。

1）十字板剪切试验的原理。对压入黏土中的十字板头施加扭矩，使十字板头的土层中形成圆柱形的破坏面，测定剪切破坏时对抵抗扭剪的最大力矩，通过计算可得到土体的抗剪强度。

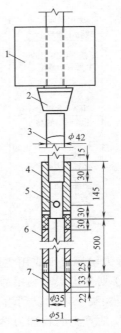

图 8-7　标准贯入试验设备

1—穿心锤　2—锤垫　3—触探杆
4—贯入器头　5—出水孔
6—贯入器身　7—贯入器靴

2）适用范围和成果应用。十字板剪切试验可用于测定饱和软黏土（$\varphi \approx 0$）的不排水抗剪强度和灵敏度。试验成果应用于确定地基承载力、单桩承载力，计算边坡稳定，判定软黏性土的固结历史。

（5）旁压试验　将圆柱形旁压器竖直地放入土中，通过旁压器在竖直的孔内加压，使旁压膜膨胀，并由旁压膜（或护套）将压力传给周围土体（或岩层），使土体或岩层产生变形直到破坏，通过量测施加的压力和土变形之间的关系，即可得到地基土在水平方向上的应力应变关系。图8-9为旁压测试示意。与静载荷试验相比，旁压试验有精度高、设备轻便、测试时间短等特点，但其精度受到成孔质量的影响较大。

旁压试验适用于测定黏性土、粉土、砂土、碎石土、软质岩石和风化岩的承载力、旁压模量和应力应变关系等。

旁压试验的成果主要是压力的扩张体积（$p\text{-}V$）曲线、压力和半径增量（$p\text{-}r$）曲线。由曲线的特征值可以评定地基承载力，并通过相关公式计算土体旁压模量和变形模量。

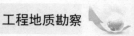

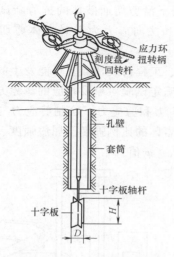

图 8-8　十字板剪力仪

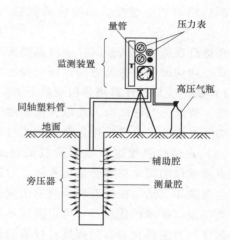

图 8-9　旁压测试示意

（6）扁铲侧胀试验　扁铲侧胀试验（简称为扁胀试验）是用静力（有时也用锤击动力）把一扁铲形探头（见图 8-10）贯入土中，到达试验深度后，利用气压使扁铲侧面的圆形钢膜向外扩张进行试验。它可作为一种特殊的旁压试验，其优点在于简单、快速、重复性好和试验费用低。

扁胀试验适用于一般黏性土、粉土、中密以下砂土、黄土等，不适用于含碎石的土、风化岩等。根据试验指标和地区经验，其成果可以判别土类，确定黏性土状态、静止侧压力系数、水平基床系数等。

2．岩石力学性质现场试验

（1）静力载荷试验　关于岩体静力载荷试验，其试验目的、技术要求、试验方法与步骤、成果整理及应用等，此处不再赘述。

（2）岩体强度试验　岩体的强度主要取决于岩石的坚硬程度和各种结构面发育特征，在工程的作用下，通常发生沿软弱结构面的剪切破坏。岩体现场剪切试验所取得的指标是评价岩质边坡稳定性、地下洞室围岩稳定性等所必需的参数。

岩体剪力仪由加荷、传力、测量三个系统组成（见图 8-11）。现场直剪试验的原理和室内直剪试验基本相同，但由于该法的试验岩体远比室内试样大，能包括宏观结构的变化，且试验条件接近原位条件，因此结果更接近实际工程情况。

1）现场直剪试验的种类。现场直剪试验可分为岩体本身、岩体沿软弱结构面和岩体与混凝土接触面的剪

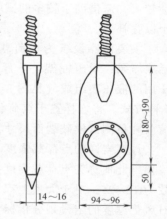

图 8-10　扁铲侧胀仪

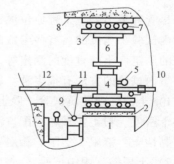

图 8-11　岩体抗剪试验装置

1—岩体试件　2—水泥砂浆　3—钢板
4—千斤顶　5—压力表　6—传力柱
7—滚轴组　8—混凝土　9—千分表
10—围岩　11—磁性表架　12—U 形钢梁

切试验三种，进一步可以分成岩体试样在法向应力作用下沿剪切面破坏的抗剪断试验、岩体剪断后沿剪切面继续剪切的抗剪试验（摩擦试验）和法向应力为零时岩体剪切的抗切试验。

在进行现场直剪试验时，应根据现场工程地质条件、工程荷载特点、可能发生的剪切破坏模式、剪切面的位置及方向、剪切面的应力等条件，确定试验对象及相应的试验方法。

2）试验成果。计算出各级荷载下剪切面上的法向应力和剪应力；绘制剪应力与剪切位移曲线、剪应力与法向应力曲线，根据曲线特征，确定岩体的比例强度、屈服强度、峰值强度、剪胀点和剪胀强度；按库仑表达式可确定出相应的 c、φ 值。

（3）点荷载强度试验　点荷载试验是将岩块试件置于点荷载仪的两个球面圆锥压头间，对试件施加集中荷载直至破坏，然后根据破坏荷载求出岩石的点荷载强度。此项测试技术的优点是：可以测试不规则岩石试件及低强度和严重风化岩石的强度；仪器轻便，可携带至野外现场测试；操作简便快速。其缺点是测试成果分散性较大，需借助于较多的试验次数，求其平均值的办法予以弥补。

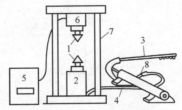

图 8-12　数显式点荷载仪

1—球形加荷器　2—千斤顶　3—液压泵
4—高压胶管　5—四位压力表显器
6—压力传感器　7—框架
8—快速高压接头

主要仪器设备为点荷载仪，它是由加压系统（包括液压泵、承压框架、千斤顶和锥形球面压头）和测压用的液压表组成（见图 8-12）。试样加荷方式有径向、轴向、不规则、垂直或平行结构面 5 种方式。将岩样置于点荷载仪两个加荷锥头之间，缓慢均匀加压，至岩样破裂。记下破坏荷载并量测试样破裂面尺寸，算出破坏面积。

计算岩样的点荷载强度 I_s（MPa），并校正为标准直径 $D=50mm$ 的岩块径向试验所得的 I_0 值，此值称为点荷载强度指数 $I_{s(50)}$。再据 $I_{s(50)}$ 换算岩石的单轴抗压强度，一般换算系数为 18~25，对于大型工程，为获得较准确的关系最好做对比试验确定。$I_{s(50)}$ 也可作为岩石风化程度的定量划分指标，并可换算岩石的抗拉强度等。

8.2.4　室内试验概述

尽管有很多岩土工程原位测试方法，但是绝大多数岩土材料的物理力学参数还是需要依靠室内试验来测试的，有些参数的测试只能靠室内试验完成，如土粒相对密度的测定、颗粒成分的测定、土的重度的测定等。因此室内试验与原位测试应当是相互补充，相辅相成的。

室内试验的方法有很多种，根据大类可分为如下几种：

1）土的物理性质试验。砂土：颗粒级配、相对密度、天然含水量、天然密度、最大和最小干密度。粉土：颗粒级配、液限、塑限、相对密度、天然含水量、天然密度和有机质含量。黏性土：液限、塑限、相对密度、天然含水量、天然密度和有机质含量。

2）土压缩、固结试验。

3）土的抗剪强度试验。如直剪试验、各种常规三轴试验、无侧限抗压强度试验等。

4）土的动力性质试验。如动三轴试验、共振柱试验、动单剪试验等。

5）岩石试验。如岩矿鉴定、块体密度试验、吸水率和饱和吸水率试验、耐崩解试验、膨胀试验等。

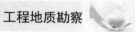

8.2.5 现场检验与监测

现场检验与长期监测是工程地质工作中的一个重要环节，它与勘察、设计、施工一起，构成了岩土工程的完整体系。通过现场检验与长期监测，可以查明一些不良地质现象的发展演化趋势及其对工程建筑物的可能危害，以便采取防治对策和措施；也可以通过"足尺试验"进行反分析，求得岩土体的某些工程参数，以此为依据及时修正勘察成果，优化工程设计，必要时应进行补充勘察；它对工程的施工质量进行监控，以保证工程的质量和安全。显然，现场检验与监测在提高工程的经济效益、社会效益和环境效益中，起着十分重要的作用。

1. 现场检验

现场检验指在施工阶段对工程勘察成果的验证核查和施工质量的监控。因此检验工作应包含两方面内容：第一，验证核查工程地质勘察成果与评价建议，即施工时通过基坑开挖等手段揭露岩土体所获得的第一手工程地质和水文地质资料较之勘察阶段更加确切，可用于补充和修正勘察成果，如发现实际情况与勘察成果有较大的差别时，应进行施工阶段的补充勘察或修改岩土工程设计及采取相应的处理措施；第二，对岩土工程施工质量的控制和检验，即施工监理与质量控制。例如，建筑工程地基基槽的检验、桩基础施工中的一系列质量监控、地基处理施工质量的监控、深基坑支护系统施工质量的监控等。

建筑工程中，当基坑开挖到设计要求的基底高程，并清除残渣后，要求建设、勘察、设计及施工四方共同"验槽"，由勘察工作人员先对基槽所暴露出的实际工程地质情况进行观察（如岩石性质及厚度，裂隙发育方向、组数及密度，有无断裂构造及其性质，基底岩石的风化程度，覆盖土层的厚度及性质及古建筑的遗迹，如古井、古坑道、古建筑基础等）、记录描述，并绘制槽底及四壁展视图。然后对照原勘察资料，分析研究二者符合程度。对开挖新发现的影响建筑物稳定的工程地质问题（如断裂破碎带、风化破碎带、软弱夹层、溶洞及土洞、基坑管涌及流砂、残留井管等），应及时由四方共同讨论、研究、制定补救措施，立即处理。施工要求既要保证安全，又不致延误工期。

对于地下隧道及洞室的施工地质检验工作则是随着洞室掘进分段（一般1~2m）及时进行对洞顶、洞壁的观察，记录并绘出素描图，将实际观察到的情况与原来预测资料对比其符合程度，主要对岩性的变化、断裂破碎带、软弱夹层、风化破碎带及突然涌水现象加以特别注意，要测量洞顶和洞壁出现的软弱结构面产状，研究它们的组合关系，分析洞顶及洞壁的稳定性，若出现不良工程地质问题，也应该四方会聚讨论研究衬砌与防护支撑措施。

2. 长期监测

长期监测是指在施工过程中和运营期间，对影响工程的不良地质现象、岩土体性状和地下水进行的各种观测工作，目的是了解其由于施工引起的影响程度，监控其变化和发展规律，以便及时在设计、施工上采取相应的防治措施，确保工程的安全。监测工作主要包含三方面内容：第一，荷载作用下岩土体性状的监测。例如，岩土体变形和位移监测、岩土体的应力量测等。第二，对施工或运营中结构物的监测。对于像核电站等特别重要的构筑物，在整个运营期间都要进行监测。第三，对环境条件的监测，包括对工程地质条件中某些要素的监测，尤其是对工程构成威胁的不良地质现象（如滑坡、崩塌、泥石流、土洞等）的监测。从勘察期间开始就应布置测点开展相应的长期监测工作。

8.2.6　工程地质勘察资料的整理

工程地质勘察外业工作的测绘、勘探和试验等成果资料应及时整理、绘制草图，以便指导、补充和完善野外勘察工作。资料整理的内容主要有：岩土参数的统计分析和选定；测区内各种工程地质问题的综合分析评价；各种图表的编绘制作及工程地质勘察报告书的编写。

岩土参数的选用是岩土工程勘察评价的关键，也是岩土工程设计的基础。可靠性和适用性是对岩土参数的基本要求。可靠是指参数能正确地反映岩土体在规定条件下的性状，能比较有把握地估计参数真值所在的区间；适用是指参数能满足岩土力学计算的假定条件和计算精度要求。编制岩土工程勘察报告时，应对主要参数可靠性和适用性进行分析，在分析的基础上选定参数。

岩土参数的可靠性和适用性，受岩土结构的扰动程度、试验方法和取值标准等多种因素的影响。由于岩土体的非均质性、各向异性及参数测定方法和工程原型之间的差异等原因，岩土参数的变异性较大。故在进行岩土工程设计时，应在划分工程地质单元的基础上按数理统计方法做各项指标统计，然后进行岩土工程分析评价。

工程地质勘察报告是整个勘察工作的总结，它需根据勘测设计阶段任务书要求，结合工程建筑特点和测区工程地质情况而编写。内容力求简明扼要、论证确切，所依据的原始资料必须真实可靠。

勘察报告一般由文字和图表两部分组成。

1. 勘察报告的基本内容

不同的工程类型其勘察要求不同，报告的侧重点也就不同。报告书在内容结构上一般为绪论、通论、专论和结论几个部分。绪论部分主要说明勘察工作任务，采用的工作方法和取得的成果等。通论主要阐明工作区工程地质条件，适当介绍区域自然地理和地质背景。专论是整个报告的中心内容，主要论证工程建筑所涉及的有关工程地质问题，评价工程的适宜性，提出防治不良地质作用措施的建议。结论是在专论的基础上，对各种具体问题给予简要的结论性意见。

2. 报告应附的图表

勘察报告应附必要的图表，主要包括工程地质平面图（房屋建筑附勘察工程布置），钻孔柱状图或工程地质综合柱状图，工程地质纵、横剖面图，室内试验和原位测试成果图表。

■ 8.3　工业与民用建筑工程地质勘察

工业与民用建筑是城市的主要组成部分，不同建筑物的性质、规模、结构类型及作用于地基上的荷载大小不同，其对工程地质条件的适应性也就有所不同。

工业建筑主要包括专供生产用的各种厂房、车间、电站、水塔、烟囱等，其特征是：跨度大而复杂，一般跨度为 9～12m，大者达 30m 以上；边墙高度大，一般可达 20～30m，高者可达 40m 以上；对抗震及抵抗水平荷载（如风荷载）的要求较高；基础荷载大，承重墙、框架墙、柱和地面的静力荷载和动力荷载都很大，基础埋置较深，以深基础为主。

民用建筑按其用途可分为住宅建筑和公共建筑，按高度分为多（单）层建筑和高层建筑。多层建筑的特点是：跨度不大而结构简单，基础的荷载量较小，且以静力荷载为主，很

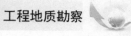

少考虑动力荷载和偏心荷载，基础埋深不大，以浅基础为主；高层建筑的特点是：除要考虑很大的竖向荷载外，还要考虑风荷载和地震效应等的作用，基础埋置深，常设地下室，多用深基础。

8.3.1　岩土工程勘察的主要内容

建筑物的岩土工程勘察，应在搜集建筑物上部荷载、功能特点、结构类型、基础形式、埋置深度和变形限制等方面资料的基础上进行。其主要工作内容应符合下列规定：

1）查明场地和地基的稳定性、地层结构、持力层和下卧层的工程特性、土的应力历史和地下水条件及不良地质作用等。

2）提供满足设计、施工所需的岩土参数，确定地基承载力，预测地基变形性状。

3）提出地基基础、基坑支护、工程降水和地基处理设计与施工方案的建议。

4）提出对建筑物有影响的不良地质作用的防治方案建议。

5）对于抗震设防烈度≥6度的场地，进行场地与地基的地震效应评价。

8.3.2　勘察阶段的划分及各阶段的勘察要点

建筑物的岩土工程勘察宜分可行性研究勘察、初步勘察、详细勘察三个阶段进行。可行性研究勘察应符合选择场址方案的要求；初步勘察应符合初步设计的要求；详细勘察应符合施工图设计的要求；场地条件复杂或有特殊要求的工程，宜进行施工勘察。场地较小且无特殊要求的工程可合并勘察阶段。当建筑物平面布置已经确定，且场地或其附近已有岩土工程资料时，可根据实际情况，直接进行详细勘察。

1. 可行性研究勘察阶段

本阶段的主要任务是根据拟建工程的特点和要求，通过勘察对场地稳定性和适宜性做出评价，一般通过取得几个候选场地的工程地质资料进行对比分析和技术经济论证，选择最优的场地和设计方案。

本阶段应进行下列工作：

1）搜集区域地质、地形地貌、地震、矿产和当地的工程地质、岩土工程、建筑经验等资料。

2）在收集和分析已有资料的基础上，通过踏勘了解场地的地层、构造、岩石和土的性质、不良地质作用及地下水等工程地质条件。

3）当拟建场地工程地质条件复杂，已有资料不能满足要求，应根据具体情况进行工程地质测绘及必要的勘探工作。

2. 初步勘察阶段

这一阶段是在已选定的场址上进行。其主要任务是：通过勘察，对建筑场地的稳定性做出评价，为建筑总平面的布置、主要建筑物地基基础方案的确定以及对不良地质现象的防治处理提供可靠的工程地质资料。

（1）此阶段的主要工作

1）搜集拟建工程的有关文件、工程性质和岩土工程资料，以及工程场地范围内的地形图。

2）初步查明地质构造、地层结构、岩土工程特性、地下水埋藏条件。

3）查明场地不良地质现象的成因、分布、规模、发展趋势，并对场地的稳定性做出评价。

4）对抗震设防烈度≥6度的场地，应对场地和地基的地震效应做出初步评价。

5）季节性冻土地区，应调查场地土的标准冻结深度。

6）初步判定水和土对建筑材料的腐蚀作用。

7）高层建筑初步勘察时，应对可能采取的地基基础类型、基坑开挖与支护、工程降水方案进行初步分析评价。

（2）该阶段的勘探工作（以钻探和试验为主）要求

1）勘探线应垂直地貌单元、地质构造和地层界线布置。

2）每个地貌单元均应布置勘探点，在地貌单元交接部位和地层变化较大的地段，应加密勘探点。

3）在地形平坦地区，可按方格网布置勘探点。

4）对岩质地基勘探线和勘探点的布置，勘探孔的深度应根据地质构造、岩体特性、风化情况等，按地方标准或当地经验确定；对土质地基，勘探点、线的间距及孔深按表 8-10 和表 8-11 确定。

表 8-10　土质地基初步勘察勘探线、勘探点间距　　　　　　（单位：m）

地基复杂程度	勘探线间距	勘探点间距
一级（复杂）	50~100	30~50
二级（中等）	75~150	40~100
三级（简单）	150~300	75~200

注：1. 表中数值不适用于地球物理勘探。
　　2. 控制性勘探点宜占勘探点总数的 1/5~1/3，且每个地貌单元均应有控制性勘探点。

表 8-11　土质地基初步勘察勘探孔深度　　　　　　（单位：m）

工程重要性等级	一般性钻孔	控制性钻孔
一级（重要工程）	≥15	≥15
二级（一般工程）	10~15	15~30
三级（次要工程）	6~10	10~20

注：勘探孔包括钻孔、探井和原位测试孔等；特殊用途的钻孔除外。

（3）应适当增减勘探孔的深度的情形

1）当勘探孔的地面标高与预计的整平地面标高相差较大时，应按其差值调整孔深。

2）在预定深度内遇见基岩时，除控制性勘探孔仍应钻入基岩适当深度外，其他勘探孔达到基岩面即可。

3）在预定深度内有厚度较大且分布均匀的坚实土层（如碎石土、密实砂、老沉积土等）时，除控制性勘探孔应达到预定深度外，一般性勘探孔的深度可适当减小。

4）当预定深度内有软弱土层存在，应适当增加勘探孔深度，部分控制性勘探孔应穿透软弱土层或达到预计控制深度。

5）对重型工业建筑物应根据结构特点和荷载条件适当增加勘探孔深度。

（4）取样和进行原位试验要求

1）采取土试样进行室内试验研究和进行原位测试的勘探点应结合地貌单元、地层结构和土的均匀程度确定，其数量可占勘探点总数的 $1/4 \sim 1/2$。

2）采取土试样的数量和孔内原位测试的竖向间距，应按地层特点和土的均匀程度确定；每层土均应采取土试样或进行原位测试，其数量不得少于 6 个。

（5）此阶段应进行的水文地质工作

1）调查含水层的埋藏条件、地下水类型、补给排泄条件、各层地下水位及其变化幅度，必要时应设置长期观测孔，监测水位变化。

2）需绘制地下水等水位线图，应根据地下水的埋藏条件和层位，统一量测地下水位。

3）当地下水可能浸湿基础时，应采取水试样分析鉴定地下水对混凝土的侵蚀性。

3. 详细勘察阶段

详细勘察一般是在工程平面位置、地面整平标高、工程规模和结构已经确定，基础形式已有初步方案的情况下进行的，是各勘察阶段中最重要的一次勘察。该阶段的主要任务是：按单体建筑物或建筑群提出详细的岩土工程资料和设计所需的技术参数；对建筑地基做出岩土工程评价，并对地基类型、基础形式、地基处理、基坑支护、工程降水和不良地质作用的防治等具体方案做出论证和建议。

（1）主要应进行的工作

1）搜集以下资料：附有坐标及地形的建筑物总平面布置图、各建筑物的地面整平标高、建筑物的性质和规模、可能采取的基础形式与尺寸和预计埋置的深度、建筑物的单位荷载和总荷载、结构特点和对地基基础的特殊要求。

2）查明不良地质现象的成因、类型、分布范围、发展趋势及危害程度，提出评价与整治所需的岩土技术参数和整治方案建议。

3）查明建筑物范围各层岩土的类别、结构、深度、分布、工程特性，计算和评价地基的稳定性、均匀性和承载力。

4）对需进行沉降计算的建筑物，提出地基变形计算参数，预测建筑物的沉降、差异沉降或整体倾斜。

5）查明埋藏的河道、沟浜、墓穴、防空洞、孤石等对工程不利的埋藏物。

6）查明地下水的埋藏条件，提供地下水位及其变化幅度。

7）在季节性冻土区，提供场地土的标准冻结深度。

8）判定地下水和土对建筑材料的腐蚀作用。

对抗震设防烈度 ≥6 度的场地，应划分场地土类型和场地类别；对抗震设防烈度 ≥7 的场地，尚应分析预测地震效应，判定饱和砂土和粉土的地震液化可能性，并对液化等级做出评价。

如采用桩基础，则需提供桩基设计所需的岩土技术参数，并确定单桩承载力，提出桩的类型、长度和施工方法等建议。

当需进行基坑开挖、支护和降水设计时，应提供为深基坑开挖的边坡稳定计算和支护设计所需的岩土技术参数，论证和评价基坑开挖、降水等对邻近工程和环境的影响。

工程需要时，应论证地基土和地下水在建筑施工和使用期间可能产生的变化及其对工程和环境的影响，提出防治方案、防水设计水位和抗浮设计水位的建议。

（2）勘探点布置和勘探孔深度　详细勘察勘探点布置和勘探孔深度，应根据建筑物特性和岩土工程条件确定。对于岩质地基，应根据地质构造、岩体特性、风化情况等，结合建筑物对地基的要求，按地方标准或当地经验确定；对于土质地基，应符合《岩土工程勘察规范》（2009 年版）（GB 50021—2001）相关条文规定。

土质地基详细勘察勘探点的间距应满足表 8-12 的要求，勘探孔的深度应能控制主要受力层。

表 8-12　土质地基详细勘察勘探点间距　　　　　　　　（单位：m）

地基复杂程度	一级（复杂）	二级（中等复杂）	三级（简单）
勘探点间距	10~15	15~30	30~50

4. 施工勘察

施工勘察不是一个固定的勘察阶段，主要是解决施工中遇到的岩土工程问题。对工程重要性等级为甲、乙级的建筑物，应进行施工验槽。基槽开挖后，如果岩土条件与原勘察资料不符，应进行施工勘察。此外，在地基处理及深基坑开挖施工中，宜进行检验和监测工作；如果施工中出现边坡失稳危险，应查明原因，进行监测并提出处理意见。

8.3.3　岩土工程勘察报告

勘察成果是以勘察报告的形式提供的。勘察工作结束后，把取得的野外工作和室内试验的记录和数据及搜集到的各种资料分析整理、检查校对、归纳总结后做出建筑场地的工程地质评价。这些内容，最后以简要明确的文字和图表编成报告书，提供给建设单位、设计单位和施工单位使用，并作为存档长期保存的技术文件。

一个单项工程的勘察报告书一般包括下列内容：

1）任务要求及勘察工作概况；拟建工程规模、用途；勘察目的、任务要求和依据的技术标准；勘察方法、勘察工作布置与完成的工作量。

2）场地位置、地形地貌、地质构造、不良地质现象及抗震设防烈度。

3）场地的地层分布，岩石和土的均匀性、物理力学性质，地基承载力和其他设计计算指标。

4）地下水的埋藏条件和腐蚀性及土层的冻结深度。

5）对建筑场地及地基进行综合的工程地质评价，对场地的稳定性和适宜性做出结论，指出存在的问题和提出有关地基基础方案的建议。

所附的图表可以是下列几种：勘探点平面布置图；钻孔柱状图或综合地质柱状图；工程地质剖面图；土工试验成果表；其他测试（如现场载荷试验、标准贯入试验、静力触探试验、旁压试验等）成果图表。

■ 8.4　公路和桥梁工程地质勘察

公路是陆地交通运输的干线之一；桥梁是在公路跨越河流、山谷或不良地质现象发育地段而修建的构筑物，是公路的重要组成部分，随着公路地质复杂程度的增加，桥梁的数量与规模在公路中的比重越来越大，它是公路选线时的重要因素之一。所以，除特大桥梁需单独进行勘察外，一般桥梁工程地质勘察即为公路工程地质勘察的一部分。上述两者虽有密切联系，但它们对工程地质条件的要求不同，本章将分别论述。

8.4.1　公路工程地质勘察

公路是建造在地表的线性建（构）筑物，往往要穿过许多地质条件复杂的地区和不同地貌单元，使公路的结构复杂化。在山区线路中，崩塌、滑坡、泥石流等不良地质现象都是公路的主要威胁，而地形条件又是制约线路纵向坡度和曲率半径的重要因素。

公路的结构都是由三类建筑物所组成：第一类为路基工程，它是线路的主体建筑物（包括路堤和路堑）；第二类为桥隧工程（如桥梁、隧道、涵洞等），它们是为了使线路跨越河流、深谷、不良的地质和水文地质条件地段，穿越高山峻岭或使线路从河、湖、海底以下通过等；第三类是防护建筑物（如明洞、挡土墙、护坡、排水盲沟等）。在不同线路中上述各类建筑物的比例也不同，主要取决于线路所经地区工程地质条件的复杂程度。

公路工程地质勘察的任务是运用工程地质学的理论和方法，查明公路通过地带的工程地质条件，提出工程地质评价，为公路的设计和施工提供依据和指导，以正确处理工程建筑与自然条件之间的关系，充分利用有利条件，避免或改造不利条件。

1. 公路工程地质勘察的工作内容

公路工程地质勘察，包括新建道路与改建道路的勘察工作。通常包括以下几个方面：

（1）路线工程地质勘察　查明各条路线方案的主要工程地质条件，选择地质条件相对良好的路线方案；在地形、地质条件复杂的地段，确定路线的合理布设，以减少灾害。

（2）特殊地质、不良地质地区（地段）的工程地质勘察　特殊地质地段及不良地质现象，诸如盐渍土、多年冻土、岩溶、沼泽、风砂、积雪、滑坡、崩塌、泥石流等，往往影响路线方案的选择、路线的布设与构造物的设计，应作为重点进行逐步深入的勘察，查明其类型、规模、性质、发生原因、发展趋势和危害程度，提出绕越根据或处理措施。

（3）路基路面工程地质勘察　路基路面工程地质勘察也称为沿线土质地质调查。根据选定的路线方案和确定的路线位置，对中线两侧一定范围的地带，进行详细的工程地质勘察，为路基路面的设计和施工提供工程地质及水文地质方面的依据。

（4）桥渡工程地质勘察　大桥桥位影响路线方案的选择，大、中桥桥位多是路线布设的控制点，常有比较方案。因此，桥渡工程地质勘察一般应包括两项内容：首先应对各比较方案进行调查，配合路线、桥梁专业人员，选择地质条件比较好的桥位；然后对选定的桥位进行详细的工程地质勘察，为桥梁及其附属工程的设计和施工提供所需要的地质资料。

（5）隧道工程地质勘察　隧道多是路线布设的控制点，长隧道尤其影响路线方案的选择。隧道工程地质勘察同桥渡工程一样，通常包括两项内容：一是隧道方案与位置的选择；二是隧道洞口与洞身的勘察。前者，除几个隧道位置的比较方案外，有时还包括隧道与展线或明挖的比较；后者是对选定的方案进行详细的工程地质勘察，为隧道的设计和施工提供所需要的地质资料。

（6）筑路材料勘察　修建道路需要大量的筑路材料，其中绝大部分都是就地取材，特别是像石料、砾石、砂、黏土、水等天然材料更是如此。这些材料品质的好坏和运输距离的远近，直接影响工程的质量和造价，有时还会影响路线的布局。筑路材料勘察的任务是充分发掘、改造和利用沿线的一切就地材料，当就近材料不能满足要求时，则应由近及远扩大调查范围，以求得数量足够，品质适用，开采、运输方便的筑路材料产地。

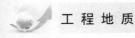

2. 勘察阶段的划分及各阶段的勘察要点

公路工程地质勘察常分为可行性研究、初步勘察与详细勘察三个阶段。各勘察阶段的工作内容和工作深度应与公路工程的设计阶段相适应。对于工程地质条件简单，工程方案明确的中、小型建设项目，可采用一阶段详细工程地质勘察。对工程地质条件特别复杂的，为进一步查明地质情况，必要时宜在施工期间安排有针对性的工程地质勘察工作。

（1）可行性研究阶段　这一阶段工程地质勘察是为研究各工程方案场地内的区域性工程地质条件，尤其是对工程方案的比较有关键性影响的不良地质、特殊性岩土、重点工程地段的工程地质条件，进行必要的工程地质勘察，并提出工程方案比选的地质依据。

公路可行性研究分为预可行性研究和工程可行性研究两个阶段进行。

预可行性研究工程地质勘察的目的是根据国民经济与社会发展规划、公路网规划和公路建设计划等要求，通过对现有资料的分析研究，从工程地质条件论证工程方案的可行性与合理性，为编制可行性研究报告提供必要的工程地质依据；主要任务是收集与研究已有的文献地质资料，概略了解拟建公路走廊地带内的地形、地貌、地质、水文、气象、地震等自然条件，沿线筑路材料分布状况与采运条件对工程的影响程度，进行沿线工程地质分区，提供编制预可行性研究报告所需的地质资料及填绘 1∶100000～1∶500000 公路路线方案示意图的地质要素。

工程可行性研究的目的与任务是了解勘察项目所在地的工程地质特征、各工程方案的一般地质条件与控制工程方案的主要工程地质问题，为拟定路线走向、桥位、隧址工程方案的比选及编制可行性研究报告等提供地质资料。

可行性研究工程地质勘察工作，应在充分收集已有地质资料的基础上，以调查为主，并进行必要的工程地质勘察工作，适当地利用简易勘探方法和物探，必要时可布置钻探。

（2）初步勘察阶段　初步工程地质勘察阶段的目的是根据合同或协议书要求，在工程可行性研究的基础上，对公路工程建筑场地进一步做好工程地质比选工作，为初步选定工程场地、设计方案和编制初步设计文件提供必需的工程地质依据。此阶段应配合路线、桥梁、隧道、路基、路面和其他结构物的设计方案及其比较方案的制定，提供工程地质资料，以供技术经济的论证，达到满足方案的优选和初步设计的需要。对不良地质和特殊性岩土地段，应做出初步分析及评价，还应提出处理办法，为满足编制初步设计文件提供必需的工程地质资料。

初步勘察阶段的任务：

1）查明公路工程建筑场地的区域地质、水文地质、工程地质条件，并做出评价。

2）进行综合地质勘察，初步查明对确定工程场地的位置起控制作用的不良地质条件、特殊性岩土的类别、范围、性质，评价对工程的危害程度，提供绕避或治理对策的地质依据。

3）初步查明场地地基的地质条件，为选择构造物结构和基础类型提供必要的地质资料；在工程可行性研究地质勘察资料的基础上，对桥位处进行工程地质调查或测绘、物探、钻探、原位测试，进一步查明桥位工程地质条件的优劣。特别应查明与桥位方案或桥型方案比选有关的主要工程地质问题，并做出评价；对隧道的地质勘察应逐处查明隧道的地质、地震情况，进出口的环境地质条件，为各方案的比选论证及中、长隧道的施工方案比选提供地质依据。

4）查明沿线筑路材料的类别、料场位置、储量和采运条件。

5）查明公路工程建筑场地的地震基本烈度，并对大型公路工程建筑场地按设计需要进行场地烈度鉴定或地震安全性评价。

6）提供编制初步设计文件所需的地质资料。

初步勘察阶段所采用的勘察方法，主要为工程地质调查与测绘及综合勘探。一般情况下，采用物探、钻探、原位测试与室内试验等，以必要的工作量完成本阶段的勘察任务。

（3）详细勘察阶段 详细工程地质勘察的目的是根据已批准的初步设计文件中所确定的修建原则、设计方案、技术要求等资料，有针对性地进行工程地质勘察工作，为确定公路路线、工程构造物的位置和编制施工图设计文件，提供准确、完整的工程地质资料。

详细勘察阶段的任务：

1）在初步勘察的基础上，根据设计需要进一步查明建筑场地的工程地质条件，最终确定公路路线和构造物的布设位置。

2）查明构造物地基的地质构造、工程地质及水文地质条件，准确提供工程和基础设计、施工必需的地质参数。

3）根据初勘拟定的对不良地质、特殊性岩土防治的方案，具体查明其分布范围、性质，提供防治设计必需的地质资料和地质参数。

4）对沿线筑路材料料场进行复核和补勘，最后确定施工时所采用的料场。

详细勘察阶段的勘察方法，主要是以钻探、原位测试和室内试验为主，必要时进行物探和工程地质测绘工作，以详细查明工程地质条件。

（4）施工勘察阶段 施工时的补充工程地质勘察是针对个别路段、桥位、隧道方案或桥梁的墩台位置、形式、埋深等的变动，以及对所增加的新项目或有特殊地质内容的工程进行的。

施工勘察的任务是查明施工期间发生的各种工程地质问题的产生原因、性质及其对工程的危害程度；搜集因施工困难或其他原因导致设计方案的改变，或增加建筑物所需的工程地质资料；核对详细勘察阶段地质资料的准确性，补充或修改原有设计文件中工程地质方面的内容；进行地质编录工作，为编制竣工文件准备资料；对病害工点上的地质现象做出工程地质预测，布置长期观测工作并提出防范与工程处理方法。

8.4.2 桥梁工程地质勘察

当公路跨越河流、山谷或与其他交通线路交叉时，为了道路的畅通和安全，往往要修桥梁。它是公路工程中的重要组成部分。

桥梁由正桥、引桥和调治构造物组成。正桥是主体，位于河两岸桥台之间，桥墩均位于河中。引桥连接正桥与原线，常位于河漫滩或阶地之上，它可以是高路堤或桥梁。调治构造物包括护岸、护坡、导流堤和丁坝等，是保护桥梁等各种建（构）筑物的稳定，不受河流冲刷破坏的附属工程。

桥梁工程的特点是通过桥台和桥墩把桥梁上的荷载（包括桥梁自重，桥梁上车辆、人流的动、静力荷载及水流的作用等）传到地基中去。由于一般桥梁所承受荷载都较大，还有偏心和动力荷载作用，且要防止水流的冲刷破坏，所以桥梁的基础一般都是埋置较深的单个墩台基础，而且往往需在水下修建，施工条件也是较复杂的。

桥梁工程一般都建造于深切沟谷及江河之上，这些地区的工程地质条件本身就比较复杂，加上桥墩桥台的基础需要深挖埋设，也造成一些更为复杂的工程地质问题：如江河溪沟两岸斜坡上的桥梁墩、台，在开挖基坑时，基坑边坡常会发生滑塌，有时甚至使部分山体被牵动滑移；而位于河床及大溪沟中的桥墩，还常遇到基坑涌水和基底水流掏空墩基等问题；当地基岩体中有软弱岩层、断裂破碎带时，则会引起不均匀沉陷，如桥梁基础被埋置在隐蔽的滑坡体中，就有可能出现桥基滑移或桥墩被剪断的危险。因此，查明这些工程地质问题，研究分析其发生发展的规律，正确地预防及处理具有十分重要的意义。

1. 桥梁工程地质勘察的主要任务

1）为选择桥位提供地质依据。调查河谷构造，有无断层，基岩性质、产状及埋深，河床是否稳定，谷坡、岸坡有无不良地质现象等。

2）为墩台基础设计提供地质资料。查明河床地层结构，有无冲刷可能及冲刷深度，地基承载力，渗透性及水的侵蚀性，如有基岩应查明其埋深及岩性、产状和风化情况。

3）为引道设计提供地质资料。引道是桥梁与路线的连接部分，多半是高填、深挖或浸水路堤。对于高填引道，应查明其地基条件，注意避让牛轭湖、老河道等软弱地基地段；对于浸水路堤，还应注意水位变化及波浪对边坡稳定性的影响；对于深挖地段，应查明边坡稳定条件。

4）为调治构造物设计提供地质资料。主要是查明地基条件。

5）调查建桥所需当地天然材料（包括桥梁主体、桥头引道及调治构造物所需的砂、石、土等）的情况。

桥梁是道路建筑的附属建筑物，除特大型或重要桥梁外，一般不单独编制设计任务书，而桥梁的设计仅包括初步设计和技术设计两个阶段，且只有当道路初步设计被批准之后，才编制桥梁初步设计，对于工程规模较小且工程地质条件又简单的桥梁，其工程地质勘察工作可在一个阶段完成。

2. 初步勘察阶段的勘察要求

查明河谷的地质及地貌特征，查明覆盖层的性质、结构及厚度，查明基岩的地质构造、岩石性质及埋藏深度；必须确定桥基范围内的岩石类型，提供它们的变形及强度性质指标；阐明桥址区内第四纪沉积物及基岩中含水层状况，水位、水头高及地下水的侵蚀性，并进行抽水试验，以研究岩石的渗透性；查明物理地质现象，论述滑坡及岸边冲刷对桥址区岸坡稳定性的影响，查明河床下岩溶发育情况及区域地震基本烈度等情况。

3. 施工设计阶段的勘察要求

为最终确定桥墩基础埋置深度提供地质依据；提供地基附加应力分布层内各类岩石的变形及强度性质指标；查明并分析水文地质条件对桥基稳定性的影响；查明各种物理地质作用对桥梁工程的不利影响，并提出预防与处理措施建议；提出在施工过程中可能发生的不良工程地质作用，并提出预防与处理措施建议；本阶段勘察工作当以钻探工作为主，每个墩台位置都至少布置一个钻孔，一般要达到基岩面以下 20m。同时本阶段要进行大量岩石的物理力学性质试验，对地基岩体则要做野外原位载荷试验、软结构面的抗剪试验及抽水试验等。

■ 8.5 隧道和地下洞室工程地质勘察

8.5.1 概述

隧道和地下洞室都是埋置在地下岩土体内，以岩土体作为建筑材料和环境的构筑物，隧

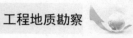

道也是道路工程的组成部分。

目前隧道和地下洞室在铁路、公路、矿冶、国防、城市地铁、城市建设等领域都得到广泛应用，如铁路和公路的隧道，矿山开采的地下巷道，国防建设中的地下仓库、掩体和指挥中心，城市的地铁、地下商场、地下体育馆、地下游泳池等。随着人类工程建设和科技水平的进步，工程建筑向地下发展是一种趋势。但是，地下洞室工程在具有不占用地表面积、不受外界气候影响、无噪声、隐蔽性好等优点的同时，也存在围岩影响建筑物稳定性、施工环境差、投资大、施工安全性差等问题。地下洞室围岩的质量分级应与洞室设计采用的标准一致，无特殊要求时，可根据《工程岩体分级标准》（GB/T 50218—2014）执行，地下铁道围岩应按《城市轨道交通岩土工程勘察规范》（GB 50307—2012）执行。

隧道和地下洞室的安全、经济和正常运营主要取决于其周围岩体的稳定性。地下洞室的开挖必然破坏了原始岩体的初始平衡条件，引起周边岩体内部的应力重分布，使得洞体周围一定范围之内的岩体松弛，该部分岩体称为围岩。围岩的稳定性、破坏特点及其作用在洞室支撑结构上的压力，取决于其工程地质条件及开挖方式等因素。在隧道与洞室施工掘进中，如遇断裂破碎带、风化破碎带及承压地下水带等不良地质条件地区，则会造成大量的塌方与涌水；有时在特定的地质条件下还会遇到有害气体和高温。为了维护地下洞室的稳定性，就要进行支护衬砌。因此，隧道和地下洞室的主要工程地质问题可以概括为以下几方面：隧道位置和方向选择的工程地质论证；洞室围岩稳定性的工程地质评价；支护结构设计的工程地质论证；施工方法和施工条件的工程地质论证。这些问题都需要分阶段逐步解决，而在选择洞室的位置、走向及其设计与施工时，必须全面了解全线的工程地质条件。

8.5.2　地质勘察的主要内容

隧道及地下洞室工程地质勘察的目的，是查明工程建筑地区的岩土工程地质条件，选择优良的建筑场址、洞口及轴线方位，进行围岩分类和围岩稳定性评价，提出有关设计、施工参数及支护结构方案的建议，为地下洞室设计、施工提供可靠的岩土工程依据。整个勘察工作应与设计工作应分阶段进行。

1. 可行性研究勘察

可行性研究勘察应通过搜集区域地质资料，现场踏勘和调查，了解拟选方案的地形地貌、地层岩性、地质构造、工程地质、水文地质和环境条件，做出可行性评价，选择合适的洞址和洞口。

2. 初步勘察

初步勘察应采用工程地质测绘、勘探和测试等方法，初步查明选定方案的地质条件和环境条件，初步确定岩体质量等级（围岩类别），对洞址和洞口的稳定性做出评价，为初步设计提供依据。初步勘察时，工程地质测绘和调查应初步查明下列问题：

1）地貌形态和成因类型。

2）地层岩性、产状、厚度、风化程度。

3）断裂和主要裂隙的性质、产状、充填、胶结、贯通及组合关系。

4）不良地质作用的类型、规模和分布。

5）地震地质背景。

6）地应力的最大主应力作用方向。

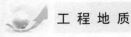

7）地下水类型、埋藏条件、补给、排泄和动态变化。

8）地表水体的分布及其与地下水的关系，淤积物的特征。

9）洞室穿越地面建筑、地下构筑物、管道等既有工程时的相互影响。

初步勘察时，勘探与测试工作应满足下列要求：

1）采用浅层地震剖面法或其他有效方法圈定隐伏断裂、构造破碎带，查明基岩埋深，划分风化带。

2）勘探点宜沿洞室外侧交叉布置，勘探点间距宜为100~200m，采取试样和原位测试勘探孔不宜少于勘探孔总数的2/3；控制性勘探孔深度，对岩体基本质量等级为Ⅰ级和Ⅱ级的岩体宜钻入洞底设计标高下1~3m，对Ⅲ级岩体宜钻入3~5m，对Ⅳ级、Ⅴ级的岩体和土层，勘探孔深度应根据实际情况确定。

3）每一主要岩层和土层均应采取试样，当有地下水时应采取水试样；当洞区存在有害气体和地温异常时，应进行有害气体成分、含量或地温测定；对高地应力地区，应进行地应力测量。

4）必要时可进行钻孔弹性波或声波测试，钻孔地震或钻孔电磁波CT测试。

5）室内岩石试验和土工试验项目，应按相应规定执行。

3. 详细勘察

详细勘察应采用钻探、钻孔物探和测试为主的勘察方法，必要时可结合施工导洞布置洞探，详细查明洞址、洞口、洞室穿越线路的工程地质和水文地质条件，分段划分岩体质量等级（围岩类别），评价洞体和围岩的稳定性，为设计支护结构和确定施工方案提供资料。

详细勘察应进行下列工作：

1）查明地层岩性及其分布，划分岩组和风化程度，进行岩石物理力学性质试验。

2）查明断裂构造和破碎带的位置、规模、产状和力学属性，划分岩体结构类型。

3）查明不良地质作用的类型、性质、分布，并提出防治措施的建议。

4）查明主要含水层的分布、厚度、埋深，地下水的类型、水位、补给排泄条件，预测开挖期间出水状态、涌水量和水质的腐蚀性。

5）城市地下洞室需降水施工时，应分段提出工程降水方案和有关参数。

6）查明洞室所在位置及邻近地段的地面建筑和地下构筑物、管线状况，预测洞室开挖可能产生的影响，提出防护措施。

详细勘察时，勘探和测试工作应满足下列要求：

1）可采用浅层地震勘探和孔间地震CT或孔间电磁波CT测试等方法，详细查明基岩埋深、岩石风化程度、隐伏体（溶洞、破碎带等）的位置，在钻孔中进行弹性波波速测试，为确定岩体质量等级、评价岩体完整性、计算动力参数提供资料。

2）勘探点宜在洞室中线外侧6~8m交叉布置，山区地下洞室按地质构造布置，且勘探点间距不应大于50m；城市地下洞室的勘探点间距，岩体变化复杂的场地宜小于25m，中等复杂的宜为25~40m，简单的宜为40~80m；采集试样和原位测试勘探孔数量不应少于勘探孔总数的1/2。

3）第四系中的控制性勘探孔深度应根据工程地质和水文地质条件、洞室埋深、防护设计等需要确定，一般性勘探孔可钻至基底设计标高下6~10m，控制性勘探孔深度可按初步勘察要求进行确定。

详细勘察的室内试验和原位测试，除应满足初步勘察的要求外，对城市地下洞室尚应根据设计要求进行下列试验：

1）采用承压板边长为30cm的载荷试验测求地基基床系数。

2）采用面热源法或热线比较法进行热物理指标试验，计算热物理参数，如导温系数、导热系数和比热容等。

3）当需提供动力参数时，可用压缩波波速和剪切波波速计算求得，必要时可采用室内动力性质试验，提供动力参数。

4. 施工勘察

该阶段的勘察范围是洞室内及与其有关的地段，目的是在施工中验证和补充前阶段资料，预测和解决施工中新出现的岩土工程问题，为调整围岩类别、修改设计和施工方法提供依据。

施工勘察应配合导洞或毛洞开挖进行。主要进行下列工作：

1）施工地质编录和地质图件绘制。

2）参加施工监测系统设计、监控分析和数值分析。

3）进行超前地质预报，探明坑道掌子面前方的地层、构造、水量、水压及有无地热、岩爆、膨胀岩等问题。

4）测定围岩的地应力、弹性波速度及岩石物理力学性质，修正围岩类别。

5）进行围岩稳定性分析，测定开挖后围岩变形、松弛范围及随时间变化速度。

6）测定支护系统的应力应变，对支护参数及施工方案及时提供修改建议。

■ 8.6　边坡工程勘察

在市政、水利水电、铁路和公路等的建设中经常会遇到人工边坡或自然边坡，而边坡的稳定性则直接影响着其毗邻建筑的正常运营。故边坡工程勘察的目的就是查明边坡地区的地貌形态、影响边坡的岩土工程条件，评价其稳定性。

一般边坡工程的岩土工程勘察不分阶段，直接进行详细勘察阶段的岩土工程勘察。而对于大型边坡工程的岩土工程勘察，宜分初步勘察阶段、详细勘察阶段和施工勘察阶段进行。

8.6.1　边坡工程勘察的主要内容

1）地貌形态，当存在滑坡、危岩和崩塌、泥石流等不良地质作用时，应符合《岩土工程勘察规范》（GB 50021—2001）（2009年版）相关章节的要求。

2）岩土的类型、成因、工程特性，覆盖层厚度，基岩面的形态和坡度。

3）岩体主要结构面的类型、产状、延展情况、闭合程度、充填状况、充水状况、力学属性和组合关系，主要结构面与临空面关系，是否存在外倾结构面。

4）地下水的类型、水位、水压、水量、补给和动态变化，岩土的透水性和地下水的出露情况。

5）地区气象条件（特别是雨期、暴雨强度），汇水面积、坡面植被，地表水对坡面、坡脚的冲刷情况。

6）岩土的物理力学性质和软弱结构面的抗剪强度。

8.6.2 各阶段勘察要求

大型边坡岩土工程宜分阶段进行勘察，各阶段勘察应符合如下要求：

1）初步勘察应搜集地质资料，进行工程地质测绘和少量的勘探和室内试验，初步评价边坡的稳定性。

2）详细勘察应对可能失稳的边坡及相邻地段进行工程地质测绘、勘探、试验、观测和分析计算，做出稳定性评价，对人工边坡提出最优开挖坡角；对可能失稳的边坡提出防护处理措施的建议。

3）施工勘察应配合施工开挖进行地质编录，核对、补充前阶段的勘察资料，必要时，进行施工安全预报，提出修改设计的建议。

8.6.3 勘探点的布置及勘察测试

边坡勘察方法以工程地质测绘与调查、钻探、室内岩土试验、原位测试和必要的工程物探为主。其中工程地质测绘、岩土测试及勘探线布置宜参照以下要求进行：

1）边坡工程地质测绘除应符合现行《岩土工程勘察规范》相关章节的要求外，尚应着重查明天然边坡的形态和坡角、软弱结构面的产状和性质。测绘范围应包括可能对边坡稳定有影响的地段。

2）勘探线应垂直边坡走向布置，勘探点间距应根据地质条件确定。当遇有软弱夹层或不利结构面时，勘探点可适当加密。勘探孔深度应穿过潜在滑动面并深入稳定层 2~5m，坡角处应达到地形剖面的最低点。当需要查明软弱面的位置、性状时，宜采用与结构面成 30°~60° 角的钻孔，并布置少量的探洞、探井或大口径钻孔。探洞宜垂直于边坡。当重要地质界线处有薄覆盖层时，宜布置探槽。

3）主要岩土层及软弱层应采取试样。每层的试样对土层不应少于 6 件，对岩层不应少于 9 件；软弱层宜连续取样。

4）三轴剪切试验的最高围压和直剪试验的最大法向压力的选择，应与试样在坡体中的实际受力情况相近。对控制边坡稳定的软弱结构面，宜进行原位剪切试验；对大型边坡，必要时可进行岩体应力测试、波速测试、动力测试、孔隙水压力测试和模型试验。抗剪强度指标，应根据实测结果结合当地经验确定，并宜采用反分析方法验证。对永久性边坡，尚应考虑强度可能随时间降低的效应。

5）大型边坡应进行监测，监测内容根据具体情况可包括边坡变形、地下水动态和易风化岩体的风化速度等。

思 考 题

1. 工程地质勘察的基本任务有哪些？
2. 简述工程地质勘察中的方法和技术手段的种类。
3. 工程地质勘察阶段是如何划分的？
4. 何谓工程地质测绘？简述其内容和方法。
5. 工程地质勘探主要有哪些方法？

6. 钻探的目的和任务是什么？钻探过程包括哪些程序？

7. 土样质量可划分为几个等级？每个等级对取样工具和取样方法有什么要求？

8. 什么是岩土工程原位测试？它有哪些优点、缺点？

9. 静载荷试验的基本原理是什么？它有哪些技术要求？

10. 静力触探的目的和原理是什么？其成果主要用在哪几方面？

11. 标准贯入试验的目的和原理是什么？其成果的应用有哪几个方面？

12. 十字板剪切试验的目的及其适用条件是什么？能获得土体的哪些物理力学性质参数？

13. 旁压试验的目的是什么？其主要成果有哪些？

14. 岩体原位测试有哪些方法？其主要原理是什么？

15. 简述岩土工程勘察报告的基本内容和所附图件。

16. 简述工业与民用建筑勘察阶段的划分及各阶段的勘察要点。

17. 简述公路工程地质勘察的工作内容、勘察阶段的划分及各阶段的勘察要点。

18. 简述桥梁工程地质勘察的任务、各阶段的勘察要点。

19. 简述隧道及地下工程地质勘察的目的、勘察阶段的划分及各阶段的勘察要点。

20. 简述边坡工程勘察的主要内容及阶段划分、勘探点的布置及勘察测试要求。

参 考 文 献

[1] 中华人民共和国建设部. 岩土工程勘察规范（2009 年版）：GB 50021—2001 [S]. 北京：中国建筑工业出版社，2009.

[2] 工程地质手册编委会. 工程地质手册 [M]. 5 版. 北京：中国建筑工业出版社，2018.

[3] 张忠苗. 工程地质学 [M]. 北京：中国建筑工业出版社，2007.

[4] 江级辉，徐国宝. 工程地质学 [M]. 成都：成都科学技术大学出版社，1995.

[5] 孙家齐. 工程地质 [M]. 3 版. 武汉：武汉工业大学出版社，2007.

[6] 孔宪立. 工程地质学 [M]. 北京：中国建筑工业出版社，1997.

[7] 许强，裴向军，黄润秋. 汶川地震大型滑坡研究 [M]. 北京：科学出版社，2009.

[8] 黄润秋. 中国典型灾难性滑坡 [M]. 北京：科学出版社，2008.

[9] 胡厚田. 崩塌与落石 [M]. 北京：中国铁道出版社，1989.

[10] 黄润秋. 汶川 8.0 级地震触发崩滑灾害机制及其地质力学模式 [J]. 岩石力学与工程学报，2009，28（6）：1239-1249.

[11] 黄润秋，李为乐. "5.12" 汶川大地震触发地质灾害的发育分布规律研究 [J]. 岩石力学与工程学报，2008，27（12）：2585-2592.

[12] 周荣军，黄润秋，雷建成，等. 四川汶川 8.0 级地震地表破裂与震害特点 [J]. 岩石力学与工程学报，2008，27（11）：2173-2183.

[13] 李智毅，杨裕云. 工程地质学概论 [M]. 武汉：中国地质大学出版社，1994.

[14] 伍法权，祁生文. 工程地质：科学、艺术和挑战——从 2014 年全国工程地质年会看工程地质学科发展 [J]. 工程地质学报，2015（1）：1-6.

[15] 王奎华. 岩土工程勘察 [M]. 2 版. 北京：中国建筑工业出版社，2016.

[16] 项伟，唐辉明. 岩土工程勘察 [M]. 北京：化学工业出版社，2012.

[17] 高大钊. 岩土工程勘察与设计 [M]. 北京：人民交通出版社，2010.

[18] 高金川，杜广印. 岩土工程勘察与评价 [M]. 武汉：中国地质大学出版社，2003.

[19] 李相然. 工程地质学 [M]. 北京：中国电力出版社，2016.

[20] 石振明，孔宪立. 工程地质学 [M]. 北京：中国建筑工业出版社，2011.

[21] 孔思丽. 工程地质学 [M]. 2 版. 重庆：重庆大学出版社，2005.

[22] 中华人民共和国住房和城乡建设部. 湿陷性黄土地区建筑标准：GB 50025—2018 [S]. 北京：中国建筑工业出版社，2019.

[23] 中华人民共和国水利部. 土工试验方法标准：GB/T 50123—2019 [S]. 北京：中国计划出版社，2019.

[24] 中华人民共和国住房和城乡建设部. 工程岩体分级标准：GB/T 50218—2014 [S]. 北京：中国计划出版社，2014.

[25] 中国地质灾害防治工程行业协会. 地质灾害分类分级标准（试行）：T/CAGHP 001—2018 [S]. 武汉：中国地质大学出版社，2018.

[26] 王桂林. 工程地质 [M]. 北京：中国建筑工业出版社，2012.

[27] 张倬元，王士天，王兰生，等. 工程地质分析原理 [M]. 4 版. 北京：地质出版社，2009.

[28] 沈照理，刘光亚，杨成田，等. 水文地质学 [M]. 北京：科学出版社，1985.

[29] 刘正峰. 水文地质手册 [M]. 长春：银声音像出版社，2010.

[30] 王大纯，张人权，史毅虹，等. 水文地质学基础 [M]. 北京：地质出版社，1995.

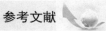

[31] 刘兆昌，李广贺，朱琨. 供水水文地质 [M]. 北京：中国建筑工业出版社，1998.

[32] 车用太. 论地震预测（报）现状及基础研究问题 [J]. 国际地震动态，2005（12）：19-23.

[33] 陈葆仁，洪再吉，汪福炘. 地下水动态及其预测 [M]. 北京：科学出版社，1988.

[34] 张人权，梁杏，靳孟贵，等. 水文地质学基础 [M]. 北京：地质出版社，2010.

[35] 牛燕宁. 工程地质学 [M]. 北京：化学工业出版社，2016.

[36] 陶晓风，吴德超. 普通地质学 [M]. 北京：科学出版社，2007.

[37] 李忠建，金爱文，魏久传. 工程地质学 [M]. 北京：化学工业出版社，2018.

[38] 施斌，阎长虹. 工程地质学 [M]. 北京：科学出版社，2019.

[39] 周维垣，杨强. 岩石力学数值计算方法 [M]. 北京：中国电力出版社，2005.

[40] 高玮，刘泉声. 基于仿生计算智能的地下工程反分析：理论与应用 [M]. 北京：科学出版社，2009.

[41] 蔡美峰，何满潮，刘东燕. 岩石力学与工程 [M]. 北京：科学出版社，2002.

[42] 杨忠平，胡元鑫，黄达. 土石混合料工程力学特性及超高填方体稳定性研究 [M]. 成都：四川大学出版社，2018.